双掺杂钙钛矿复合氧化物结构及磁电性质

李 玉 程 倩 著

科 学 出 版 社
北 京

内 容 简 介

极低温下台阶状变磁相变是近年来的研究热点，但物理机制尚无完美解释。本书以具有典型低温相分离特性的钙钛矿氧化物 $Pr_{1-x}Na_xMn_{1-y}Fe_yO_3$（$0\leqslant y\leqslant 0.3$）、$Ln_{0.5}Ca_{0.5}Mn_{1-x}Me_xO_3$（$0\leqslant x\leqslant 0.3$）（Ln 为 Pr，Me 为 Al；Ln 为 Sm，Me 为 Cr、Co 和 Fe；Ln 为 Nd，Me 为 Fe、Ga）共 8 个样品系列为研究对象，在制备单相多晶样品基础上，应用 PPMS 系统来研究样品的低温磁电性质。具体研究了样品发生变磁相变时纳米团簇之间促发作用、促发过程、促发机制及该促发作用在具体样品中产生的影响；还研究了 FM/COOAF 相之间竞争过程的微观图像；分析了极低温下台阶状磁化曲线与渐变型磁化曲线相互转化的影响因素及规律。这些可以帮助我们更深入理解该类具有低温相分离的复杂系统的奇异行为和可能的量子转变现象。

本书可供高等院校和科研院所的凝聚态物理、材料物理及材料化学专业的研究生、学者学习和参考。

图书在版编目（CIP）数据

双掺杂钙钛矿复合氧化物结构及磁电性质/李玉，程倩著. —北京：科学出版社，2015.8

ISBN 978-7-03-045384-6

Ⅰ.①双… Ⅱ.①李… ②程… Ⅲ.①钙钛矿－氧化物－研究 Ⅳ.①P578.4

中国版本图书馆 CIP 数据核字（2015）第 186833 号

责任编辑：赵彦超 裴 威 / 责任校对：张凤琴

责任印制：徐晓晨 / 封面设计：陈 敬

科学出版社 出版

北京东黄城根北街 16 号

邮政编码：100717

http://www.sciencep.com

北京凌奇印刷有限责任公司 印刷

科学出版社发行 各地新华书店经销

*

2015 年 8 月第 一 版 开本：720×1000 1/16

2015 年 8 月第一次印刷 印张：12 1/4

字数：247 000

POD定价： 75.00元

（如有印装质量问题，我社负责调换）

前　　言

对强关联钙钛矿锰氧化物体系的研究表明，电荷、自旋、轨道和晶格自由度之间存在相互耦合和竞争，并由此诱发产生了绝缘体-金属转变、有序化、相分离和变磁相变等一系列新奇物理现象。由此产生很多对上述现象进行解释的理论模型，这进一步推动了该领域的发展，使得对强关联钙钛矿锰氧化物体系的研究成为21世纪科学技术领域特别是凝聚态物理强关联电子系统领域的主要研究热点之一。但目前很多磁现象产生的物理根源及它们之间的关系并未完全知晓。本书作者在该领域潜心研究多年，本书汇集了他们的研究成果，可供高等院校和科研院所的凝聚态物理、材料物理及材料化学专业的本科生、研究生及学者学习和参考。

本书以具有典型低温相分离特性的钙钛矿氧化物 $Pr_{1-x}Na_xMn_{1-y}Fe_yO_3$（$0\leqslant y\leqslant 0.3$）、$Ln_{0.5}Ca_{0.5}Mn_{1-x}Me_xO_3$（$0\leqslant x\leqslant 0.3$）（Ln 为 Pr，Me 为 Al；Ln 为 Sm，Me 为 Cr、Co 和 Fe；Ln 为 Nd，Me 为 Fe、Ga）共8个样品系列为研究对象，在合成系列单相样品的基础上，通过X射线衍射（XRD）、X射线荧光光谱分析（XRF）、扫描电镜（SEM）等多种技术确定了系列样品的微观结构及阳离子比例，用物理性质测量系统（PPMS）对系列样品的 M-T、M-H、ρ-T 和 ρ-H 曲线及交流磁化率等磁电性质进行了系统研究。分析了电荷有序、轨道有序与Fe掺杂量之间的关系；系列样品的低温相分离特征及其与台阶状变磁相变的关系；磁场诱导产生的变磁相变与可能的自旋/轨道量子转变的物理本质。

本书共10章，全部由李玉副教授撰写，其中部分章节内容由李玉副教授和程倩老师共同研讨而成。程倩老师负责本书的校对等文字工作。另外，感谢戚大伟教授、苏润洲教授、张清明教授、籍建婷老师以及王爽、张晶、王雪飞、侯菲菲等研究生为本书部分章节的内容所做的工作。

本专著受到下列项目资助：

1. 黑龙江省博士后特别资助经费，LBH-TZ0413；

2. 黑龙江省博士后科研启动基金，LBH-Q11188；

3. 第51批中国国家博士后基金，2012M510904；

4. 黑龙江省留学归国人员科学基金，LC2015003；

5. 黑龙江省自然科学基金，E201404；

6. 黑龙江省博士后科学基金，LBH-Z14004。

限于作者的水平，不妥之处在所难免，恳请读者不吝指正。

作　者

2015 年 6 月于哈尔滨

目　　录

第1章 绪　论

1.1 引　言

凝聚态物理是物理学最大的分支领域，所谓凝聚态是物质固态和液态的统称。其特征在于研究人员众多，研究成果丰富，对技术发展影响广泛，与其他学科相互渗透迅速。在地球上，与人类生活密切相关的物质除了阳光和空气外，其余都是以凝聚态的形式存在，这足以看出研究凝聚态物理对人类生存和生活的重要性。凝聚态物理较早的重大突破是半导体的发现及应用，它对人们生活和工作产生的影响只需从我们日常所用的电脑中的众多半导体元件就可见一斑。凝聚态物理近年来有两个热门方向：一个是“超导”；另一个是“纳米”。媒体上关于它们已经有很多的介绍。除此之外的其他研究领域诸如软物质、准晶体、磁学等很可能酝酿着下一个重大的突破。可以肯定的是，作为物理学最大的分支方向，凝聚态物理已经逐渐发展为整个物理学的主体和重心，超过半数物理学研究者在这个领域辛勤地工作着。

在21世纪之初，作为社会发展以及人类文明进步的重要科学技术基础，凝聚态物理主要有以下亟待解决和引起人们广泛兴趣的热点方向：

(1) 极细微尺度物质及相关技术的研究；

(2) 新型功能材料的发展及其应用的物理基础研究；

(3) 极端条件下的凝聚态物理学研究；

(4) 表面、界面物理和化学物理学研究；

(5) 交叉学科的凝聚态物质研究。

而上述的研究热点又是相互联系、相互渗透的。由此又产生了很多上述热点方向的交叉分支学科。

在丰富广博的磁学领域，有一门新兴的分支学科——磁电子学(magnetoelectronics)，或者称作自旋电子学(spinelectronics)。它是上述第(2)和第(3)个研究热点交叉而形成的。它的重要研究对象是具有强关联电子体系的铜氧化物和锰氧化物等新型功能材料；它的研究手段是极端条件如强场、高压、极低温和超快等。

从20世纪80年代末以来，磁电子学得到了迅速的发展。ABO_3钙钛矿型复合氧化物是该分支学科的重要研究对象。一方面，ABO_3钙钛矿型复合氧化物具有丰富的物理化学性质，如铁磁性、铁电性、热电性、压电性、超导性、热导性、磁致伸缩、荧光、催化活性、庞磁阻效应和变磁相变等，因而它可以作为功能材料，具有重要的应用价值。尤其是80年代中期高温超导体的出现和90年代对庞磁阻效应的研究，使钙钛矿型稀土复合氧化物成为引人注目的研究热点。另外该材料中所表现出的近100%的自旋极化率和强的铁磁序及其与电输运特性之间的紧密关联等现象，为该类材料的未来应用揭开了极其诱人的前景。

另一方面，由于在该类材料中电荷-自旋-轨道-晶格自由度之间存在强的相互作用，从而诱发产生绝缘体-金属转变、有序化和相分离等一系列新奇现象，同时，ABO_3钙钛矿型复合氧化物结构简单，容易把各种性质和结构联系起来，因此该类材料又具有重要的基础研究价值，这些新奇现象的研究已成为近年来物理学特别是凝聚态物理研究中十分活跃而又引人注目的前沿领域，给物理学家提出了新的研究课题，将导致与凝聚态物理紧密相关的自旋电子学、轨道电子学、强关联电子学等全新概念的产生，并向其他学科移植和渗透，成为21世纪科学技术特别是凝聚态物理强关联电子系统的主要研究热点之一。

从20世纪80年代末到现在，经过20多年的发展，以钙钛矿复合氧化物为重要研究对象的磁电子学已经建立了基本的理论体系。这些理论在很多方面取得了和实验很好的吻合。但是磁性产生的物理根源目前尚未完全研究清楚，尤其是在自旋玻璃、团簇玻璃、相分离、电荷有序、变磁相变方面，人们建立了大量的物理模型，从不同的角度给出了不同的解释，但仍有一些现象无法解释清楚[1]。庞磁电阻(colossal magnetic resistance，CMR)效应已发现很多年，也取得了广泛的应用，但其物理机制至今也没有获得统一的解释。在锰氧化物强关联体系中电荷、晶格、自旋和轨道自由度之间相互耦合，比热、晶格、导电性和磁化率等各种性质相互影响[2]。弄清上述这些物理量的来源以及它们之间的相互关系是当前凝聚态物理学界的重要目标。

1.2 ABO_3钙钛矿型复合氧化物磁学性质研究现状

磁性的研究是当今比较活跃的研究领域之一[3,4]，现已建立了基本的理论体系。如能带理论、晶体场理论、分子轨道理论、配位场理论等，并建立了很多模型，如双交换模型、超交换模型、渗流模型、马氏体相变模型等，这些理论和模型在很多方面和实验相吻合。但是仍然有很多的实验现象无法给出合理的解释。很多时候，同一种理论或模型可以较好地解释某些实验现象，但同时又与很多别的实验现象相矛盾。迄今为止，仍有很多磁现象产生的物理根源没有完全研究清楚，尤其是CMR、电荷有序、自旋玻璃和变磁相变方面，人们建立了大量的物理模型，给出了不同的解释，但仍有一些现象人们无法用已有的模型解释清楚[1]，因此有必要在这几个方面继续深入研究。

早在20世纪50年代，物理学家就在混价锰氧化物中就发现了磁电阻效应[3]。1951年，Zener提出了双交换(double-exchange，DE)模型来定性地解释此类材料中的磁和电性质的变化规律[5,6]。1955年，Goodenough[7,8]提出了Mn的3d电子和O

的2p电子杂化的半共价键理论，定性地解释了磁有序、晶体结构和导电性之间的关系，并根据该半共价键理论预言了$La_{1-x}Ca_xMnO_3$（$0\leqslant x\leqslant 1$）体系不同x值所对应的的磁结构和相应的晶体结构。很快，Wollan和Koehler[9]利用中子衍射实验详细研究了$La_{1-x}Ca_xMnO_3$（$0\leqslant x\leqslant 1$）体系的磁结构和晶体结构，从实验上给出了该体系的磁结构相图，结果显示与Goodenough的理论预言是一致的。这就证明了半共价键理论的正确性。同年，Anderson和Hasegawa[10]在把每个锰离子的核自旋看作是经典的自旋，并在巡游电子量子化的基础上，发展了Zener的双交换模型。1960年，de Gennes[11]在反铁磁的基础上考虑双交换作用，又从理论上进一步发展了双交换理论。在随后的20年中，由于实验条件的限制，没有新的实验现象发现，但几乎所有的实验现象都能用以上理论进行解释，正是由于理论上的成功，使得在随后的年代里对锰氧化物的研究进展停滞不前。既没有太多新的实验现象发现，也没有重大的理论创新与突破。

直到20世纪80年代末，实验手段的开始不断提升，在电子自旋的研究方面不断取得新的突破，使得该领域逐渐发展成为一门新兴的分支学科——自旋电子学，或者称作磁电子学。1988年发现金属Fe、Cr交替沉积而形成的多层膜（Fe/Cr）N（N为周期数）电阻率随磁场增加而下降[12]，这种负磁电阻效应被称为巨磁电阻效应（giant magnetoresistence effect，GMR）。对磁性金属超晶格与多层膜的研究表明，与输运电子自旋相关的散射变化引起了磁场下样品的电阻率下降。1992年在磁性颗粒膜中也观察到了类似的巨磁电阻效应。美国IBM公司的Almaden实验室利用这种磁电阻材料作为磁存储盘的读出磁头，使存储量得到了进一步提高，存储密度高达$1Gbit/in^2$。由于可以利用样品的巨磁电阻效应来制备用于高密度磁盘的信号读出器、磁传感器和磁存储器等，因此，巨磁电阻效应的研究近年来发展十分迅速。1993年，Helmolt[5]和Kenichi[13]等首次报导了$La_{2/3}Ba_{1/3}MnO_3$和$La_{2/3}Ca_{1/3}MnO_3$具有巨磁电阻效应，接着，1994年Jin[14]发现在温度为77K、磁场大小为6T的条件下，在$LaAlO_3$多晶基片上外延生长的$La_{2/3}Ca_{1/3}MnO_3$薄膜的磁电阻效应竟高达$1.27\times 10^5\%$，甚至比在金属多层膜中的巨磁电阻效应还要高几个数量级，因此称之为CMR效应，这揭开了CMR效应研究的序幕，使CMR效应的研究迅速成为凝聚态物理和材料物理研究的前沿和热点，并带动了相关学科的发展。

直到了90年代中后期，Mills等发现材料在高温下的高电阻率行为以及外场所导致的输运特性突变，利用双交换模型无法得到合理的解释[15]。为了更好地解释CMR效应和掺杂稀土锰氧化物材料的磁学性质和电阻率随掺杂浓度和温度的变化关系，新的模型相继出现，比较流行的如载流子的局域化形成的JT极化子[15-20]以及非磁杂质引起的Anderson定域化[21]渗流效应[22]、相分离[22]等。但这些模型都只能解释其中的部分实验现象，随着研究的不断深入，近年来越来越多的实验证据不断地显示，电子相分离（phase separation）形成的金属和绝缘的纳米团簇（cluster）可能在

CMR 效应中起着重要作用[2,24-27]。

近几年，电荷有序现象也逐渐成为当前磁学领域的研究热点现象[29]。1998 年，Mori 等[30]通过电子衍射获得了 $La_{1-x}Ca_xMnO_3$($x=1/2,2/3,3/4,4/5$)体系高分辨晶格图像(lattice image)后，他们发现电荷有序的条纹相是配对的，将其称为双 $Mn^{3+}O_6$ Jahn-Teller 畸变条纹相(pairing of $Mn^{3+}O_6$ Jahn-Teller distorted stripes, JTS)，即双条纹相(bi-stripe)。而 Radaelli 等[31]认为 $La_{1/3}Ca_{2/3}MnO_3$ 中的电荷排列是采取"Wigner-crystal"形式，此时的电荷有序是由于电子之间的库仑(Coulomb)排斥作用引起的。图 1-1 给出了"bi-stripe"和"Winger-crystal"不同形式 Mn^{3+}/Mn^{4+} 排列示意图。在"Winger-crystal"型结构中，为了减小电荷间的库仑排斥作用，电荷不是紧密堆积的，即 Mn^{3+} 和 Mn^{4+} 不是配对排列的，而是互相错开一个晶格常数的距离，以减少电荷之间库仑排斥作用引起的能量升高[2]。在"bi-stripe"结构中，电荷则是紧密堆积的，Mn^{3+} 和 Mn^{4+} 离子相对排列。目前上述结构均有一定的支持者，电荷有序态究竟是"Winger-crystal"相，还是"bi-stripe"相至今仍然是一个未解决的问题。

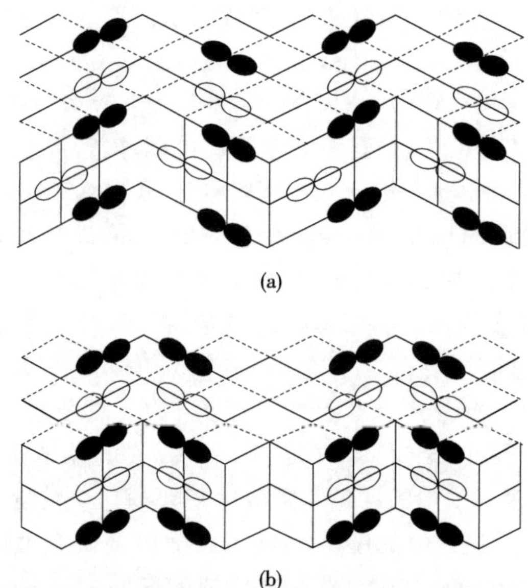

图 1-1 电荷有序态下的(a)"Winger-crystal"相[31]和(b)"bi-stripe"相[30]

由于强关联体系锰氧化物中的电荷、自旋、轨道和晶格自由度之间存在强烈的关联作用，各种相互作用之间的竞争非常复杂，因此，电荷有序的起源迄今为止仍不清楚，在具体的体系中对电荷有序态起主导作用的因素也有很大差别。

电荷有序现象引起人们的重视不仅仅是由于电荷有序态紧密地联系着 CMR 效应、变磁相变的起源，更重要的是它是理解强关联体系中电荷、晶格、自旋和轨道自由度之间相互作用关系的关键。伴随着电荷有序现象的发生，比热、晶格、导电性、磁化率等都会发生明显的变化[32-35]，因此深入研究电荷有序态的起源成为当前磁电子学的热点之一。对电荷有序态的系统研究显示，电荷有序态受多种因素的影响，例如，掺杂[36,37]、同位素替代[38,39]、外加磁场[40-42]、电场[43,44]、X射线[45]甚至静压[46,47]等均能破坏电荷有序态。

在人们研究过程中，人们发现了另一与相分离和电荷有序紧密联系的现象，即磁化强度台阶——变磁相变(metamagnetic transition)。首次对多晶中变磁相变做较为详细研究的是美国普林斯顿大学的Mahendiran[1]。2002年，他们详细研究了多晶样品$Pr_{0.5}Ca_{0.5}Mn_{0.95}Co_{0.05}O_3$的台阶状变磁相变。发现该变磁相变只在低温下存在(5K以下)，并且台阶的宽度小于2×10^{-4}T。该临界场的大小与样品在冷却时所加的外场大小呈线性关系。变磁相变的这种行为同样也在Mn位未掺Co的样品及单晶样品中观察到。这种低温下台阶状的变磁相变与在锰氧化物中观察到的高温变磁相变以及在其他材料中观察到的变磁相变有本质的不同，他们认为这是样品的一种本征性质，当今流行的解释是马氏体效应[29]。然而马氏体效应不能解释多晶中的分布磁化现象，变磁相变不可逆性以及变磁相变具有严格的临界温度等现象。另外对Mn位掺杂、磁场弛豫、加磁场冷却等因素对变磁相变临界场H_c的影响也尚无定论。因此，必须提出新的理论模型才能对变磁相变现象进行解释。这就要求磁电子学工作者在实验和理论方面有所突破。

在磁学领域里，尽管理论物理学家和实验物理学家做了大量的努力，也取得了很大的进展，现已建立了基本的理论体系。这些理论在很多方面取得了和实验很好的吻合。但是磁性产生的物理实质目前尚没有完全研究清楚，尤其是自旋玻璃、团簇玻璃、相分离、电荷有序、变磁相变方面，人们建立了大量的物理模型，给出了不同的解释，但这些解释只能解释部分实验现象，总有一些现象无法解释清楚[1]。CMR效应已发现很多年，也实现了广泛的应用。但CMR效应的起源问题目前仍不十分清楚。在锰氧化物强关联体系中电荷、晶格、自旋和轨道自由度之间相互作用，比热、晶格、导电性、磁化率等各种性质相互影响[32-35]。弄清这些物理量的来源以及它们之间的相互关系是当前凝聚态物理学界的重要目标。

对ABO_3钙钛矿磁电性质的研究早期主要集中在$La_{1-x}A_xMnO_3$(A=Ca,Ba,Sr)上。近年来人们逐渐对A位掺一价碱金属的钙钛矿结构锰基材料氧化物产生了较大的兴趣，例如人们已经对$Pr_{1-x}Na_xMnO_3$[48]、$Pr_{1-x}K_xMnO_3$[49]进行了较多的研究，并且发现其各种磁性的产生机制基本与$La_{1-x}A_xMnO_3$(A=Ca,Ba,Sr)相同，并且在居里温度点附近产生很大的CMR。此外，还对$Pr_{1-x}Na_xMnO_3$进行了中子衍射[50]、电子输运、磁性方面的研究[48,51]，发现随着一价Na离子掺杂量的增加，使得MnO_6八面体的Jahn-Teller效应减弱，电阻下降，使得$x=0$时分层的反铁磁电荷有序经过$x=0.05$的自旋倾斜排列转变成$0.1\leqslant x\leqslant0.15$时纯粹的铁磁相，$T_c=125$K。并且，当$x=0.20$、0.25时，在215K出现了电荷有序排列，在175K出现反铁磁转变。该系列样品表现出十分丰富的磁学性质。

国外对于 $Pr_{1-x}Na_xMnO_3$ 的研究用的是固相反应方法[48,51]，在掺入过量 Na 盐的情况下，合成的样品仍然 Na 含量不足，致使 Na 的最大掺入量为 0.19。当掺入量大于 0.19 时会有锰氧化物析出，致使单相的样品无法合成，而在磁学的研究中对于 $Ln_{1-x}A_xMnO_3$ 结构钙钛矿锰氧化物，当 Mn^{+4}∶Mn^{+3}＝1∶1 时电荷有序最强，这是磁学领域在世界范围内研究的热点。当 Mn^{+4}∶Mn^{+3}＝1∶1 时对应 $Pr_{0.75}Na_{0.25}MnO_3$。

2001 年 Hejtmánek 和 Jirák 等报道 $Pr_{0.75}Na_{0.2}MnO_3$ 在 215K 表现出了很强的电荷有序[48,51]，因此可以推断 Mn^{3+}∶Mn^{4+} 为 1∶1 的 $Pr_{0.75}Na_{0.25}MnO_3$ 将会有更强的电荷有序态。而文献中报道的固相反应法合成出的样品 Na 的最大掺入量仅为0.19，因此 Mn 位掺杂的研究只能在此基础上勉强进行。目前，Mn 位掺 Cr、Co 的研究已有报道，但对 Mn 位掺 Fe、Al 的研究尚无报道。因此，研究固相反应以外的其他样品合成方法提高 Na 元素的掺入量，进而深入研究 B 位掺杂的系列样品的合成、结构、电磁性质就十分必要。这有助于我们深入的理解磁性质产生的物理本质，同时，有利于改进材料的磁性质，提高其应用价值。

1.3 本书研究的出发点和主要内容

钙钛矿结构锰基 $La_{1-x}A_xMnO_3$（A＝Ca，Ba，Sr）材料氧化物受到人们的高度重视，主要是因为这类材料具有 CMR，目前这种 CMR 主要用双交换作用来解释[52−54]。通过在 $LaMnO_3$ 中掺杂二价的 Ca、Ba、Sr，从而导致 Mn^{4+} 的出现，造成了 Mn^{3+}、Mn^{4+} 混合价态。Mn^{3+} 的 e_g 态电子转移到 O^{2-}，O^{2-} 的 1 个电子转移到 Mn^{4+} 空 e_g 态上，从而形成电导。又由于巡游 e_g 态电子自旋与局域 t_{2g} 自旋受到洪德规则影响而平行排列，因此产生铁磁性[53−55]。当 x＝0.5、Mn^{3+}∶Mn^{4+}＝1∶1 时，电荷有序最强，并且产生电荷-轨道耦合，样品基态是铁磁相和反铁磁相共存的电子相分离状态，这是当前磁学领域的研究热点之一（锰氧化物的另一个研究热点是 Mn^{3+}∶Mn^{4+}＝2∶1时，铁磁性最强）。

与此热点相联系的变磁相变、自旋-轨道耦合、电荷-轨道耦合现象之间的关联以及自旋/轨道量子化的转变效应等，像这些涉及深层次物理本质的问题目前研究较少，特别是低温变磁相变效应与磁控量子相变特性的研究更是刚刚起步。这些磁学性质和现象的研究结果可能会使人们加深对强关联电子体系相分离机制的理解；对当今物理学中关于“序参量”这一涉及深层次物理问题的研究，对基于相分离的逾渗模型和介观相分离机制的唯象理解，对变磁相变及相关实验现象的理解提供重要的实验和理论依据。另外，该类材料在场效应量子激发器、磁控量子开关效应等方面具有潜在的应用性。

为了提高 $Pr_{1-x}Na_xMnO_3$ 中 Na 的掺入量，必须分析文献中报道的固相反应法合成样品时造成 Na 挥发的原因，并改进样品的合成方法，把 Na 的掺入量由文献报道的 0.19 提高到 0.25，并合成出 Mn 位掺 Fe 的系列单相样品。

由于强关联体系锰氧化物中的电荷、自旋、轨道和晶格自由度之间存在强烈的关联作用，各种相互作用之间的竞争非常复杂，各种因素在不同体系中的作用也有很大差异，但对于具体的研究体系总有一些因素起主导作用，而其他次要因素则可以忽略不计。因此，通过研究，分析出所研究的系列样品中电荷、自旋、轨道自由度及 Fe 掺杂之间的相互作用和竞争关系，以及各种作用起主导作用的范围和条件就变得很有意义。

文献报道的 $Pr_{0.75}Na_{0.20}MnO_3$ 是典型的相分离体系，低温下存在典型的电荷有序反铁磁(charge ordering antiferromagnetism，COOAF)相和铁磁(ferromagnetic，FM)相的共存现象，$Pr_{0.5}Ca_{0.5}MnO_3$ 甚至随外场变化出现四种电子相；越来越多的证据显示相分离是锰氧化物体系的普遍特征。对于 $Mn^{3+}:Mn^{4+}=1:1$ 电荷有序最强的锰氧化物低温下往往存在台阶状变磁相变现象，这类锰氧化物中具有相分离基态已成定论，但随着 Fe 的掺杂的增加，样品能否继续保持相分离的基态呢？对这一问题的研究能够扩展相分离现象研究的范畴，丰富相分离研究的内涵，能够更好的解释样品基态同各种磁电性质之间的内在关系。

基于具有相分离基态的锰氧化物体系低温下自旋-轨道、电荷-轨道耦合与变磁相变效应表现出的奇特物理现象所提出的关于相分离体系自旋-轨道耦合与电荷-轨道耦合机制的研究，关于磁场诱导的自旋重定向和载流子退局域化的研究，以及关于磁场诱导的马氏体效应引起变磁相变的研究是一种全新的尚有很大争议的热点问题[1]。磁化曲线 M-H 和输运特性 ρ-H 表现出陡峭的台阶状跃变特征；自旋有序的变化反映了在这类复合氧化物体系中的某种特殊的弱反铁磁耦合机制；低场多重磁化/输运台阶跃变表明体系中存在某种重定向或可能多重的量子转变过程。目前，流行的解释是马氏体效应，COOAF 相与 FM 相交界面的应力阻碍了共存相内部的结构相变，当外场冲破共存相之间的界面应力时，雪崩现象发生了，于是台阶状变磁相变出现了。但这种解释只能用类比的方式(即马氏体相变中也有类似的现象)定性的解释台阶的由来和“孵蛋效应”，不能解释变磁相变的台阶为什么那么尖锐($<2\times10^{-4}$T)，多晶样品中的分步变磁相变行为，变磁相变的不可逆性以及为什么变磁相变存在严格的临界温度等现象。

在低温变磁相变现象的理解上，除了流行的解释马氏体效应，人们还提出了所谓的 AFM(antiferromagnetic)相与 FM 相竞争机制和渗透机制等。但这些机制难以解释 AFM-FM 之间“异常陡峭”的($\Delta H<2\times10^{-4}$T)的转变宽度，与此转变密切相关的临界温度[1]，分步变磁相变[1]，变磁相变的“不可逆性”[3]和变磁相变的“孵蛋效应”[55]等现象。对这种自旋有序转变与可能的量子转变之间的关联及系统研究尚未见报道，其物理机制也有待进一步澄清。关于台阶状变磁相变与自旋有序性/载流子

局域化之间的关系，自旋/轨道极化输运和可能的量子转变问题等均为当今磁学领域十分有趣而又重要的研究内容。这一研究，所涉及到的低温强磁场条件下强关联体系的性质、复杂体系与强关联物理问题等，不但能拓展新材料在量子信息方面的可能应用，也有助于拓展相变理论研究的范畴，丰富相变研究的内容。因而，具有十分重要的理论研究价值和实际应用帮助。

此外，磁化曲线与输运特性所表现出的“多重台阶”[1]具有很好的一致性。所有这些启发我们从自旋有序化角度考虑“量子转变”的可能性。事实上，近年来包括铜氧化物强关联体系在内的“量子相变”已经为人们所接受，强关联体系锰氧化物所呈现出的诸多奇异磁化行为也许是“量子转变”行为在锰氧化物体系中的类似反映。因此，发展与自旋相关的量子转变模型对解释变磁相变等很多现象有很好的帮助。

结合本研究领域的具体情况，为了从样品微结构、磁电性质分析系列样品各种物理现象之间的内在联系及其反应的物理机制，为澄清掺杂锰氧化物的相分离本质，以及强关联体系中电荷-自旋-轨道有序之间的耦合相互作用及与低温变磁相变的关系，本书以具有典型低温相分离特性的 $Pr_{0.75}Na_{0.25}Mn_{1-x}Fe_xO_3$（$0\leqslant x\leqslant 0.3$）体系为具体研究对象，在合成系列单相样品的基础上，通过 X 射线衍射（X-ray diffraction，XRD）、X 射线荧光光谱分析（X-ray fluorescence analysis，XRF）、扫描电镜（scanning electron microscope，SEM）、红外（infrared，IR）分析等多种技术确定了系列样品的微观结构及阳离子比例，用物理性质测量系统（physics properties measurement system，PPMS）对系列样品的 M-T、M-H、ρ-T 和 ρ-H 曲线，交流磁化率及弛豫效应等磁电性质进行了系统研究。通过磁和输运测量，给出材料在低温下温度、磁场对体系磁化特性及输运特性的影响，给出体系低温相分离的特征转变温度和基态本征不均匀性之间的关联，研究轨道有序性、电荷有序性和自旋有序性的相互影响和相互关系，相分离体系中 COOAF-FM 转变、M-I 转变及它们与电荷有序之间的关联以及磁场诱导产生的变磁相变与可能的自旋/轨道量子转变的物理本质。具体主要研究以下几方面的内容。

(1) 样品合成及结构表征：采用溶胶凝胶法合成了 $Pr_{0.75}Na_{0.25}Mn_{1-x}Fe_xO_3$ 系列单相样品，避免了 Na 的挥发，使 Na 的掺入量从 0.19 提高到 0.25，以便为与电荷有序相关的磁性质的研究提供典型样品，为合成含易挥发元素氧化物陶瓷样品提供新思路。并在此基础上详细地对系列样品的结构进行了表征。

(2) Fe 掺杂对 $Pr_{0.75}Na_{0.25}MnO_3$ 中电荷有序和磁有序的影响：在强关联锰氧化物 $La_{0.5}Ca_{0.5}MnO_3$ 中，Mn 位掺 Fe 的研究已有报道，在掺杂量小于 0.03 时铁磁性随 Fe 含量增加而增加，研究者认为是 Fe^{3+} 的几何效应减弱 MnO_6 八面体的 Jahn-Teller 畸变引起的。但另有文献报道 Fe 含量大于 0.09 时铁磁性随 Fe 含量增加而减弱，认为是由 Fe 掺杂减弱 Mn^{3+} 和 Mn^{4+} 之间的双交换引起的。这就使得系统研究较大范围的 Fe 掺杂显得十分必要，这有助于分析上述两种作用之间的关系及各自的适用范围。这一研究丰富了强关联体系中各种相互作用之间关系的理论体系。

(3) $Pr_{0.75}Na_{0.25}Mn_{1-x}Fe_xO_3$中低温下无台阶状变磁相变样品基态的研究:越来越多的证据显示电子相分离现象是锰氧化物的普遍现象,它是解释CMR、变磁相变等现象的重要理论基础。对于低温下存在变磁相变的样品低温下的相分离基态已成定论。$Pr_{0.75}Na_{0.25}Mn_{1-x}Fe_xO_3$中低温下无台阶状变磁相变的样品基态的研究十分必要,它有助于对比分析变磁相变的物理机制,对该类复杂体系的基态本征相分离特性的理解提供可靠的实验数据。

(4) 低温变磁相变临界场影响因素分析:低温输运特性与磁有序的初步研究表明,强关联锰氧化物体系中的台阶状变磁相变现象均发生在低温区域($T<5K$),通过输运和磁测量,给出材料在低温下的输运特性以及掺杂量、温度、磁场对变磁相变临界场的影响。但临界场的具体影响机制尚有很大争议。本书在系统研究掺杂量、磁场、弛豫效应对体系中共存的各种成分所占的比例以及对临界场影响的基础上分析了影响临界场的本质因素。

(5) 变磁相变机制与模型的研究:在关于变磁相变的理解上,人们曾提出了所谓的AFM相与FM相竞争机制、渗透机制、马氏体相变机制等。但仔细考察变磁相变的特征,则难以理解COAF-FM之间“异常陡峭”的($\Delta H<2\times10^{-4}$T)的台阶,存在临界温度,具有不可逆性和转变的“多重性”等问题。从输运特性所表现出的对应的“分步台阶”响应,可启发我们考虑自旋量子转变的可能性。事实上,近年来包括铜氧化物强关联体系在内的“量子相变”已经为人们所公认,本实验所呈现出的诸多奇异磁化行为也许是“量子转变”行为在锰氧化物体系中的反映,本研究将在上述相关实验研究的基础上,为澄清这类具有低温相分离复杂系统的变磁相变行为提供唯象解释。

参考文献

[1] Mahendiran R, Maignan A, Hébert S, et al. Ultrasharp magnetization steps in perovskite manganites. Phys. Rev. Lett., 2002, 89:286602(4)

[2] Dagotto E, Hotta T, Moreo A. Colossal magnetoresistant materials: the key role of phase separation. Physics Reports, 2001, 344:1-3

[3] Jonker G H, Van Santen J H. Ferromagnetic compounds of manganese with perovskite structure. Physica, 1950, 16:337-349

[4] 陈春霞. 钙铁矿锰氧化物中电荷有序现象研究进展. 无机材料学报, 2005, 20:1-12

[5] Helmolt R V, Weckerg J, Holzapfel B, et al. Giant negative magnetoresistance in perovskite like $La_{2/3}Ba_{1/3}MnO_3$ ferromagnetic films. Phys. Rev. Lett., 1993, 71:2331-2333

[6] Zener C. Interaction between the d-shells in the transition metals. II. ferromagnetic compounds of manganese with perovskite structure. Phys. Rev., 1951, 82:403-405

[7] Goodenough J B. Theory of the role of covalence in the perovskite-type manganites [La, M(II)]

MnO_3. Phys. Rev. ,1955,100:564—573

[8] Goodenough J B, Wold A, Arnott R J, et al. Relationship between crystal symmetry and magnetic properties of ionic compounds containing Mn^{3+}. Phys. Rev. ,1961,124:373—384

[9] Wollan E O, Koehler W C. Neutron diffraction study of the magnetic properties of the series of perovskite-type compounds $[(1-x)La, xCa]MnO_3$. Phys. Rev. ,1955, 100:545—563

[10] Anderson P W, Hasegawa H. Considerations on double exchange. Phys. Rev. ,1955,100:675—681

[11] de Gennes P G. Effects of double exchange in magnetic crystals. Phys. Rev. ,1960,118:141

[12] Baibich M N, Broto J M, Fert A, et al. Giant magnetoresistance of(001)Fe/(001)Cr magnetic superlattices. Phys. Rev. Lett. ,1988,61:2472—2475

[13] Kenichi C, Toshiyuki O, Masahiro K, et al. Magnetoresistance in magnetic manganese oxide with intrinsic antiferromagnetic spin structure. Appl. Phys. Lett. , 1993, 63:1990

[14] Jin S, Tiefel T H, Mc Cormack M, et al. Thousandfold change in resistivity in magnetoresistive La-Ca-Mn-O films. Science, 1994,264:413—415

[15] Mills A J, Littlewood P B, Shraiman B I. Double exchange alone does not explain the resistivity of $La_{1-x}Sr_xMnO_3$. Phys. Rev. Lett. ,1995,74:5144—5147

[16] Millis A J, Shraiman B I, Mueller R. Dynamic Jahn-Teller effect and colossal magnetoresistance in $La_{1-x}Sr_xMnO_3$. Phys. Rev. Lett. ,1996,77:175—178

[17] Millis A J. Cooperative Jahn-Teller effect and electron-phonon coupling in $La_{1-x}A_xMnO_3$. Phys. Rev. B,1996,53:8434—8441

[18] Millis A J, Mueller R, Shraiman B I. Fermi-liquid-to-polaron cossover. I. general results. Phys. Rev. B,1996,5389—5404

[19] Millis A J, Mueller R, Shraiman B I. Fermi-liquid-to-polaron cossover. II. double exchange and the physics of colossal magnetoresistance. Phys. Rev. B,1996,54:5405—5417

[20] 田宏伟. 电荷有序锰氧化物 $Y_{0.5}Ca_{0.5}MnO_3$ 的磁特性及穆斯堡尔谱研究. 吉林大学博士学位论文,2005:26—28

[21] Sacramento P D. Coexistence of antiferromagnetism and superconductivity in the Anderson lattice. J. Phys. :Condens. Matter. ,2003,15:6285—6291

[22] Zhang L W, Israel C, Biswas A, et al. Directr observation of percolation in a manganite thin film. Science,2002,298:805—807

[23] Rao C N R, Vanitha P V. Phase separation and segregation in rare earth manganates: the experimental situation. Current Opinion in Solid State and Materials Science,2002,6:97—106

[24] Yunoki S, Hu J, Malvezzi A L, et al. Phase separation in electronic models for manganites. Phys. Rev. Lett. ,2000,80:845—848

[25] Moreo A, Yunki S, Dagotto E. Phase separation scenario for manganese oxides and related materials. Science,1999,283:2034—2040

[26] Moreo A, Mayr M, Feiguin A, et al. Giant cluster coexistence in doped manganites and other compounds. Phys. Rev. Lett. ,2000,84:5568—5571

[27] Moreo A, Yunoki S, Dagotto E. Pseudogap formation in models for manganites. Phys. Rev.

Lett. ,1999,83:2773—2776

[28] Maignan S, Hébert V, Hardy C, et al. Magnetization jumps and thermal cycling effect induced by impurities in $Pr_{0.6}Ca_{0.4}MnO_3$. J. Phys. :Condens. Matter. ,2002,14:11809—11819

[29] Hardy V, Hébert S, Maignan A, et al. Staircase effect in metamagnetic transitions of charge and orbitally ordered manganites. J. Magn. Magn. Mater. ,2003,264:183—191

[30] Mori S, Chen C H, Cheong S W. Pairing of charge-ordered stripes in(La, Ca)MnO_3. Nature. , 1998,392:473—476

[31] Radaelli P G, Cox D E, Capogna L, et al. Wigner-crystal and bi-stripe models for the magnetic and crystallographic superstructures of $La_{0.333}Ca_{0.667}MnO_3$. Physical Review B, 1999, 59:14440—14450

[32] Schiffer P, Ramirea A P, Bao W, et al. Low temperature magnetoresistance and the magnetic phase diagram of $La_{1-x}Ca_xMnO_3$. Phys. Rev. Lett. ,1995,75(18):3336—3339

[33] Hardv V, Wahl A, Martin C, et al. Low-temperature specific heat in $Pr_{0.63}Ca_{0.37}MnO_3$: phase separation and metamagnetic transition. Phys. Rev. B, 2001, 63:224403(8)

[34] Lees M R, Petrenko O A, Balakrishnan G, et al. Specific heat of $Pr_{0.6}(Ca_{1-x}Sr_x)_{0.4}MnO_3$ ($0\leqslant x\leqslant 1$). Phys. Rev:B, 1999, 59:1298—1303

[35] Li X G, Zheng R K, Li G, et al. Jahn-Teller effect and stability of the charge-ordered state in $La_{1-x}Ca_xMnO_3$ ($0.5\leqslant x\leqslant 0.9$) manganites. Europhys. Lett. ,2002,60(5):670—679

[36] Takeuchi J, Hirahara S, Dhakal T P, et al. Cr-doping effect on the perovskite(Nd, Sr)MnO_3 single crystals. Physica B, 2002, 312:754—757

[37] Martin C, Maignan A, Hervieu M, et al. Magnetic phase diagram of Ru-doped $Sm_{1-x}Ca_xMnO_3$ manganites: expansion of ferromagnetism and metallicity. Phys. Rev. B, 2001, 63:174402(7)

[38] Babushkina N A, Belova L M, Yu O, et al. Metal-insulator transition induced by oxygen isotope exchange in the magnetoresistive perovskite manganites. Nature, 1998, 391:159—167

[39] Smolyaninova V N, Biswas A, Fournier P, et al. Influence of oxygen isotope exchange on the ground state of manganites. Phys. Rev. B, 2002, 65:104419(9)

[40] Tomioka Y, Asamitsu A, Moritomo Y, et al. Collapse of a charge-ordered state under a magnetic field in $Pr_{1/2}Sr_{1/2}MnO_3$. Phys. Rev. Lett. ,1995,74:5108—5111

[41] Yuan Q S, Kopp T. Charge ordering in half-doped $Pr(Nd)_{0.5}Ca_{0.5}MnO_3$ under a magnetic field. Phys. Rev. B, 2002, 65:174423(6)

[42] Dho J, Hur N H. Thermal relaxation of field-induced irreversible ferromagnetic phase in Pr-doped manganites. Phys. Rev. B, 2003, 67:214414(6)

[43] Asamitsu A, Tomioka Y, Kuwahara H, et al. Current switching of resistive states in magnetoresistive manganites. Nature, 1997, 388:50—52

[44] Pandey N K, Lobo R P S M, Budhani R C. Electric-field-tuned metallic fraction and dynamic percolation in a charge ordered manganite. Phys. Rev. B, 2003, 67:054413(4)

[45] Kiryukhin V, Casa D, Hill J P, et al. An X-ray-induced insulator-metal transition in a magnetoresistive manganite. Nature, 1997, 386:813—815

[46] Moritomo Y, Kuwahara H, Tomioka Y, et al. Pressure effects on charge-ordering transitions in perovskite manganites. Phys. Rev. B, 1997, 55: 7549—7556

[47] Kuriki A, Moritomo Y, Machida A, et al. High-pressure structural analysis of $(Nd,Sm)_{1/2}Sr_{1/2}MnO_3$: origin for pressure-induced charge ordering. Phys. Rev. B, 2002, 65: 113105(4)

[48] Hejtmánek J, Jirák Z, Sebek J, et al. Magnetic phase diagram of the charge ordered manganite $Pr_{0.8}Na_{0.2}MnO_3$. J. Appl. Phys., 2001, 89: 7413—7415

[49] Jirák Z, Hejtmánek J, Knížek K, et al. Structure and properties of the $Pr_{1-x}K_xMnO_3$ perovskites (x=0～0.15). J. Solid State Chem., 1997, 132: 98—106

[50] Jirák Z, Krupička S, Šimša Z, et al. Double degeneracy and Jahn-Teller effects in colossal-magnetoresistance perovskites. J. Magn. Magn. Mater., 1985, 53: 153

[51] Jirák Z, Hejtmánek J, Knížek K, et al. Structure and magnetism in the $Pr_{1-x}Na_xMnO_3$ perovskites ($0 \leqslant x \leqslant 0.2$). J. Magn. Magn. Mater., 2002, 250: 275—287

[52] Jin S, Tiefel T H, Cormack M M, et al. Thousandfold change in resistivity in magnetoresistive La-Ca-Mn-O films. Science, 1994, 264: 413—415

[53] Ju H L, Gopalakrishnan J, Peng J L, et al. Dependence of giant magnetoresistance on oxygen stoichiometry and magnetization in polycrystalline $La_{0.67}Ba_{0.33}MnO_3$. Phys. Rev. B, 1995, 51: 6143—6146

[54] Jonker G H. Magneticcompounds with pervoskite structure. Physica, 1956, Ⅹ Ⅻ: 702—722

[55] Hardy V, Maignan A, Hébert S, et al. Observation of spontaneous magnetization jumps in manganites. Phys. Rev. B, 2003, 68: 220402(4)

第 2 章　锰氧化物磁电性质基本理论

2.1　钙钛矿型复合氧化物的晶体结构

2.1.1　ABO_3型钙钛矿的晶体结构

图 2-1 为钙钛矿氧化物的结构示意图。理想钙钛矿氧化物的结构是简单立方晶胞。如图 2-1(a)所示 A 位阳离子位于立方体的中心，与氧离子形成 12 配位，B 位阳离子占据立方体的角顶，与氧形成 BO_6 八面体。氧离子位于每边的中心，且周围有 2 个 B 位阳离子和 4 个 A 位阳离子。图 2-1(b)是理想钙钛矿氧化物晶体结构的另一种描述。Goldschmidt 定义容限因子为

$$t=(r_A+r_O)/[2^{1/2}(r_B+r_O)] \tag{2-1}$$

式中，r_A——A 位离子的半径；

r_B——B 位离子的半径；

r_O——O^{2-} 的半径。

在 $0.75<t\leqslant 1$ 范围内，钙钛矿结构能够保持。当 $t=1$ 时，钙钛矿氧化物为理想立方结构；随着 t 减小，结构将畸变为四方、正交、六方、三方、单斜和三斜等对称性更低的晶系，但是单斜和三斜比较少见[1]。结构的稳定性又同时要求，A、B 离子半径必须满足 $r_A>0.090$nm，$r_B>0.051$nm[2]。电中性条件要求，A 和 B 位离子价态满足电荷总数为 6。

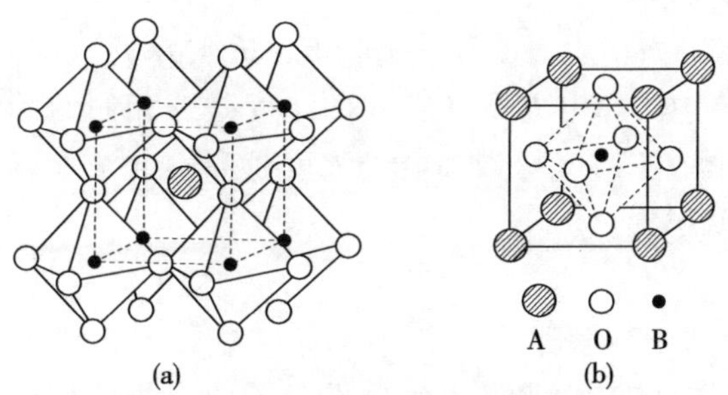

图 2-1　钙钛矿氧化物结构示意图[1]

2.1.2　$AA'BB'O_3$双钙钛矿型复合氧化物的晶体结构

按 A 位和 B 位离子的分布可以划分为三种类型。

(1) 无序排列：A 和 A′或 B 与 B′离子具有无序排列的双钙钛矿，通常呈现立方和正交两种晶体结构。

(2) 岩盐结构：A 和 A′或 B 与 B′离子具有岩盐排列的双钙钛矿，通常呈现立方和单斜两种晶体结构。

(3) 层状结构：B 与 B′离子具有层状分布，如 La_2CuSnO_6等，这种情况比较少见。

2.2 钙钛矿型复合氧化物中电子状态的理论描述

2.2.1 能带理论

能带理论是一种单电子不相关理论，其基本假设是固体中的每一个电子为构成固体的周期性点阵的原子或正电荷离子所共有，电子分布遵循费米-狄拉克分布。根据这一理论，电子只能分布在一组能量不连续的能带中。这种能量上的不连续起源于周期性位势。在基态时，比费米能 E_F 低的能量状态全部被电子占据，比费米能高的能量状态是全空的。在金属中，最高占有能带都是部分充满的，因而费米能级处于价带内。在绝缘体或半导体中，费米能级处于分立的最高充满能带（价带）和最低空带（导带）的能量间隙之间。在热力学平衡状态下，固体中的自由电子密度 n 和空穴密度 p 取决于费米能级的高低，具体表示如下

$$n=N_{-}\exp[-(E_{-}-E_{F})/kT] \tag{2-2}$$

$$p=N_{+}\exp[-(E_{F}-E_{+})/kT] \tag{2-3}$$

式中，N_{-}——电子的有效态密度；

N_{+}——空穴的有效态密度；

E_{-}——导带底处的能量；

E_{+}——价带顶处的能量。

由式(2-2)与式(2-3)可得

$$np=N_{-}N_{+}\exp[(E_{+}-E_{-})/kT] \tag{2-4}$$

式(2-4)表明，半导体中的导电电子和空穴的浓度是互相制约的，价带电子跃迁至导带的同时在价带中形成空穴。导带中电子浓度越高空穴浓度就越低，相反空穴浓度越高导电电子浓度就越低。

2.2.2 晶体场理论

晶体场理论假设晶体是由晶格上的孤立离子的聚集体构成的，原子轨道之间的重叠很小。由于离子周围静电场分布不均匀，导致过渡金属 d 电子能级的劈裂。在钙钛矿型复合氧化物中，过渡金属离子 B 与氧的配位数为 6，B 位离子处于由氧构成的正八面体场中，其 d 电子的能级劈裂为 t_{2g} 和 e_g 两组。d 电子的排布及自旋状态取决于晶体劈裂能 U 和电子成对能 P 的相对大小。当 U 大于 P 时为低自旋态，当 U 小于 P 时为高自旋态。

Jahn-Teller 效应表明，具有基态简并而非 Kramers 双重态的阳离子，可以在配位场中畸变为低对称的同时消除基态的简并性以有利于离子的稳定。因此，在钙钛矿型复合氧化物中（八面体场），由于 Jahn-Teller 效应的存在，t_{2g} 能级和 e_g 能级可以进一步发生劈裂，这种现象在由 d^2、d^3、d^4、d^6、d^7、d^8 离子组成的钙钛矿型复合氧化物中比较常见。

2.2.3　分子轨道理论

分子轨道理论可以较好的说明中心离子和配位体之间的共价相互作用，也可以用于讨论中心离子在表面和体相中的电子配位构型。钙钛矿型复合氧化物的电学性质主要取决于 B-O 键之间的相互作用，当 B-O 键之间的重叠积分较小时，轨道是定域的，化合物呈现半导体行为；当 B-O 键之间的重叠积分大于某一临界值时，轨道是非定域的，若轨道部分充满，则呈现金属导电行为。另外，B 位离子的最高占据轨道和最低空轨道之间的能量差，对钙钛矿型复合氧化物的电学性质具有重要影响。能量差较小，化合物呈现半导体行为；能量差较大，化合物呈现绝缘体行为。

2.2.4　配位场理论

配位场理论是在晶体场理论的基础上，与分子轨道理论相结合而发展起来的一种理论。它从分子轨道理论的观点来处理，能更完全、更普遍地说明问题，可以把单纯的晶体场理论包括在其中，作为一种特殊情况。

2.2.5　超交换相互作用理论

钙钛矿型复合氧化物中，过渡金属离子之间的超交换相互作用对其磁性有重要影响，同时也反映了电子的一种离域状态。超交换相互作用是指过渡金属的原子磁矩之间通过中间的非磁性氧离子发生间接的耦合。在钙钛矿型复合氧化物中，阳离子-氧离子-阳离子之间的 180°超交换相互作用非常显著。超交换相互作用存在三种类型，非定域超交换、相关超交换、极化超交换。

钙钛矿结构如序论中所述，在 $0.75 \leqslant t \leqslant 1.0$ 时钙钛矿结构是稳定的。t 因子为 1 时钙钛矿结构最稳定，并具有纯立方结构，空间群为 Pm3m。除了少数钙钛矿氧化物如 $SrTiO_3$ 具有纯立方结构外，其他大多数钙钛矿氧化物由于其 t 因子偏离 1 而不是纯立方结构。这是因为 A 位离子比 B 位离子半径大，A-O 层与 B-O 层离子直径之和有较大差别，相邻层不匹配，从而引起钙钛矿结构的立方晶格产生畸变。晶格畸变的另一个诱因是 B 位离子的外层电子，例如 Fe^{3+} 的外层电子。Fe^{3+} 的 3d 电子分布在 t_{3g} 与 e_g 轨道上，其中 e_g 电子会使氧八面体发生不稳定的 Jahn-Teller 畸变。晶格畸变的同时，e_g 电子能级发生劈裂，简并被消除。晶格畸变的结果是立方（cubic）对称转变为正交（orthorhombic）对称和菱方（rhombohedral）对称。还有，若对 A 位为 3 价阳离子的钙钛矿氧化物进行低价离子掺杂，B 位出现 Fe^{4+} 价离子，随着掺杂量的增加，这可能使氧化物结构从低对称性向高对称性转变。

根据钙钛矿氧化物的晶体结构，B 位阳离子处在由 O^{2-} 离子构成的氧八面体中央。对于稀土锰氧化物，B 位阳离子是 Mn 离子。Mn 离子的外层 3d 电子受到八面体晶场作用，其电子态由简并态变为部分简并，能级发生劈裂，如图 2-2 所示。能级劈裂成一个能量较低的三重态 t_{2g} 和一个能量较高的双重态 e_g，晶场劈裂能为 Δ。由于 Jahn-Teller 效应，双重态 e_g 进一步劈裂成两个单重态，简并被消除，能级劈裂宽度为 E_{JT}。

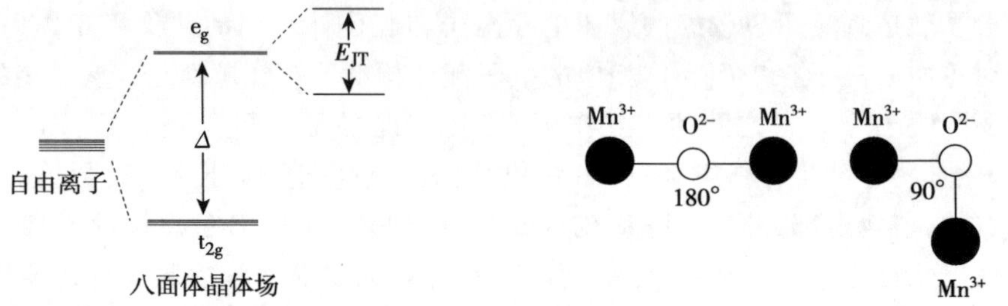

图 2-2 钙钛矿锰氧化物中锰离子 3d 电子能级分裂图[57]

图 2-3 锰离子之间的两种耦合作用[57]

在钙钛矿结构中，锰离子之间的耦合有两种方式，如图 2-3 所示。因氧离子的 2p 电子空间分布是哑铃型的，所以锰离子之间的耦合主要是键角为 180°的耦合。为了便于说明问题，在此以 $LaMnO_3$ 为例进行说明。$LaMnO_3$ 中 Mn 离子为＋3 价，有 4 个 3d 电子。根据洪德(Hund)规则，这 4 个电子的填充情况如下。自旋同一方向排列，3 个电子填充在三重态 t_{2g} 轨道上，1 个电子填充在 Jahn-Teller 效应产生劈裂后的低能量的单重态 e_g 轨道上。t_{2g} 能量较低，它与 O^{2-} 的 2p 轨道重叠很小，e_g 能量较高，与 O^{2-} 的 2p 轨道能量相近，所以，可以近似认为，Mn^{3+} 在正常状态下只有一个 e_g 轨道上的电子与 O^{2-} 发生作用。取 O^{2-} 中的两个 p 电子及 180°键合情况下的两个 Mn^{3+} 离子中的各一个 e_g 电子，组成一个四电子体系，基态电子分布可写成 $e_{g1}\, e_{g2}\, p\, p'$，如图 2-4(a)所示。由于 O^{2-} 中的 2p 电子有可能迁移到 Mn^{3+} 中的 e_g 轨道，这样体系就变成了含有 Mn^{2+} 和 O^{1-} 的激发态，如图 2-4(b)所示。由于泡利不相容原理，$e_{g1'}$ 电子

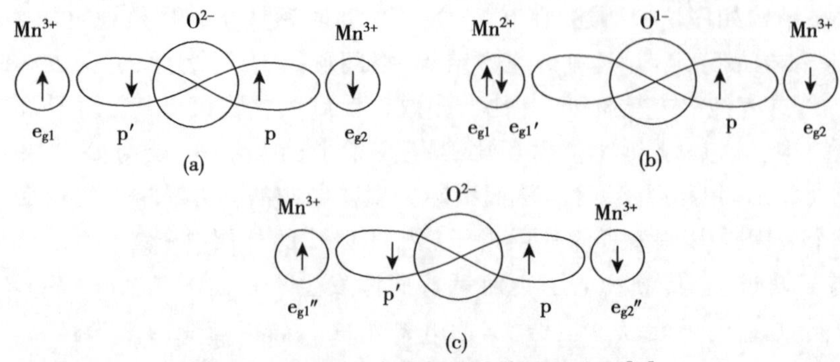

图 2-4 $LaMnO_3$ 中的超交换作用示意图[57]

和 e_{g1} 电子的自旋一定反平行排列。O^{2-} 中的另一个 2p 电子 p 可能和右边的 Mn^{3+} 离子的 e_{g2} 电子发生直接交换作用，这个交换积分 J_{pd} 一般为负值，所以 p 电子和 e_{g2} 电子的自旋反平行排列。又因为 O^{2-} 中的两个电子 p 和 p′的自旋取向一定反平行，所以两个 Mn^{3+} 离子中的 e_{g1} 电子和 e_{2g} 电子的自旋排列方式受到限制，只能取反平行排列。最终的平衡态(基态)如图 2-4(c)所示。以上两个 Mn^{3+} 离子通过一个 O^{2-} 离子而产生的间接交换作用被称为超交换作用。$LaMnO_3$ 受超交换作用支配而为反铁磁性。其磁矩排列情况如图 2-5 所示。

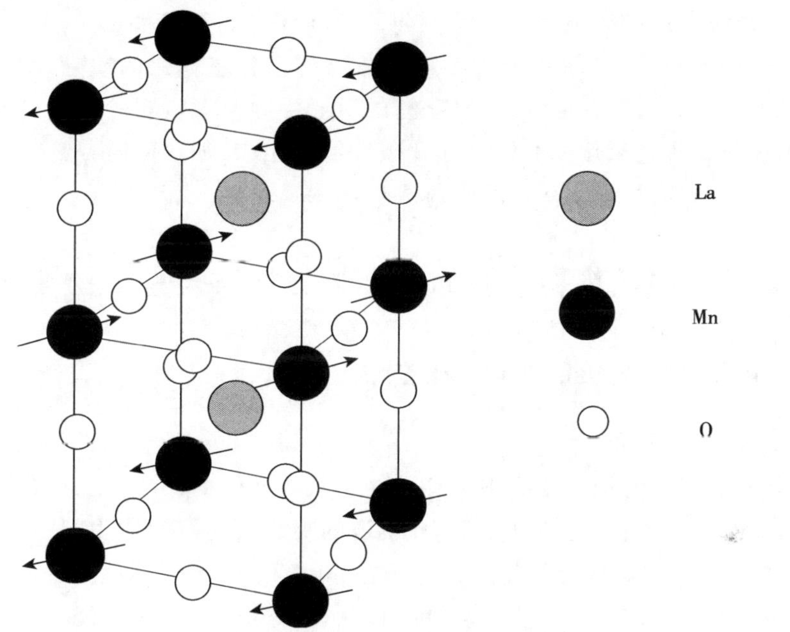

图 2-5　$LaMnO_3$ 的磁矩排列示意图[57]

尽管 $LaMnO_3$ 中 O^{2-} 离子中的 p 电子可能迁移到 Mn^{3+} 离子的 e_g 轨道，但必须是 p 电子的激发态，这种迁移几率十分小，同时，Mn^{3+} 离子的 4 个 3d 电子都是局域的，所以 $LaMnO_3$ 属于电荷能隙型的绝缘体。

我们研究的 $Pr_{0.75}Na_{0.25}Mn_{1-x}Fe_xO_3$ 在 A 位掺杂了 Na，由于 Na^+ 离子的出现，为了保持正负化合价的平衡，锰离子出现了混合价态，所不同的是 Fe^{3+} 取代了部分 Mn^{3+}。超交换作用已无法解释掺杂稀土锰氧化物的磁电学性质，而双交换作用可以对此进行很好的解释。图 2-6 对双交换作用给出了直观的描述。

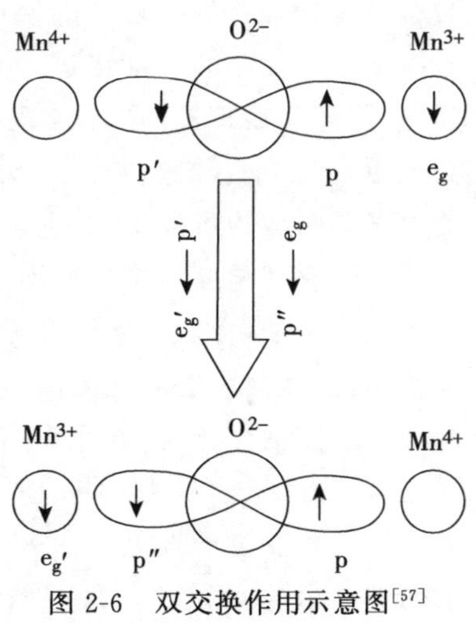

图 2-6　双交换作用示意图[57]

在 $Pr_{0.75}Na_{0.25}Mn_{1-x}Fe_xO_3$ 在 A 位掺杂 Na 会引起 Mn^{4+} 离子出现，Mn^{4+} 离子有 3 个 3d 电子，全部填充在 t_{2g} 轨道，e_g 轨道是空的。t_{2g} 轨道能量较低，它与 O^{2-} 的 2p 轨道重叠小，3 个 t_{2g} 电子形成局域的 t_{2g} 自旋（$S=3/2$）。但 e_g 电子态能量较高，它与 O^{2-} 的 2p 态之间有较强的杂化，因而 O^{2-} 离子的一个电子 p′可以迁移到 Mn^{4+} 离子空的 e_g 轨道，成为 $e_g{}'$ 电子，Mn^{4+} 离子变成 Mn^{3+} 离子。与此同时，Mn^{3+} 离子的 e_g 立刻转移到 O^{2-} 离子，成为 p″电子，Mn^{3+} 离子变成 Mn^{4+} 离子。电子的这一迁移过程并没有改变系统的能量，所以电子可以在 Mn^{4+} 离子和 Mn^{3+} 离子之间自由地迁移，从而形成电导。巡游 e_g 电子的自旋在每一锰离子位与局域的 t_{2g} 电子自旋受洪德规则约束必须平行排列，从而导致铁磁性。掺杂稀土锰氧化物的铁磁性和电导性是互相依存的，氧化物处于铁磁性时，氧化物的电导性强。大量实验结果已经显示，在居里温度，掺杂稀土锰氧化物有铁磁性到顺磁性的相变，与此同时，掺杂稀土锰氧化物在居里温度附近有一个金属到绝缘体或半导体的转变。

2.3 锰氧化物体系的基态物理性质与基本物理现象

2.3.1 电子结构与 Jahn-Teller 畸变

1. 电子-晶格耦合

由于钙钛矿结构锰氧化物中锰离子处于氧八面体的中心，立方对称的晶体场将导致锰离子 3d 轨道的简并消除，使 3d 轨道的能级发生劈裂成为能量较高的二重简并 e_g 轨道和能量较低的三重简并 t_{2g} 轨道。Jahn-Teller 畸变将进一步使简并的 e_g 轨道劈裂成两个能级，如图 2-2 所示。Millis 认为 ABO_3 钙钛矿型锰氧化物中锰离子周围的晶格环境中存在着强烈的电子-声子相互作用、自旋-晶格耦合和自旋-轨道耦合，对锰氧化物独特的而复杂的性质起着非常重要的作用。该物理图像是：Jahn-Teller 效应使二重简并的 e_g 能级进一步分裂成能量较低的 $d_{3z^2-r^2}$ 态和能量较高的 $d_{x^2-y^2}$ 态后，按照超交换理论，导致电子跳转被禁止。于是，产生了与 Jahn-Teller 畸变相伴的高电阻率行为。随着温度下降到铁磁有序温度 T_c 以下，Jahn-Teller 畸变松弛，结果使电子跳转成为可能，于是电阻率开始下降。这一理论很好的解释了很多锰氧化物中的电阻率随温度的增加而出现的金属性到绝缘性转变的现象。

极化子是由电子-声子相互作用形成的。在晶体中，电子和周围的原子相互的库仑作用，会使其周围晶格因极化而产生晶格变形，这种由极化引起的晶格形变在电子的周围形成极化场，该场反作用于电子会改变电子原来的能量和状态，人们将电子连同它周围由该电子引起的极化晶格所构成的总体视为一个准粒子，叫极化子(polaron)。形成极化子的电子被束缚在一个空间的有效范围内，形成局域电子，这个空间的有效范围称为极化子尺寸。在锰氧化物中 Jahn-Teller 效应引起 MnO_6 八面体畸变会和

e_g电子相互作用从而导致电子的局域化而形成极化子，从而降低 e_g电子的动能。因此除了双交换作用外，电子-晶格耦合（electron-lattice coupling）是引起锰氧化物复杂有趣现象的主要因素。

2. 电子-晶格耦合的两种重要模式

电子-晶格耦合是指原子从理想的晶体学位置的瞬间偏离同电子组态从平均价态的瞬间变化之间的相互作用[3]。当发生 Jahn-Teller 晶格畸变时，BO_6八面体的拉伸或压缩有三种模式，如图 2-7 所示。①呼吸模式，如图 2-7(a)所示，六个氧原子同时向锰原子靠近或同时离开。在此模式中，晶格极化与 e_g电子的电荷密度的变化相耦合，这种氧原子的运动模式在能量上是不利的，会使体系的能量升得很高，在锰氧化物中，$Mn^{4+}O_6$常会发生这种畸变。显然，在呼吸模式中 MnO_6八面体的体积是变化的。②平面畸变模式，如图 2-7(b)所示，氧原子只在二维平面内快速运动，平面内相对的两个氧原子向锰原子相向运动，而该平面内的另外两个相对的氧原子背向运动，在垂自于平面方向的两个氧原子位置基本不动。③八面体拉伸模式，如图 2-7(c)所示，平面上的四个氧原子相向/相背运动，而顶点的两个氧原子相背/相向运动。

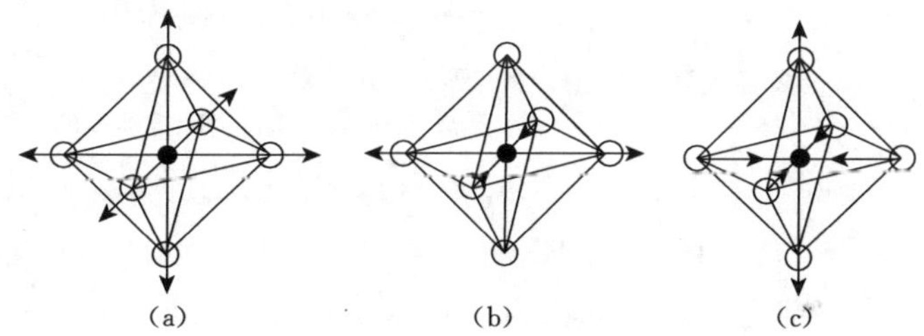

图 2-7　晶格畸变模式[3]

(a)呼吸模式；(b)平面畸变模式；(c)八面体拉伸模式

由于 Mn^{3+}是典型的 Jahn-Teller 离子，对于 MnO_6八面体来说，主要发生②和③两种模式的畸变，并且，畸变过程中八面体体积保持不变。

2.3.2　锰氧化物中的电荷、自旋和轨道有序

锰氧化物系统的电荷-自旋-轨道有序现象是 CMR 效应的核心问题之一。各种电荷-自旋-轨道有序的出现表明系统存在各种能量相近的相互作用。电子的电荷、自旋和轨道自由度与系统的晶格自由度相互作用，产生各种不同的的电子态。正是不同电子态之间的相互转化导致了锰氧化物 CMR 效应。因此弄清楚各种电荷-自旋-轨道有序之间的相互作用和耦合机制对理解 CMR 产生的物理机制十分重要。同时也能为我们制备更有实际应用价值的 CMR 材料提供有益的理论指导。

1. 电荷有序

电荷有序指锰氧化物体系中的 Mn^{3+}和 Mn^{4+}在晶格中有序排列，它实际上是一种特殊的电子在真实三维空间的有序的局域化。轨道自由度的有序化通常伴随自旋

有序和电荷有序而产生。1998 年，Murakami 等利用同步 X 射线衍射和各向异性张量磁化率测量直接观察到 $La_{0.5}Sr_{1.5}MnO_4$ 的轨道有序结构[4]，从而树立了“轨道物理学”研究的里程碑[5]。

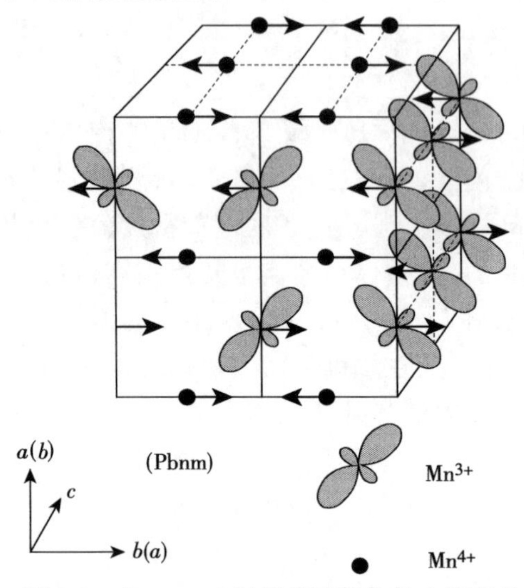

图 2-8 在 $x\sim0.5$ 时很多锰氧化物中出现的 CE 型反铁磁态中的自旋、电荷和 e_g 轨道有序模式图[61]

由于“轨道序”(轨道的形状与轨道取向)与电子的杂化及各向异性交换作用密切相关，这样容易导致依赖于轨道方向的模式有利/不利于双交换/超交换相互作用从而产生复杂的自旋-轨道耦合态。另外，Jahn-Teller 又将轨道有序和晶格序耦合起来，由此导致系统电子态的变化。显然，轨道序、自旋序和晶格序在 ABO_3 锰氧化物中起着举足轻重的作用。

早在 1955 年，Wollan 和 Koehleryong 用中子衍射研究了 $La_{1-x}Ca_xMnO_3$ 的磁结构，发现其磁结构是由 C 型和 E 型两种磁有序结构组成，称为 CE 型。中子衍射[6]实验证明在 $Nd_{0.5}Sr_{0.5}MnO_3$ 中存在反铁磁自旋有序 CE 结构。外加磁场，会使电荷/轨道有序反铁磁绝缘态转变为铁磁金属态。$x\sim0.5$ 处存在的 CE 型反铁磁结构是最典型的轨道有序和电荷有序，在 *ab* 面内自旋在一条弯弯曲曲的(zig-zag)链上形成铁磁性耦合，而在相邻的 zig-zag 链之间形成反铁磁性耦合，在 *c* 轴方向上，离子之间形成反铁磁性耦合。如图 2-8[61]所示，为 Mn^{3+} 和 Mn^{4+} 离子比例为 1∶1 时它们在真实三维空间形成的有序排列。

2. 与电荷有序相伴的轨道有序及磁有序

在电荷有序特征温度 T_{CO} 以下，载流子局域在指定的晶格点位产生电荷有序，由此也会产生贯穿整个晶体的长程有序，在这个长程有序的影响下，Mn^{3+} 的 e_g 轨道($d_{3z^2-r^2}$)和相应的晶格畸变(长的 Mn-O 键)之间也产生一个长程有序。由此产生轨道有序(orbital ordering，OO)[8]。因为通过一个占据的和一个空的 $d_{3z^2-r^2}$ 轨道发生的 Mn-O-Mn 交换作用是铁磁的，而通过两个空的 $d_{3z^2-r^2}$ 发生的 Mn-O-Mn 交换作用是反铁磁的，所以 Mn 离子之间的磁交换作用是各向异性的。这也是导致在锰氧化物中会产生非常复杂的磁结构的本质原因。通常情况下，锰氧化物在低温时磁结构主要为 CE 型(charge-exchange type)和 A 型(layered-type)两种反铁磁有序，一般来说，电荷有序易于发生在 CE 型磁结构中，在这种结构中 e_g 电子是局域化的。Mn^{3+} 和 Mn^{4+} 离子比为 1∶1 时($x=0.5$)，易于产生 CE 型磁结构。

3. 电荷有序态的影响因素

对电荷有序态的系统研究显示，电荷有序态受多种因素的影响，例如，掺杂[9,10]、同位素替代[11,12]、外加磁场[13-15]、电场[16,17]、X 射线[18]甚至等静压[19,20]等均能破坏电荷有序态。下面介绍一些有关这方面的研究进展。并重点介绍与本论文关系密切的几种影响因素。

1）外加磁场和外加压力对电荷有序态的影响

Tomioka 等[21]发现具有电荷有序相变的 $Pr_{1-x}Ca_xMnO_3$（$x=0.3,0.35,0.4,0.5$）样品在外加磁场的作用下，电荷有序态出现部分或全部被破坏的现象，如图 2-9 所示。从图中可以看出在 6T 磁场的作用下，四组不同掺杂浓度的样品，电阻率温度曲线在大小上均发生了几个数量级的减小，并且除 $x=0.5$ 以外的样品在低温下都出现了金属-绝缘体转变，这表明在低温下有序排列的 e_g 电子退局域化，即电荷有序态被破坏了。在 12T 磁场的作用下，金属-绝缘体转变更为明显，尤其是 $x=0.35$ 的样品，金属-绝缘体转变峰变得不太明显，在整个测量温区，电阻率基本上可以认为随温度上升而增加。这预示原来有序化的 e_g 电子的巡游性变得更强，此时已经不存在

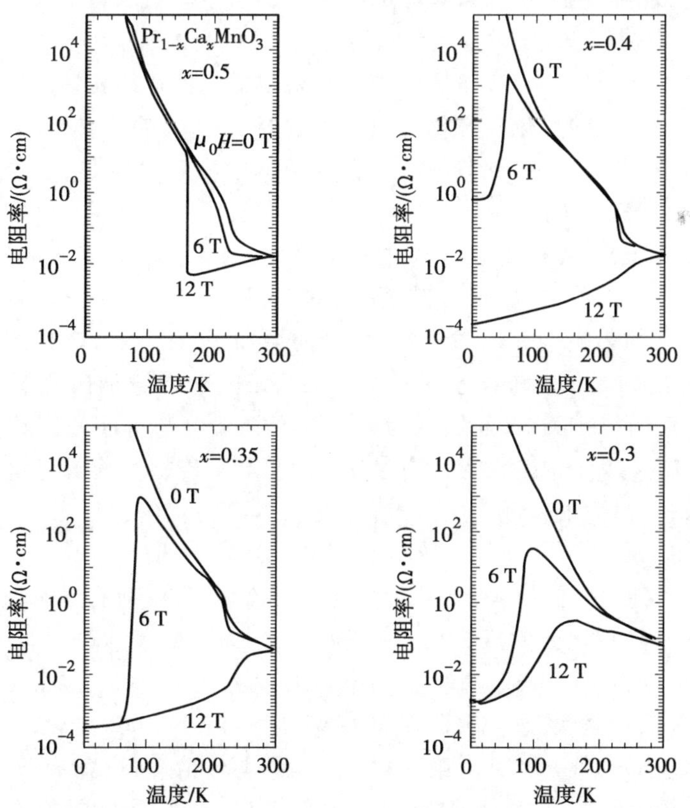

图 2-9　$Pr_{1-x}Ca_xMnO_3$（$x=0.3,0.35,0.4,0.5$）在外磁场作用下的电阻率-温度关系曲线[21]

电荷有序态。这些磁场对电荷有序态的影响被认为是由于这些样品在低温下出现了弱的铁磁性团簇,在外加磁场的作用下,这些铁磁团簇体积逐渐膨胀,最终使铁磁团簇互相连接在一起,形成了渗流导电机制从而使电阻率降低,甚至出现金属性导电。

Moritomo 等[19]还研究了外加压力对 $Pr_{1-x}Ca_xMnO_3$(x=0.3,0.35,0.4,0.5)体系电阻率的影响,研究发现,外加压力具有与外加磁场类似的效果,极大的抑制了系列样品中的电荷有序,这种外加压力对电荷有序态的破坏作用被认为是由于外加压力增大了 Mn-O-Mn 键角,减少了键长,从而使 Mn-O 之间的电子云有更大的重叠,根据双交换模型,电子之间的转移积分 t_{ij} 增大,双交换作用强度增大,从而使电子的巡游性增强,甚至导致金属性导电特征。

2) 掺杂及平均 A 位阳离子半径对电荷有序态的影响

在锰氧化物 $Ln_{1-x}A_xMnO_3$ 中,影响其性能的有两个关键因素:一是掺杂浓度;另一个是带宽 W。带宽的大小取决于反映晶格畸变的容限因子,而容忍因子与 A 位离子(Ln,A)的平均半径有关。

实验研究表明,对于同一空穴掺杂浓度的磁性锰氧化物,其基态可能是电荷有序绝缘体态,也可能是铁磁金属态,具体的基态取决于该体系的容限因子 t,当 $t=1$ 时,钙钛矿氧化物为理想立方结构;此种情况下,Mn-O-Mn 键角为 180°,样品具有立方对称性。当 $0.77<t<1.1$ 时,样品就能保持稳定的钙钛矿结构。t 值一般随着 A 位平均阳离子半径$\langle r_A\rangle$的变化而变化。当 t 值小于 1 时,随着 t 减小,结构依次畸变为四方、正交、六方、三方、单斜和三斜等对称性更低的晶系,Mn-O-Mn 键角小于 180°,则电子的跃迁几率 t_{ij} 就会减小,使得电子的局域化趋势增强,电阻率增大。通过上面的介绍可以看出来,A 位掺杂的本质就是改变 A 位平均阳离子半径$\langle r_A\rangle$,由此可见在锰氧化物中体系的电、磁行为强烈地依赖于$\langle r_A\rangle$。实际上,增加$\langle r_A\rangle$与增加静态压力对磁电性质的影响是等效的,因为$\langle r_A\rangle$的增加可以使 Mn-O-Mn 键角和 e_g 电子带宽增加。Arulraj 等[22]、Rao 等[8,23]和 Woodward 等[24]详细研究了$\langle r_A\rangle$和电荷有序温度 T_{CO}之间的依赖关系,他们认为$\langle r_A\rangle$的变化对电荷有序的影响是因为$\langle r_A\rangle$的减小会增加 MnO_6 八面体的畸变。按照$\langle r_A\rangle$的不同可以把电荷有序锰氧化物分为四类。第一类:$\langle r_A\rangle$最大的情况,这一类锰氧化物具有稳定的铁磁态,不存在电荷有序态,例如 $La_{0.7}Sr_{0.3}MnO_3$,$\langle r_A\rangle=1.244$Å。第二类:较大的$\langle r_A\rangle$,这一类锰氧化物常温下的铁磁态不稳定,能在低温下转化为电荷有序态,这种电荷有序态在外加磁场的作用下可以较容易的转化为铁磁金属态,例如 $Nd_{0.5}Sr_{0.5}MnO_3$,$\langle r_A\rangle=1.236$Å。第三类:中等大小的$\langle r_A\rangle$,这一类锰氧化物的电荷有序态发生在高温顺磁相,在整个温度区间不表现出铁磁金属态,但是在外磁场的作用下可以转化为铁磁态,例如 $Pr_{0.6}Ca_{0.4}MnO_3$,$\langle r_A\rangle=1.17$Å。第四类:$\langle r_A\rangle$最小的情况,电荷有序态发生在顺磁相,不表现铁磁金属态,这一点与第三类中的类似,所不同的是在很高的外加磁场(15T)下这类锰氧化物仍不改变其电荷有序态,例如 $Y_{0.5}Ca_{0.5}MnO_3$,$\langle r_A\rangle=$

1.128Å。也就是说，随着$\langle r_A \rangle$的减小，铁磁态逐渐由稳定变的不稳定，直至消失。电荷有序反铁磁态由无到弱，再由弱到稳定的反铁磁态。考虑到在锰氧化物中普遍存在相分离现象，上述的变化趋势可能是由铁磁相和电荷有序反铁磁相之间的竞争引起的。$\langle r_A \rangle$大有利于竞争中的铁磁相，$\langle r_A \rangle$小有利于竞争中的电荷有序反铁磁相。

关于 B 位掺杂对电荷有序态的影响研究较为广泛，目前对 B 位进行 Co、Ni、Cr、Fe、Sn、Ti、Ru、Ga、Ge 等掺杂均有研究[25−30]，一般百分之几的 B 位掺杂就会破坏电荷有序态并使电荷有序态转变温度明显降低(大约为 50K)。在 $Pr_{0.57}Ca_{0.43}MnO_3$ 中 Mn 位掺 Cr、Ga、Al、Fe、Sc、In 的对比研究中发现对电荷有序态破坏作用最明显的离子莫过于 Cr^{3+} 对 Mn 离子的替代。其次依次为 Ga、Al、Fe、Sc、In[31]。这种 Cr^{3+} 对 Mn 位掺杂引起的电荷有序态的破坏一般认为是由于 Cr^{3+} 未填充的 e_g 轨道参与了能带的形成，使能带展宽[31]。从而使得 Mn^{3+} ($t_{2g}^3 e_g^1$)的 e_g 电子易于退局域化。因为 Cr^{3+} 的引入促使双交换现象发生，从而破坏电荷有序态。另外，Cr^{3+} 同周围的 Mn 离子虽然也呈反铁磁耦合，但破坏了它周围的 CE 型反铁磁结构，这有利于发展铁磁结构[10]。这就解释了为什么 Cr 掺杂很容易达到 100%的铁磁成分(如图 2-10 所示)。其他元素的 B 位替代，如 Ga、Al、Fe、Sc、In[73]，也能有效地破坏电荷有序态，甚至出现金属-绝缘体转变。

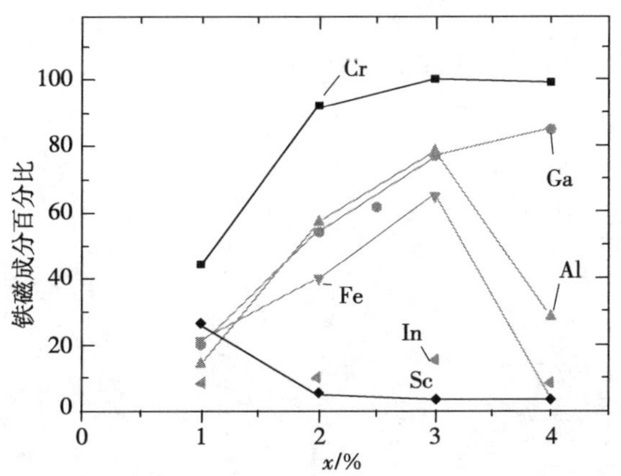

图 2-10　对 $Pr_{0.57}Ca_{0.43}Mn_{1-x}M_xO_3$ 在 2.5K、0.25T 下测得的铁磁成分所占百分比与掺杂量 x 之间关系曲线[31]

3) 氧同位素替代对电荷有序态的影响

Babushkina 等[11]发现具有电荷有序态的 $La_{0.175}Pr_{0.525}Ca_{0.3}MnO_3$ 中存在氧同位素效应。他们发现 $La_{0.175}Pr_{0.525}Ca_{0.3}MnO_3$ 在 95K 左右经历了一个金属-绝缘体转变，但是用 O^{18} 替代后，体系一直到 50K 都保持绝缘体导电。同位素替代对锰氧化物的磁性能及 CMR 效应影响显著，这表明在这类材料中，电子-声子相互作用不容忽视。Babushkina 等认为这种氧同位素替代引起的金属-绝缘体转变是由于Jahn-Teller效应引起的动态晶格畸变和 MnO_6 八面体畸变。

4）电场和电流对电荷有序态的影响

外加电场对锰氧化物中的电荷有序态也有破坏作用。外加电压引起的电荷有序态的破坏是由电荷有序态下的介电(dielectric)崩溃导致的,介电崩溃会导致大量的原来由于电子-电子之间的库仑排斥而局域在每个格点上的电子释放出来,变为巡游电子。也有人认为电流引发的金属绝缘体转变现象是由自由钉扎的电荷在固体中的退钉扎效应引起的。也有人认为这种外加压强对电荷有序态的破坏作用原因在于增大了 Mn-O-Mn 键角,减小了 Mn-O 键长,使 Mn-O 之间的电子云有更大的重叠,根据双交换作用模型,电子之间的交换积分 $t=t_{ij}\cos\theta$ 增大,双交换作用增强,从而使电子的巡游性增强。

2.3.3 相分离

电子相分离[32-36]是由两种或两种以上电子态共存的基态,例如金属态与绝缘态。相分离现象广泛的存在于 $Ln_{1-x}A_xMnO_3$ 中,它是不同类型的有序态相互竞争的结果,此时不同类型的相互作用如库仑作用、交换作用及Jahn-Teller作用也相互竞争,最终样品中出现纳米尺寸或更大的由不同电子态构成的团簇或片带(如图 2-11 所示),它们的结构和性质是当前研究的热点。这种不同电子相的共存一般认为有两个来源[32]:①具有不同电子浓度的相之间的电子相分离,这种相分离会导致纳米尺度上的团簇共存;②由于体系无序诱导的具有逾渗(percolation)特征的相分离,这种相分离通常发生在金属-绝缘体相变附近,相分离后的团簇大小最大可达微米尺寸。

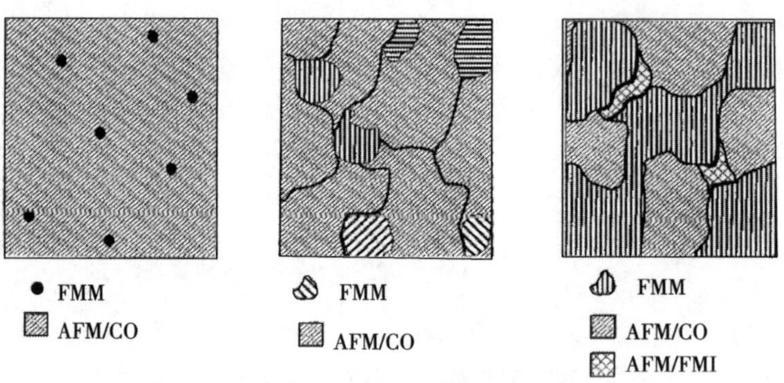

图 2-11　稀土锰氧化物中相分离示意图[23]

对锰氧化物中相分离现象的广泛研究始于 Teresa[37] 和 Goodenough[38] 等在 1997 年的工作。1998 年,Mori 等[39]在 $La_{0.5}Ca_{0.5}MnO_3$ 中发现了尺度为 20～30nm 的电荷无序的铁磁区域与非公度(incommensurate)的电荷有序相共存。2002 年,清华大学张留碗教授等[33]用变温磁力显微镜(magnetic force microscope,MFM)首次在 $La_{0.33}Pr_{0.34}Ca_{0.33}MnO_3$ 薄膜中直接观察到了渗流过程,微观上证明了渗流效应假设的正确性。张留碗教授认为降温过程中电阻率的陡降是铁磁金属相的渗流效应引起的，升温过程中电阻率的上升，则是由导电路径上磁畴的磁化强度随温度的升高而降低引起的，而导电路径一直存在。微观的磁回滞和宏观的电阻回滞相吻合。当然要定量解释锰氧化物中的超大磁电阻效应还需要做大量的理论和实验工作。

由于在锰氧化物材料中共存的两种或两种以上的相互作用的竞争，电荷在空间的重新分布会引起磁性的变化，因此相分离现象十分丰富。其实，微观世界的相互作用的竞争是普遍存在的，只是面对如此复杂的微观相互作用，人们只能忽略其中的一些次要影响因素，而考虑主要影响因素。而面对不同的样品体系，各种作用在具体的样品体系中所占的权重又有较大的差异。这就使得相分离现象十分丰富，并且不同的样品体系所对应的机制也千差万别。人们在其他体系的锰氧化物中，如 $La_{1-x}Sr_xMnO_3$[77]、$Pr_{1-x}Sr_xMnO_3$、$Nd_{1-x}Sr_xMnO_3$和 $Pr_{1-x}Ca_xMnO_3$ 等[2]，都观察到了相分离现象。相分离是否为强关联电子体系的固有特征，是否为 CMR 效应出现的必要条件尚待进一步研究。

根据文献报道[40]，变磁相变中也是一种相分离的基态，这些共存相之间究竟有着怎样的相互作用和联系是当前研究的热点之一。弄清楚共存相之间相互作用和联系也许是理解变磁相变物理机制的“钥匙”。所有这些都需要实验工作者和理论工作者付出不断的努力。

2.3.4　变磁相变

磁场导致的变磁相变已经有了很多报道，变磁相变主要发生在长程有序的反铁磁体中[42]。最近几年有关变磁相变的研究扩展到各种各样的材料，例如，磁团簇化合物[43,44]、几何受挫磁体。它们都展示了磁场导致的相变。这类化合物包括具有庞磁阻效应的钙钛矿锰氧化物[45,46]。这类锰氧化物在低温下展示了场导致的由电荷有序相向铁磁相的一阶相变。在这类锰氧化物中，在低场下存在“相分离”现象[32]。在此种相分离材料中变磁相变是通过铁磁成分所占比例的增加来实现的[47]。

2002 年以前，对变磁相变的研究主要集中在 5K 以上，该变化过程是一个渐变的过程。这与低场下相分离材料不均匀的特性相一致。5K 以下台阶状的变磁相变 2002 年 12 月才有报道[32,40]。在该报道中美国普林斯顿大学的 Mahendiran 等对 $Pr_{0.5}Ca_{0.5}Mn_{0.95}Co_{0.05}O_3$中的变磁相变进行了详细研究，发现该台阶十分陡峭（宽度$<2\times10^{-4}$T），并且该变磁相变发生在某一临界温度以下。发生变磁相变的临界场的大小与样品降温时所加外场的大小呈线性关系。类似的变磁相变也发生在未掺 Co 的样品中，包括单晶样品。该报道研究表明，低温台阶状变磁相变可能是样品的本征性质，与以前在锰氧化物或其他材料中观察到的高温变磁相变有本质的区别。

2003 年，Hardy 等在 $Pr_{0.5}Ca_{0.5}Mn_{0.97}Ga_{0.03}O_3$和 $Pr_{0.5}Ca_{0.5}Mn_{0.95}Ga_{0.05}O_3$中发现了“孵蛋效应”，如图 2-12 所示[49]。即在某一特定温度和磁场下磁化强度随时间变化时，在某一时刻出现陡峭的台阶状增加。Hardy 认为这是由 AFM 成分向铁磁成分的急剧转变造成的，是由铁磁畴和反铁磁畴之间的界面应力引起的。这一结果与标准马氏体相变中发生的“孵蛋效应”一致。

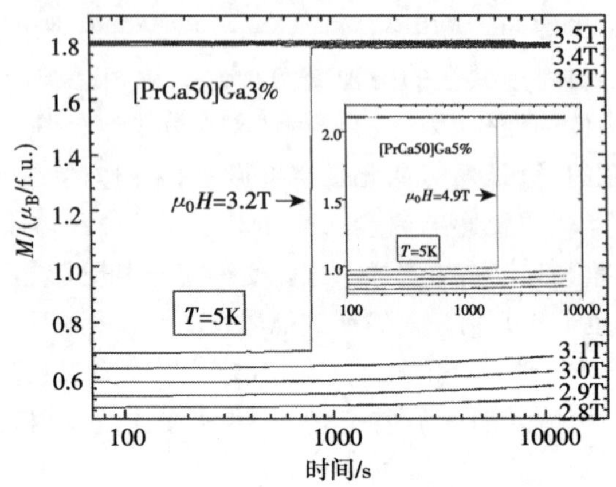

图 2-12　主图是 $Pr_{0.5}Ca_{0.5}Mn_{0.97}Ga_{0.03}O_3$ 在不同外场下磁化强度随时间变化关系曲线（M-t 曲线）；内置图是 $Pr_{0.5}Ca_{0.5}Mn_{0.95}Ga_{0.05}O_3$ 在不同外场下的 M-t 曲线

主图中给出了 2.8～3.5T 间隔为 0.1T 的 8 个不同外磁场的 M-t 曲线；内置图给出 4.5～5.1T 间隔为 0.1T 的 7 个不同外场的 M-t 曲线[49]

目前对低温下台阶状变磁相变的解释主要有两种唯象或半唯象模型：①马氏体相变模型[40]；②考虑共存相之间关联效应的逾渗模型[48]。对于多晶样品来说，把这种磁场驱动的台阶状转变理解为马氏体相变是比较方便的，因为晶界成为系统的势垒自然会阻碍畴壁的运动，然而这对单晶中出现同样的台阶行为则变得难以理解。考虑到多晶锰氧化物结构和磁电不均匀的特征，马氏体相变模型对多晶样品中出现的分布磁化现象也难给与解释。另外，Mn 自旋之间的耦合作用导致的各向异性可能与低温下台阶状变磁相变有关[40]。

在上述的两种模型中，马氏体相变模型最为流行，该模型能唯象的解释变磁相变台阶的出现，但难以解释 AFM-FM 之间“异常陡峭”的（$\Delta H < 2\times10^{-4}$ T）的转变宽度，与此转变密切相关的临界温度，多晶分步变磁相变，变磁相变的“不可逆性”等问题。

2.3.5　CMR 效应及其产生机制

稀土锰氧化物 $LnMnO_3$ 具有天然 ABO_3 型钙钛矿晶体结构，在一般情况下为绝缘体，并具有反铁磁性。当稀土元素 Ln 被二价碱土金属元素部分替代后，形成掺杂稀土锰氧化物 $Ln_{1-x}A_xMnO_3$。1950 年，Jonker 和 Van Santen 发现低温下当掺杂浓度为 0.2～0.5 时，这类氧化物具有铁磁性和金属性电导。其结构也随掺杂浓度的增加有较大的改变，即由低对称性向高对称性转变[50]。1951 年，Zener 用 DE 模型定性解释了掺杂前后磁性由反铁磁转变为铁磁，由绝缘性转变为金属性的现象[51]。1993 年，Helmolt 等和 Chahara 等分别报道了掺杂的钙钛矿结构的稀土锰氧化物 La-Ba-Mn-O

和 La-Ca-Mn-O 中的庞磁电阻性质后，掺杂稀土锰氧化物又成为新的研究热点。对掺杂稀土锰氧化物中出现的 CMR 性质的解释最初也是借鉴了双交换模型，随着实验及理论的发展，Millis 等指出除双交换模型外还必须考虑 Jahn-Teller 效应所引起的比较强的电-声子耦合、电荷有序等的影响[52]。当然，CMR 的产生机制还有待进一步探索。下面针对上述对 CMR 产生机制作简要介绍。

(1) 双交换作用：双交换作用的物理图景如前文所述。需要指出的是电子跳跃时遵守以下规则。①跳跃可以在同一 Mn-O 层的相邻 Mn 离子间进行，也可以从一 Mn-O 层跳跃到另一 Mn-O 层。②跳跃过程中电子自旋方向不变，仅当两个离子的自旋不是反平行时，它们才能从一个离子跳跃到邻近的另一个离子。③当跳跃发生时，由于载流子参加成键，因此基态能量降低，这样就导致能量较低的铁磁性结构形成。当外加磁场时，它促使局域自旋的取向有序，有利于双交换作用，降低了电阻率，从而引起负的 CMR。

(2) 极化子效应：1995 年，Millis 等采用 Kondo 晶格模型双交换哈密顿量对 $La_{1-x}Sr_xMnO_3$ ($0.2\leqslant x\leqslant 0.4$) 体系进行了理论研究[50]，发现单独用双交换模型计算出的电阻率比实验测量值要大一个数量级，此外，他们还发现许多理论计算结果与实验值不符，于是他们提出除双交换作用外，还应考虑 Mn 离子外层二重简并的 d 壳层轨道上的 Jahn-Teller 劈裂导致的非常强的电子-声子耦合而形成的极化子效应。在强电子-声子耦合作用下，T_c 温度以上的导带电子局域化，使得铁磁性金属性受到破坏。Zhao 研究组在 $La_{1-x}Ca_xMnO_3$ 中发现其有效的导带宽度具有巨大的氧同位素效应，从而直接从实验证明确实存在载流子与 Jahn-Teller 晶格畸变耦合形成的极化子。

双交换作用使 e_g 电子具有巡游性，而极化子的形成降低了 e_g 电子的动能，从而使巡游的 e_g 电子趋于局域化，因此，e_g 电子的局域化与退局域化的竞争也是决定掺杂稀土锰氧化物的磁性和输运性质的关键因素。

2.4　本 章 小 结

本章阐述了强关联锰氧化物磁电性质基本理论。主要包括：①钙钛矿 ABO_3 和双钙钛矿型复合氧化物 $AA'BB'O_3$ 的晶体结构；②钙钛矿型复合氧化物中电子状态的理论描述，包括能带理论、晶体场理论、分子场轨道理论、配位场理论及超交换相互作用理论。另外描述了强关联锰氧化物体系的基态物理性质与基本物理现象，包括电子结构与 Jahn-Teller 畸变，锰氧化物中的电荷、自旋和轨道有序，相分离、变磁相变和 CMR 效应及其产生机制。对这些基本理论的理解涉及到磁学领域中许多重要的基本问题。这些物理现象在新材料探索方面具有重要的研究价值。上述的理论和现象都与本书的研究工作密切相关。

参考文献

[1] 唐雁坤. 纳米 $La_{2/3}Sr_{1/3}MnO_3$ 块状样品的磁电阻效应研究. 吉林大学硕士学位论文,2003:23－31

[2] Goodenough J B,Longo J M. Magnetic and Other Properties of Oxides and Related Compounds. New Series. Group 3. Vol. 4. Berlin:Springer,1970:126－150

[3] 田宏伟. 电荷有序锰氧化物 $Y_{0.5}Ca_{0.5}MnO_3$ 的磁特性及穆斯堡尔谱研究. 吉林大学博士学位论文,2005:26－28

[4] Murakami Y,Kawada H,Tanaka M,et al. Direct observation of charge and orbital ordering in $La_{0.5}Sr_{1.5}MnO_4$. Phys. Rev. Lett. ,1998,80(9):1932－1935

[5] Tokura Y,Nagaosa N. Orbital physics in transition-metal oxides. Science,2000,288:462－468

[6] Wollan E O,Koehler W C. Neutron diffraction study of the magnetic properties of the series of perovskite-type compounds [$(1-x)$La,xCa]MnO_3. Phys. Rev. ,1955,100:545－563

[7] Tokura Y,Tomioka Y. Colossal magnetoresistive manganites. J. Magn. Magn. Matter. ,1999,200(1－3):1－23

[8] Rao C N R,Arulraj A,Cheetham A K,et al. Charge ordering in the rare earth manganates:the experimental situation. Journal of Physics:Condensed Matter,2000,12:R83－R106

[9] Takeuchi J,Hirahara S,Dhakal T P,et al. Cr-doping effect on the perovskite(Nd,Sr)MnO_3 single crystals. Physica B,2002,312:754－757

[10] Martin C,Maignan A,Hervieu M,et al. Magnetic phase diagram of Ru-doped $Sm_{1-x}Ca_xMnO_3$ manganites:expansion of ferromagnetism and metallicity. Phys. Rev. B,2001,63:174402(7)

[11] Babushkina N A,Belova L M,Yu O,et al. Metal-insulator transition induced by oxygen isotope exchange in the magnetoresistive perovskite manganites. Nature,1998,391:159－167

[12] Smolyaninova V N,Biswas A,Fournier P,et al. Influence of oxygen isotope exchange on the ground state of manganites. Phys. Rev. B,2002,65:104419(9)

[13] Tomioka Y,Asamitsu A,Moritomo Y,et al. Collapse of a charge-ordered state under a magnetic field in $Pr_{1/2}Sr_{1/2}MnO_3$. Phys. Rev. Lett. ,1995,74:5108－5111

[14] Yuan Q S,Kopp T. Charge ordering in half-doped Pr(Nd)$_{0.5}Ca_{0.5}MnO_3$ under a magnetic field. Phys. Rev. B,2002,65:174423(6)

[15] Dho J,Hur N H. Thermal relaxation of field-induced irreversible ferromagnetic phase in Pr-doped manganites. Phys. Rev. B,2003,67:214414(6)

[16] Asamitsu A,Tomioka Y,Kuwahara H,et al. Current switching of resistive states in magnetoresistive manganites. Nature,1997,388:50－52

[17] Pandey N K,Lobo R P S M,Budhani R C. Electric-field-tuned metallic fraction and dynamic percolation in a charge-ordered manganite. Phys. Rev. B,2003,67:054413(4)

[18] Kiryukhin V,Casa D,Hill J P,et al. An X-ray-induced insulator-metal transition in a magnetoresistive manganite. Nature,1997,386:813－815

[19] Moritomo Y, Kuwahara H, Tomioka Y, et al. Pressure effects on charge-ordering transitions in perovskite manganites. Phys. Rev. B, 1997, 55: 7549－7556

[20] Kuriki A, Moritomo Y, Machida A, et al. High-pressure structural analysis of $(Nd,Sm)_{1/2}Sr_{1/2}MnO_3$: origin for pressure-induced charge ordering. Phys. Rev. B, 2002, 65: 113105(4)

[21] Tomioka Y, Asamitsu A, Kuwahara H, et al. Magnetic-field-induced metal-insulator phenomena in $Pr_{1-x}Ca_xMnO_3$ with controlled charge-ordering instability. Phys. Rev. B, 1996, 53: R1689－R1692

[22] Arulraj A, Santhosh P N, Gopalan R S, et al. Charge ordering in the rare earth manganates: the origin of the extraordinary sensitivity to the average radius of A-site cations $\langle r_A \rangle$. Journal of Physics: Condensed Matter, 1998, 10: 8497－8504

[23] Rao C N R, Arulraj A, Santosh P N, et al. Charge-ordering in manganates. Chemistry of Materials, 1998, 10: 2714－2722

[24] Woodward P M, Vogt T, Cox D E, et al. Influence of cation size on the structural features of $Ln_{1/2}A_{1/2}MnO_3$ perovskites at room temperature. Chemistry of Materials, 1998, 10: 3652－3665

[25] Raveau B, Maignan A, Martin C. Insulator-metal transition induced by Cr and Co doping in $Pr_{0.5}Ca_{0.5}MnO_3$. J. Solid State Chem., 1997, 130: 162－166

[26] Maignan A, Damay F, Martin C, et al. Nickel-induced metal-insulator-transition in the small a cation manganites $Ln_{0.5}Ca_{0.5}MnO_3$. Mater. Res. Bull., 1997, 32(7): 965－972

[27] Damay F, Martin C, Maignan A, et al. Charge and magnetic order suppression by Mn site doping in layered and three-dimensional manganites. J. Magn. Magn. Mater., 1998, 183: 143－151

[28] Dacnay F, Maignaa A, Martin C, et al. Mn site doping induced insulator to metal transition in $Pr_{0.6}Ca_{0.4}MnO_3$. J. Appl. Phys., 1997, 82(3): 1485－1487

[29] Kang J S, Kim J H, Sekiyama A, et al. Resonant photoemission spectroscopy study of impurity-induced melting in Cr-and Ru-doped $Nd_{1/2}A_{1/2}MnO_3$ (A＝Ca, Sr). Phys. Rev. B, 2003, 68: 012410(4)

[30] Vanitha P V. Effect of Ga and Ge substitution in the Mn site of rare earth manganates on charge ordering and related properties. Solid State Commun., 2002, 123: 129－133

[31] Yaicle C, Raveau B, Maignan A, et al. Effect of trivalent cation substitution for manganese upon ferromagnetism in $Ln_{0.57}Ca_{0.43}MnO_3$ (Ln＝Pr, Nd). Solid State Commun., 2004, 132: 487－492

[32] Dagotto E, Hotta T, Moreo A. Colossal magnetoresistant materials: the key role of phase separation. Physics Reports, 2001, 344: 1－3

[33] Zhang L W, Israel C, Biswas A, et al. Directr observation of percolation in a manganite thin film. Science, 2002, 298: 805－807

[34] Rao C N R, Vanitha P V. Phase separation and segregation in rare earth manganates: the experimental situation. Current Opinion in Solid State and Materials Science, 2002, 6: 97－106

[35] Yunoki S, Hu J, Malvezzi A L, et al. Phase separation in electronic models for manganites. Phys. Rev. Lett. ,2000,80:845—848

[36] Moreo A, Yunki S, Dagotto E. Phase separation scenario for manganese oxides and related materials. Science,1999,283:2034—2040

[37] De Teresa J M, Ibarra M R, Algarabel P A, et al. Evidence for magnetic polarons in the magnetoresistive perovskites. Nature,1997,386:256—258

[38] Goodenough J B, Zhou J S. New forms of phase segregation. Nature,1997,386:229—230

[39] Mori S, Chen C H, Cheong S W. Paired and unpaired charge stripesin the ferromagnetic phase of $La_{0.5}Ca_{0.5}MnO_3$. Phys. Rev. Lett. ,1998,81:3972—3975

[40] Mahendiran A, Maignan S, Hébert C, et al. Ultrasharp magnetization steps in perovskite manganites. Phys. Rev. Lett. ,2002,89:286602(4)

[41] Nath A, Klencsar Z, Kuzmann E, et al. Nanoscale magnetism in the chalcogenide spinel $FeCr_2S_4$: common origin of colossal magnetoresistivity. Phys Rev B,2002,66:212401(4)

[42] Stryjewski E, Giordano N. Inspec bibliographic reference link. Adv. Phys. ,1977,26:487—650

[43] Johathan R, Friedman M P, Sarachik J, et al. Macroscopic measurement of resonant magnetization tunneling in high-spin molecules. Phys. Rev. Lett. ,1996,76:3830—3833

[44] Shapira Y, Bindilatti V. Magnetization-step studies of antiferromagnetic clusters and single ions: exchange, anisotropy, and statistics. J. Appl. Phys. ,2002,92:4155—4185

[45] Ramirez A P. Colossal magnetoresistance. J. Phys. Condens. Matter. ,1997,9:8171—8199

[46] Coey J M D, Viret M, Molnar S V. Mixed-valence manganites. Adv. Phys. ,1999,48:167—293

[47] Deac I G, Mitchell J F, Schiffer P. Phase separation and low-field bulk magnetic properties of $Pr_{0.7}Ca_{0.3}MnO_3$. Phys. Rev. B,2001,63:172408(5)

[48] Burgy J, Dagotto E, Mayr M. Percolative transitions with first-order characteristics in the context of colossal magnetoresistance manganites. Phys. Rev. B,2003,67(1):014410(6)

[49] Hardy V, Maignan A, Hébert S, et al. Observation of spontaneous magnetization jumps in manganites. Phys. Rev. B,2003,68:220402(4)

[50] Jonker G H, Van Santen J H. Ferromagnetic compounds of manganese with perovskite structure. Physica,1950,16:337—349

[51] Zener C. Interaction between the d-shell in the transition metals. J. Phys. Rev. ,1951,81:403—405

[52] Mills A J, Littlewood P B, Shraiman B I. Double exchange alone does not explain the resistivity of $La_{1-x}Sr_xMnO_3$. Phys. Rev. Lett. ,1995,74:5144—5147

第3章 $Pr_{0.75}Na_{0.25}Mn_{1-x}Fe_xO_3$的结构表征及磁电性质分析

3.1 样品的制备及结构表征与分析

3.1.1 引言

在 ABO_3钙钛矿结构锰氧化物中 Mn^{3+}∶Mn^{4+}为1∶1时表现出了很强的电荷有序,这是当前磁学领域研究的一个热点。而文献中报道采用固相反应法合成 $Pr_{1-x}Na_xMnO_3$中 Na 的最大掺入量仅为0.19,制约了这一热点研究的进行。当前,合成钙钛矿稀土锰氧化物的方法主要有:高温固相反应法(solid-state reaction)[1]、溶胶凝胶法(sol-gel)[2]、硝酸盐柠檬酸盐凝胶燃烧法(nitrate citrate gel-combustion)[3]、共沉淀法(co-precipitation)[4]、丙烯酰胺聚合法(acrylamide polymerization)[5]、水热法(hydrothermal)[6]、燃烧法(combustion)[7]和微波法(microwave techniques)[8]。在合成镨锰氧化物时一般采用高温固相反应法[9]。然而该法在合成 $Pr_{1-x}Na_xMnO_3$时易造成 Na 元素挥发和锰氧化物析出,从而限制了样品中 Na 元素的掺杂量。本书采用 sol-gel 法合成系列样品,成功地消除了 Na 元素挥发,使样品中 Na 元素的掺杂量提高到0.25,并在合成系列单相样品的基础上对其结构进行了表征与分析。

3.1.2 样品制备

1. 样品制备原理

1) 固相反应法制备多晶样品简介

固相反应的原料和产物都是固体。原料以几微米或更粗的颗粒状态相互混合。固相反应分为产物成核和生长两个过程。一般地,产物和原料的结构差别越大,成核越困难。因为在成核的过程中,原料的晶格结构和原子排列必须做出很大的调整,甚至重新排列才能转化为产物的结构。显然,这种调整和重排要消耗很多能量,因而只能在较高温下发生。如果产物和某一原料或某几种原料在原子排列和键长两方面都很接近,只需进行不大的结构调整就可以使产物形成,反应就容易发生,这样反应温度就会低一些。

反应总是在原料颗粒相互接触的表面发生。成核过程中,产物的生长是依靠原料的扩散来进行的。成核发生在原料颗粒接触的表面,在产物生长过程中,界面处逐渐形成一层生成物。当反应颗粒之间所形成的生成物达到一定厚度后，要想发生进一步反应就要求反应物通过产物层的扩散而接触到其他原料才能得以进行，这种原料的扩散过程可能通过晶体内部、表面、晶界、位错或裂缝进行，因而反应的进行是缓慢的。在固相反应中，反应速度不仅取决于化学反应本身，还取决于体系中原料之间的扩散速率。因为成核总是在原料接触面发生。因此，为了加快反应速度，反应物颗粒要尽量细化，以便提高反应物的表面积与体积之比，或适当加压以增加反应物接触的表面，使之接触良好。这也就是为什么要压片进行烧结的原因。

固相反应过程中，通常伴随着固相烧结和重结晶现象。烧结是指晶粒之间粘结、合并的过程；重结晶是原料和产物各自产生的晶粒长大的过程。烧结和重结晶必然增加原料原子之间扩散的难度，抑制了反应的进行。为了克服这种现象需要打碎这些晶粒，使之细化，然后再次反应，直到反应完全为止。因此，固相反应在烧结过程中需要反复研磨。

2）$Pr_{0.75}Na_{0.25}Mn_{1-x}Fe_xO_3$ 制备方法的讨论与选择

根据上面的叙述，可知固相反应的难易程度主要取决于两点。①原料和产物结构间的差异程度：这是由原料本身决定的，当原料一定时，该因素具有不可变性。②原料之间的接触面积与原料体积之比：该因素我们可以通过研磨、加压等手段人为控制。

然而溶胶凝胶法可以使原料达到原子级的混合，这样可以大大降低反应的温度与时间，也许可以避免 Na 挥发。

2. 溶胶凝胶法制备 $Pr_{0.75}Na_{0.25}Mn_{1-x}Fe_xO_3$

1）溶胶凝胶法概述

溶胶凝胶法是 20 世纪 60 年代发展起来的一种制备玻璃、陶瓷等无机材料的新工艺，近年来许多人用此法来制备纳米微粒[10]。其基本原理是：将金属醇盐或无机盐经水解直接形成溶胶或经解凝形成溶胶，然后使溶质聚合凝胶化，再将凝胶干燥、焙烧去除有机成分，最后得到无机材料。一般的说，易水解的金属化合物，如氯化物、硝酸盐、金属醇盐等都适用于溶胶凝胶工艺。关于溶胶凝胶法的定义范围有两种不同的看法，有人认为溶胶凝胶过程包括液体溶液、硅胶、金属酸、金属氯化物等胶体悬浮液和金属醇盐溶液中所有的凝胶生长过程。定义的关键是过程中有凝胶生成，而不强调凝胶生成的过程中是否形成了溶胶。而一些人则认为溶胶凝胶技术应体现出溶胶的性质，溶胶凝胶技术指的是采用金属氧化物等的溶液制备胶态溶液，在加入稳定剂和调节剂的条件下控制凝胶过程。溶胶凝胶技术还包括凝胶的干燥和锻烧过程。现在一般的看法倾向于前者的观点，认为溶胶凝胶技术的特点在于凝胶的形成，而不在于是否经过了溶胶（sol）的过程。溶胶凝胶过程是制备材料的一种新的化学手段，其本质是在材料制备的初期，通过化学途径对材料的化学组成和微观的几何构型进行有效的控制。

2）溶胶凝胶法的优缺点

（1）化学均匀性好：由于溶胶凝胶过程中，主要是利用溶液中的化学反应，原料可在分子水平（或原子水平）上混合，可实现材料化学组成的精确控制，尤其是使微量掺杂变得容易。可以合成高均匀性多组分凝胶，在制备复杂组分材料时，能达到极高的均匀性。

（2）纯度高：所用原料基本上是醇盐或无机盐，易于提纯，因而所制得的材料纯度高。粉料（特别是多组份粉料）制备过程无需机械混合，不易引入杂质。

（3）颗粒细：胶粒尺寸小于 0.1μm。

（4）该法可容纳不溶性组分或不沉淀组分。不溶性颗粒均匀到分散在含不产生沉淀的组分的溶液，经胶凝化，不溶性组分可自然地固定在凝胶体系中。不溶性组分颗粒越细，体系化学均匀性越好。

（5）烘干后的球形凝胶颗粒自身烧结温度低，但凝胶颗粒之间烧结性差，即体材料烧结致密性不十分好。

（6）干燥时收缩大。

3）溶胶凝胶法制备流程

本文采用溶胶凝胶法制备 $Pr_{0.75}Na_{0.25}Mn_{1-x}Fe_xO_3$（$0 \leqslant x \leqslant 0.3$）粉末的流程如图 3-1，具体过程如下。

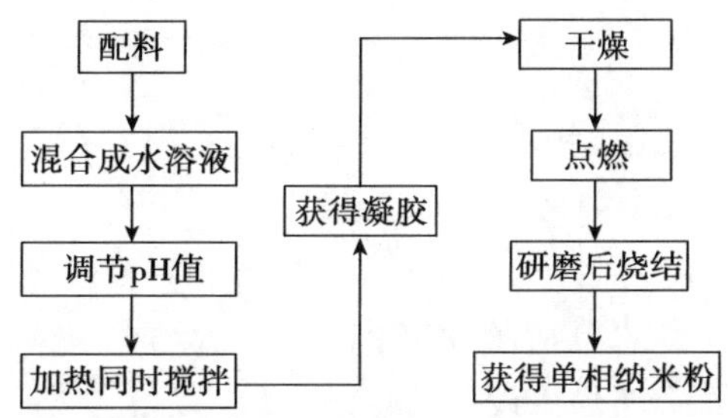

图 3-1　制备 $Pr_{0.75}Na_{0.25}Mn_{1-x}Fe_xO_3$（$0 \leqslant x \leqslant 0.3$）粉末的流程图

（1）配料：化学试剂为分析纯的 Pr_6O_{11}、$NaNO_3$、$C_6H_8O_7 \cdot H_2O$（柠檬酸）、质量百分比为 49%～51%的 $Mn(NO_3)_2$ 溶液及 65%～68%的浓 HNO_3。按 1/30mol $Pr_{0.75}Na_{0.25}Mn_{1-x}Fe_xO_3$（$0 \leqslant x \leqslant 0.3$）分别计算 Pr_6O_{11}、65%～68%的浓 HNO_3、$NaNO_3$、$Mn(NO_3)_2$溶液的质量（换算成体积），再按柠檬酸摩尔数与所有金属离子摩尔数总和为 1.1∶1 计算柠檬酸的质量，用最小测量单位为万分之一克的电光分析天平分别称量以上各原料的质量，用滴定管量取 $Mn(NO_3)_2$溶液和浓 HNO_3溶液。

（2）用浓 HNO_3把 Pr_6O_{11}放在 80℃的水浴锅中溶解。

（3）配制水溶液：将以上各原料用超纯去离子水溶解，配成水溶液，然后将把配制好的水溶液一起倒入烧杯中混合，加超纯去离子水搅拌均匀，配成质量百分比为 5%～10%的水溶液。

(4) 加热同时搅拌:用水浴锅对溶液不间断加热,使溶液保持恒温 80℃,同时,用电动搅拌机对溶液进行不间断搅拌。

(5) 获得凝胶:水分不断蒸发,溶液成为溶胶,溶胶越来越稠,产生气泡,最终成为黄白色的泡沫状凝胶。最后发现有几份样品放出黑烟,发生自燃。

(6) 真空干燥:将未自燃的样品的凝胶放在真空干燥箱里干燥,干燥温度为 60℃。

(7) 加热自燃:将干凝胶放在通风厨中点燃,得到微黑色疏松块状物。

(8) 研磨后高温烧结:将上述黑色疏松块状物研成粉末,在 400℃预烧 4h,然后在 10MPa 下压成直径为 13mm、厚约 1mm 的圆片,在 500℃烧 4h,在 700℃烧 6h,再研磨压片把 $x=0$,0.02 的样品在 1000℃烧 4h,$x=0.05$,0.1,0.3 的样品在 1050℃烧 6h 得到最终的样品。

其中,步骤(8)的烧结过程是根据图 3-2 中样品干凝胶的热重-差示扫描量热曲线(thermogravimetry-diffential scanning calorimetry,TG-DSC)确定的。

3. 样品制备实验装置

(1) 2004 数字电子天平,感量 0.1mg;一些玻璃器皿,如烧杯,滴管等。

(2) 热恒温水浴锅:双列四孔,温度控制范围室温～100℃,温度波动度为±0.05℃,额定功率 100W。

(3) 电动搅拌器:无级调速,调速范围 50～3000 转/分,电机功率 60W。

(4) 万用电炉:功率 3000W。

(5) 笔型酸度计。

(6) HUMAN 纯水/超纯水系统:RO 纯水系统,其电导率为 0～50μs/cm,UP 超纯水系统,其电阻率为 10.0～18.3MΩ·cm。

(7) 真空干燥箱。

(8) DY-20 型 20 吨台式电动压片机。

(9) 箱式加热炉:最高加热温度为 1300℃。

4. 样品烧结温度的探索

1) $Pr_{0.75}Na_{0.25}Mn_{0.9}Fe_{0.1}O_3$ 干凝胶 TG-DSC 测试分析

(1) TG-DSC 设备及原理简介:热分析是一种非常重要的分析方法。它是在程序控制温度下,测量物质物理性质与温度关系的一种技术。

热分析主要用于研究物理变化(晶型转变、熔融、升华和吸附等)和化学变化(脱水、分解、氧化和还原等)。它不仅提供热力学参数,而且还可给出有一定参考价值的动力学数据。热分析在固态科学研究中被大量而广泛地采用,诸如研究固相反应、热分解和相变以及测定相图等。许多固体材料都有这样或那样的"热活性",因此热分析是一种很重要的研究手段。

本实验用 TG-DSC 联用技术来研究 $Pr_{0.75}Na_{0.25}Mn_{0.9}Fe_{0.1}O_3$ 的干凝胶随温度变化过程。

(2) TG：TG 是在程序控温下，测量物质质量与温度或时间关系的方法，通常是测量试样质量变化与温度的关系。

由热重法记录的重量变化对温度的关系曲线称 TG 曲线。曲线的纵坐标为质量，横坐标为温度(或时间)。从热重曲线可得到试样组成、热稳定性、热分解温度、热分解产物和热分解动力学等有关数据。根据热重曲线上各步失重量可以简便地计算出各步的失重分数，从而判断试样的热分解机理和各步的分解产物。需要注意的是，如果一个试样有多步反应，在计算各步失重率时，都是以 W_0，即试样原始重量为基础的。

从热重曲线可看出热稳定性温度区和反应区，反应所产生的中间体和最终产物。该曲线也适用于化学量的计算。

(3) DSC：DSC 是在程序控制温度下，测量输给试样和参比物的功率差与温度关系的一种技术。在这种方法下，试样在加热过程中发生热效应，产生温度的变化，通过输入电能及时加以补偿，使试样和参比物的温度又恢复平衡。所以，只要记录所补偿的电功率大小，就可以知道试样热效应的强弱(吸收或放出热量的多少)。DSC 与差热分析(differential thermal analysis，DTA)的差别在于：DTA 是测量试样与参比物之间的温度差，而 DSC 是测量为保持试样与参比物之间的温度一致所需的能量(即试样与参比物之间的能量差)。DSC 法所记录的是补偿能量所得到的曲线，称为 DSC 曲线。典型的 DSC 曲线以热流率 dH/dt 为纵坐标，以温度 T 或时间 t 为横坐标，曲线的形状与差热分析法相似，曲线离开基线的位移代表样品吸热或放热的速率，通常以 mJ/s 表示。而曲线峰与基线延长线所包围的面积代表热量的变化量，因此，DSC 可以直接测量试样在发生变化时的热效应。

(4) TG-DSC 联用：热重法不容易表明反应开始和终了的温度，也不容易指明有一系列中间产物存在的过程，更不能指示无质量变化的热效应。而 DSC 可以解决以上问题，但不能指示质量变化。为了相互补充，取长补短，近年来出现了将 TG-DSC 集成在同一台仪器上进行同步记录。这样，热效应发生的温度和质量变化就可同时记录下来。本书所用的就是 TG-DSC 联用技术。

为了较为准确的确定系列样品合成的流程和具体温度。我们首先对 $Pr_{0.75}Na_{0.25}Mn_{0.9}Fe_{0.1}O_3$ 的干凝胶做了 TG-DSC 测试，如图 3-2 所示。

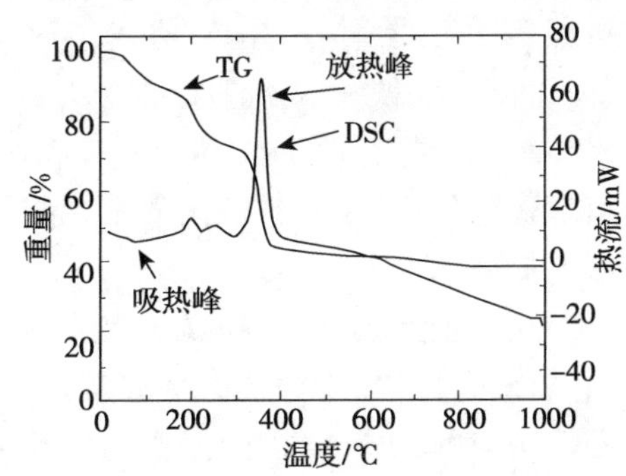

图 3-2　$Pr_{0.75}Na_{0.25}Mn_{0.9}Fe_{0.1}O_3$ 干凝胶的 TG-DSC 曲线

根据试样的物理或者化学过程中所产生的质量与能量的变化情况，TG 和 DSC 对反应的过程可作出大致的判断，如表 3-1 所示[11]。表中“＋”表示有，“－”表示无。

表 3-1　TG 和 DSC 对反应过程中的现象[11]

反应过程	TG		DSC	
	失重	增重	吸热	放热
吸附和吸收	—	+	—	+
脱附和解吸	+	—	+	—
脱水	+	—	+	—
熔融	—	—	+	—
蒸发	+	—	+	—
升华	+	—	+	—
晶型转变	—	—	+	+
氧化	—	+	—	+
分解	+	—	+	—
固相反应	—	—	+	+
重结晶	—	—	—	+

为了了解 gel 在不同温度所发生的反应，我们对 $Pr_{0.75}Na_{0.25}Mn_{0.9}Fe_{0.1}O_3$ 的干凝胶做了 25～1000℃之间的 TG-DSC 测试，如图 3-2 所示，$Pr_{0.75}Na_{0.25}Mn_{0.9}Fe_{0.1}O_3$ 干凝胶在 TG 曲线上从～100℃开始失重，这是由吸收的水蒸发引起的，DSC 曲线在该温度有一对应的吸热峰。在 200℃、253℃和 357℃有较大的失重，且每一个失重在 DSC 曲线上分别对应一个放热峰，200℃、253℃和 357℃的放热峰分别对应有机物和不同硝酸盐的分解。在 357℃和 1000℃之间没有明显的失重及与热量变化对应的峰，这说明 $Pr_{0.75}Na_{0.25}Mn_{0.9}Fe_{0.1}O_3$ 钙钛矿结构在 400℃以下已经形成，400℃以上是逐渐结晶的过程。

2) $Pr_{0.75}Na_{0.25}Mn_{0.9}Fe_{0.1}O_3$ 不同温度烧结样品的 X 射线衍射分析

(1) X 射线衍射技术的基本原理：X 射线衍射是材料结构分析中最常用也是最有效的方法之一[12]，随着实验技术的发展，现在 X 射线衍射已有变温 X 射线衍射、微区 X 射线衍射、小角 X 射线衍射、高压下 X 射线衍射和高分辨 X 射线衍射等附件，可以在各种极端条件下对物质结构进行适时联动测试分析。通过极端条件下的物质结构分析有助于揭示这些新奇现象的内在物理机制。另外，随着 X 射线多晶体衍射仪附件的增加，其应用的范围越来越广，用它研究的物质结构的广度和深度得到很大提高。

在原理上，凝聚态物质对 X 射线相干散射强度的计算是将全部相干的 X 射线叠加，求出合振幅，合振幅的平方就是所求强度。算出来的强度是与散射体的结构状态密切相关的；进行叠加的振幅和位相因子决定于散射体内的原子及其分布，因而散射强度及其分布带有散射体的结构信息。这就是衍射法结构分析的依据。要使一个晶体产生衍射，入射 X 射线的波长 λ、掠射角 θ 和衍射面间距 d 必须满足 Bragg 定律

$2d\sin\theta=n\lambda$。因此衍射实验中,需要改变 λ 和 θ,以能获得更多的满足 Bragg 条件的机会,得到更多的衍射信息。根据在实验中改变 λ 和 θ 方法的不同,X 射线方法主要分为三种:劳厄法、转晶法和粉末法。

其中粉末法又叫衍射仪法,利用单色 X 光、多晶样品与探测器安装在测角仪上共轴转动(可联动或单动)。利用记录仪或计算机记录各个角度上的衍射线计数值,得到衍射谱图进行分析。劳厄法是利用 X 光连续谱照射固定不动的单晶的方法。根据入射 X 射线、试样与底片的相对位置关系分为透射劳厄法和背射劳厄法。记录斑点为劳厄斑,透射照片上劳厄斑分布在椭圆上,背射照片劳厄斑分布在一条条双曲线上。转晶法又叫德拜法,利用单色 X 射线照多晶细丝状试样,试样中多晶晶粒取向是随机的,而且试样要绕轴转动,用环带状底片记录衍射线。粉末法利用的是多晶体试样,较容易获得,因而应用最为广泛。本研究采用粉末法。

本书中采用 X 射线衍射仪(Bede D^1),该设备主要具有以下几个功能。

a. 单晶取向的测定。

b. 单晶衍射测定晶体结构。

c. 单晶薄膜的摇摆曲线(rocking curve)观测分析。

d. X 射线粉末衍射,包括单相晶型分析,定性物相分析,定量物相分析,晶格参数测定。

e. 微观尺寸和微观应力测量。

f. 宏观应力分析。

g. 晶粒取向测量。

本研究主要是通过对研磨后的粉末样品进行 X 射线粉末衍射测量,来进行定性物相分析以及晶格参数测定。X 射线光源为 Cu 靶 K_α 射线,测量步长为 0.02°,停留时间为 6s。

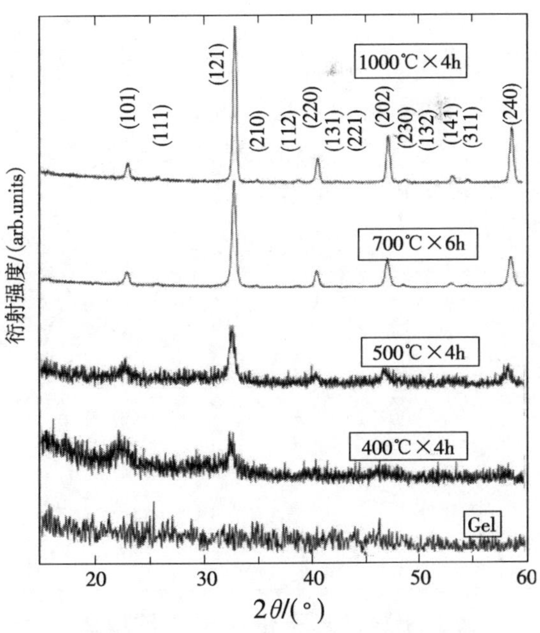

图 3-3 $Pr_{0.75}Na_{0.25}Mn_{0.9}Fe_{0.1}O_3$ 在不同温度下烧结样品的粉末 XRD 谱图

(2) $Pr_{0.75}Na_{0.25}Mn_{0.9}Fe_{0.1}O_3$ 在不同温度烧结样品 XRD 数据分析:图 3-3 给出了 $Pr_{0.75}Na_{0.25}Mn_{0.9}Fe_{0.1}O_3$ 的干凝胶及不同温度下烧结样品的室温粉末 XRD 谱图,从图中可以看出:①干凝胶是无定形状态,这说明 sol-gel 过程是成功的,我们摸索出的 sol-gel 过程的条件是正确的;② $Pr_{0.75}Na_{0.25}Mn_{0.9}Fe_{0.1}O_3$ 在 400℃已经结晶;在 700℃已经完全形成正交结构钙钛矿;③700℃

煅烧样品的 32.90°主峰的半峰宽是0.379°，而 1000℃煅烧样品相应峰的半峰宽是 0.318°。因此，为了提高烧结质量，我们把 700℃煅烧系列样品研磨、压片，然后把 $x \leqslant 0.02$ 的样品在 1050℃烧结 6h，把 $x \geqslant 0.05$的样品在 1000℃烧结 4h。之所以选用了两个不同的烧结温度，是因为系列样品的结晶温度随着 x 的增加而略有下降。

3.1.3 $Pr_{0.75}Na_{0.25}Mn_{1-x}Fe_xO_3$的结构

1. $Pr_{0.75}Na_{0.25}Mn_{1-x}Fe_xO_3$ 的 XRD 表征

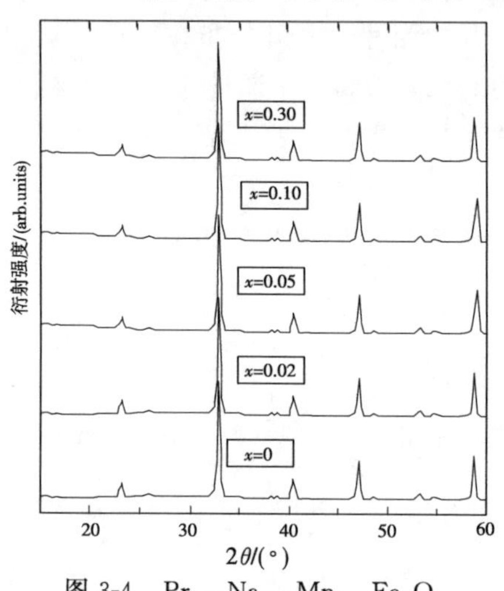

图 3-4 $Pr_{0.75}Na_{0.25}Mn_{1-x}Fe_xO_3$ ($0 \leqslant x \leqslant 0.30$)的粉末 XRD 谱图

按照摸索出的样品合成流程与温度，我们合成了系列样品。图 3-4 给出了系列样品 $Pr_{0.75}Na_{0.25}Mn_{1-x}Fe_xO_3$ ($0 \leqslant x \leqslant 0.3$)的室温粉末 XRD 谱图。由图可以看出：系列样品都是单相的正交结构，峰位随 x 增加并无明显变化，晶胞参数基本相等，如表 3-2 所示。这是因为 Mn^{3+} 与 Fe^{3+} 的离子半径几乎相等(Fe^{3+} 的离子半径 0.55Å，Mn^{3+} 的离子半径 0.58Å)[13-17]，因此不会引起晶格参数的明显变化。由 $x=0$ 的样品的 XRD 谱图得出的结果与 Hejtmánek 等的结果[18]不同，Hejtmánek 合成的名义分子式为 $Pr_{0.75}Na_{0.25}MnO_3$ 的样品中有锰氧化物析出。而我们合成的样品单相性大大提高，这说明我们采用的溶胶-凝胶法较固相反应法有一定的优越性。

另外，用摸索出的溶胶凝胶制备样品流程制备了 $Pr_{1-x}Na_xMnO_3$ ($0 \leqslant x \leqslant 0.3$)系列单相样品。详见第 6 章。

表 3-2 $Pr_{0.75}Na_{0.25}Mn_{1-x}Fe_xO_3$ 的晶胞参数与晶胞体积

样品	a/nm	b/nm	c/nm	V/nm³
$x=0$	5.5781	5.4402	7.7049	233.81
$x=0.02$	5.4670	5.4472	7.6767	228.61
$x=0.05$	5.4346	5.4440	7.6929	227.60
$x=0.1$	5.4718	5.4407	7.6942	229.06
$x=0.3$	5.5003	5.4407	7.7047	230.92

2. X 射线荧光光谱简介及样品中 Pr 与 Na 比例分析

1) XRF 仪器简介及其在材料科学研究中的应用

本实验所用 AXIOS-PW4400 X 射线荧光光谱仪是荷兰帕纳科公司(原菲利普公

司)的最新产品。AXIOS-PW4400 X 射线荧光光谱仪化学成分分析特点如下。

(1) 测试过程不损坏样品表面也不改变样品的性质。

(2) 测试元素范围广(9F～92U)。

(3) 可以分析各种状态的金属、非金属样品,如块状、粉末状、片状、薄膜等各种形状样品,适合科研制备的各种形态样品。

(4) 分析灵敏度高,可测含量从 ppm 到 100%含量。

(5) 分析速度快,15 分钟内可对未知样品进行成分定性、定量分析。

(6) 适用于材料中元素的常量和微量分析。

因此,在材料科学研究中有广泛的应用,是材料无损化学分析重要手段。X 射线荧光光谱仪成分分析适应各种材料研究。

(1) 材料的化学成分分析:如各种钢及合金、铝合金、镁合金、钛合金、铁合金、镍合金、焊缝金属和冶炼合金,设计成分与样品成分的变化,分析元素的挥发、成分偏析、元素烧失程度、成分不均匀性及国内外新型合金的成分分析等。

(2) 陶瓷材料:研究分析陶瓷原料成分纯度、有害杂质元素、各种陶瓷、复合陶瓷、生物陶瓷、陶瓷氧化物的定性、定量分析和陶瓷烧成反应物成分,国内外新型陶瓷成分与结构技术分析等。

(3) 高分子材料:聚合物中的各种元素分析如 Al、Mg、P、Ca、Ti、Zn、Cu、Br、Sb、添加物质、塑料中有害元素、聚合物表面镀膜及化学处理成分分析研究。

(4) 催化剂:催化剂微量元素分析如 Pt、Pd、Rh 等微量元素分析,国内外催化剂的成分剖析,催化剂原料纯度分析。

(5) 电化学材料:各种电极表面成分分析、各种氧化物分析、微量元素分析、掺杂元素分析及稀土元素分析。

(6) 化学合成物质:各种工艺制备的有机、无机化合物成分,沉积物、反应物、复合氧化物、固溶氧化物、掺杂氧化物和微量稀土成分分析。

(7) 薄膜材料:各种合金镀膜、电镀、化学镀、离子镀、沉积膜、各种氧化层、化学渗层、扩散层元素分析和薄膜层厚度分析。

(8) 环境工程材料:废水处理沉积物、土壤重金属元素分析,水处理材料成分和有害元素分析等。

(9) 各种矿物的成分分析研究,如非金属矿物原料的纯度、成分的稳定性、原料的真伪鉴别、建筑材料、水泥及水泥矿物原料、粉煤灰和耐火材料分析等。

(10) 各种金属非金属矿物成分分析,定量确定矿物样品氧化物成分,矿物原料成分变化。

该设备是最先进的 X 射线荧光光谱仪,是强有力的成分分析手段。

2) 样品中 Pr 和 Na 比例分析

我们用 XRF 研究了 $x=0$ 和 0.05 的样品的阳离子比例,结果显示这两个样品的

Pr/Na 的比率分别是 0.73∶0.27 和 0.75∶0.25，基本等于名义配比。这说明采用 sol-gel法合成 $Pr_{0.75}Na_{0.25}Mn_{1-x}Fe_xO_3$系列样品避免了 Na 的挥发。

3. 扫描电镜原理及样品形貌

1）扫描电镜原理简介

扫描电镜　主要用于直接观察固体表面的形貌。先利用电子透镜将一个电子束斑缩小到几十埃，用偏转系统使电子束在样品面上作光栅扫描。电子束在它所到之处激发出次级电子，经探测器收集后成为信号，调制一个同步扫描的显像管的亮度，显示出图像。样品表面上的凹凸不平使某些局部朝向次级电子探测器，另一些背向探测器。朝向探测器的部分发出的次级电子被收集得多，就显得亮，反之就显得暗，由此产生阴阳面、富有立体感的图像。像的放大倍数为显像管的扫描幅度与样品面上电子束的扫描幅度之比，SEM 的分辨本领比电子束斑直径略大。

2）SEM 照片分析

图 3-5～图 3-9 显示的是系列样品的 SEM 照片。从图中可以看出，采用 sol-gel 法合成的样品有少量空隙，不象固相反应制得的样品那样致密。系列样品的颗粒直径为 0.25～1μm。

图 3-5　$x=0$ 时样品的 SEM 照片

图 3-6　$x=0.02$ 时样品的 SEM 照片

图 3-7　$x=0.05$ 时样品的 SEM 照片

图 3-8　$x=0.10$ 时样品的 SEM 照片

图 3-9　$x=0.30$ 时样品的 SEM 照片

3.2　$Pr_{0.75}Na_{0.25}Mn_{0.90}Fe_{0.10}O_3$ 相分离基态研究

3.2.1　引言

混合价态锰氧化物 $Ln_{1-x}A_xMnO_3$（其中，Ln 代表镧系元素；A 代表碱金属离子和碱土金属离子）已经有了十分广泛的研究，它们展示了丰富多彩的性质[19,18,20—43]。其中，展现电荷有序现象的锰氧化物成了研究的热点，因为这些化合物中共存的铁磁金属相的渗流效应被人们认为可能是导致庞磁阻效应的根源[26]。低温下 Mn^{3+} 和 Mn^{4+} 的有序可以被 Mn 位[44]和 Ln-A 位[45]阳离子取代所导致的阳离子无序破坏。Mn 位掺杂可以导致绝缘体-金属以及反铁磁-铁磁的相变。还会导致电荷有序反铁磁畴和电荷无序 FM 畴的电子相分离[46]。另外，外加磁场能使多种有序晶格熔化[37]。

相分离是强关联系统中占主导地位的理论，那么对于低温下无变磁相变现象的 $x=0.1$，0.3 的样品是否存在相分离还有待研究，为了解决这一问题我们对样品系列基态进行了详细研究。

1. 磁电性质测量原理与方法

本文主要通过 PPMS 对多晶样品进行不同磁场下的直流磁化特性、交流磁化特性、电输运特性的测量，给出系列样品在不同外场下的磁化强度随温度变化曲线（M-T 曲线），电阻率随温度变化曲线（ρ-T 曲线），各种温度下的磁化强度随磁场变化曲线（M-H 曲线），电阻率随磁场变化曲线（ρ-H 曲线），不同频率和不同直流背景场下交流磁化率随温度变化曲线（χ-T 曲线）等方面的信息。

1）磁特性测量方法及原理

PPMS 中用于磁性测量附件（ACMS）的内部腔体带有校准线圈配置可在每个数据点进行测量并消除装置的背景漂移，能够通过一个程序同时测量交流（ac）磁化率和直流(dc)磁化强度,通过补偿线圈消除环境噪音,在线圈绕组内集成温度计能精确地测量样品的温度,数字信号处理装置通过使用数字过滤器提高了信噪比。交流磁化测量并非直接测量样品的磁化率($\chi=M/H$),而是通过附加一个小的交变场(由ACMS中的交流部件提供)或者同时附加一个大的直流背景场(由PPMS超导磁体产生)测得样品的磁矩响应,即$\chi_{ac}=\mathrm{d}M/\mathrm{d}H$(其中d$M$是磁矩变化的振幅,而不是真正的磁矩)。直流磁化强度给出的是一定温度、一定磁场下样品的磁矩,即$M=M(H,T)$。该选件可以十分方便的安装到系统上,不用的时候可以迅速的拆卸下来,更换其他选件。测量磁性所用样品尺寸长约6mm,宽约3mm,厚约1mm,有专门的样品管来固定和安装样品,测量精度为10^{-3} emu。磁性测试之前,要对样品进行称重。

2) 电输运测量方法

电输运性质测试可以给出样品在零场和各种大小外加磁场下电阻率随温度的变化,或者在某一恒定温度下电阻率随磁场的变化。电输运性质测试原理比较简单,采用典型的四引线法。直流四引线法测量样品电阻的原理如图3-10所示。由恒流源向外面两根探针通入电流I,同时测量中间两根探针间的电位差V,由V和I可求得样品的电阻R。相对于二引线测量电阻方法而言,四引线法测量能够将引线的热电势和接触电阻等的影响降到最低。若待测量的样品电阻较小,电极引线电阻和接触电阻并不是远小于样品电阻的情况下,运用四引线法则可以使得电流不通过接电压表的引线,所以测量得到的电压和电流仅为样品的电压和电流值,从而将引线对测量结果的影响排除。在具体测试样品输运性质时,我们有专门的圆柱形样品托,该样品托可以同时测试三个样品,当然这三个样品必须在同一测试条件下测试。样品托上有引线的焊接点,我们只需要用铜丝把样品和样品托的焊点连接起来,在连结时,用金属铟把铜丝焊接在样品上,该焊点越小测量越精确。也有人用银胶进行焊接,但误差较大。铜丝直接用锡焊在样品托焊点上。测试样品的尺寸大约为:长7mm,宽2mm,厚1mm。样品在焊接到样品托上之前一般要用万用表估测一下样品电阻值的量级。看是否在设备测量量程之内。样品焊接在样品托上之后,要把样品托放在专用的样品托架上,检查样品各焊点是否焊接良好。

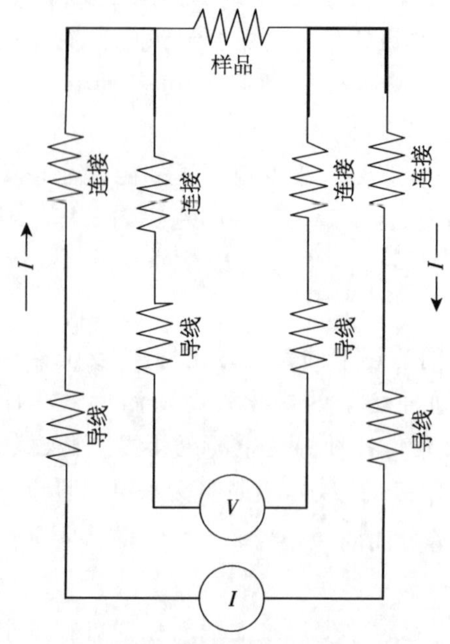

图3-10 四引线法测量样品电阻原理示意图

2. 磁电测试设备简介

1) PPMS 主要规格及技术指标

温度 1.9～400K，变温速率 0.01～10K/min，温度稳定性±0.02%，精度±0.5%；磁场 0.5mT～9T，正反向可变，变场速率 0.01～20mT/s，圆柱范围±0.01%，精度 0.02mT。

2) 主要功能和应用范围

可测量①直流电阻；②交流电阻；③HALL 效应；④I-V 特性；⑤临界电流；⑥直流磁化强度；⑦交流磁化率；⑧扭矩磁化测量；⑨比热；⑩热导率；⑪热电势；⑫超低场校正。以上测量可以变温度、变磁场进行，可连续低温操作。

3.2.2　$Pr_{0.75}Na_{0.25}Mn_{0.9}Fe_{0.1}O_3$基态研究

1. $Pr_{0.75}Na_{0.25}Mn_{0.9}Fe_{0.1}O_3$不同外场下的磁性质

图 3-11 显示的是 $Pr_{0.75}Na_{0.25}Mn_{0.9}Fe_{0.1}O_3$ 在 0.01T 和 1T 场下测得的 ZFC 和 FC 的磁化强度随温度变化关系曲线。$Pr_{0.75}Na_{0.25}Mn_{0.9}Fe_{0.1}O_3$ 在 0.01T 场下测得的 ZFC 与 FC 曲线在 T_{max}附近分叉，并且分叉温度点随外场的增强仅有不明显的变化，这一点与 $La_{0.667}Ca_{0.333}Mn_{0.9}Fe_{0.1}O_3$ 分叉点随外场的增加而向低温移动不相同[16]。$Pr_{0.75}Na_{0.25}Mn_{0.9}Fe_{0.1}O_3$在 0.01T 弱场下的 ZFC 曲线在 T_{max}附近为一尖锐的峰，而在强场 1T 下这一尖锐的峰转变为 10K 附近的极大值，这一点与 $La_{0.667}Ca_{0.333}Mn_{0.9}Fe_{0.1}O_3$的结论一致[16]。磁有序温度点随外场的增加而变大（在 1T 下 $Pr_{0.75}Na_{0.25}Mn_{0.9}Fe_{0.1}O_3$的磁有序转变点 T_c＝106K，0.01T 下 T_c为 96K。T_c是由高温下 $1/\chi$-T 曲线反向延长和 $1/\chi$＝0 的交点求得的，如图 3-12 所示）。

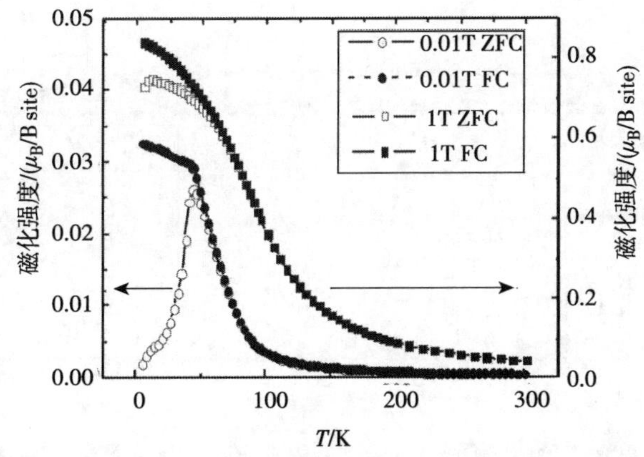

图 3-11　$Pr_{0.75}Na_{0.25}Mn_{0.9}Fe_{0.1}O_3$在 0.01T 和 1T 场下测得的 ZFC 和 FC 磁化强度随温度变化关系曲线

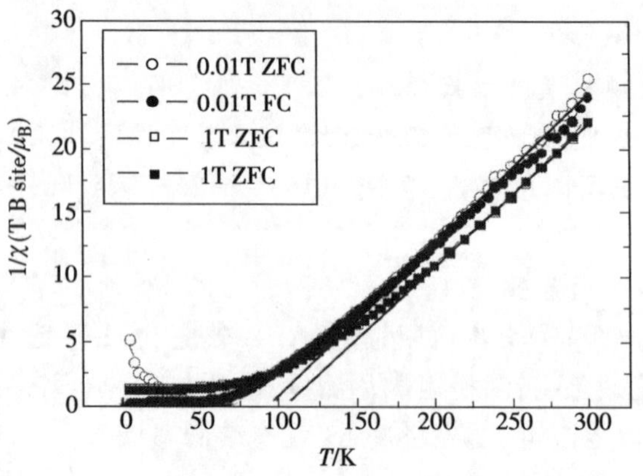

图 3-12 $Pr_{0.75}Na_{0.25}Mn_{0.9}Fe_{0.1}O_3$在 0.01T 和 1T 场下的 $1/\chi$-T 曲线

2. $Pr_{0.75}Na_{0.25}Mn_{0.9}Fe_{0.1}O_3$ 的交流磁化率分析

图 3-13 显示的是 $Pr_{0.75}Na_{0.25}Mn_{0.9}Fe_{0.1}O_3$交流磁化率的实部($\chi'$)和虚部($\chi''$)在不同频率和各种大小的直流背景场下随温度的变化关系。如图 3-13(a)内置图所示

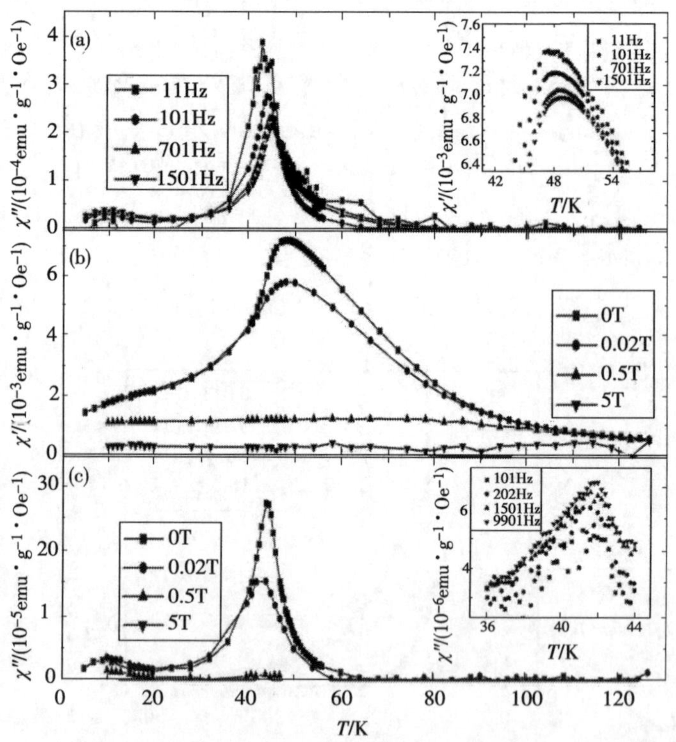

图 3-13 (a)是在 0.0005T、不同频率交流场下测得的 $Pr_{0.75}Na_{0.25}Mn_{0.9}Fe_{0.1}O_3$ 的 χ''随温度变化关系,内置图为 χ'在不同频率下随温度的变化;(b)和(c)分别是在不同静磁场下测得的 χ'和 χ''随温度的变化,ac 场仍为 0.0005T,频率为 101Hz,(c)的内置图为在 0.0005T、不同频率交流场下测得的 $Pr_{0.75}Na_{0.25}MnO_3$ 的 χ''随温度变化关系

$\chi'(T)$的峰的强度随频率的增加而下降，并且向高温方向移动。这一现象也是自旋玻璃[47-49]及团簇系统[50-53]的特征。不过由$\chi'(T)$曲线峰的位置决定的冻结温度(T_f)与频率的关系可以进一步量化。如图 3-14 所示，T_f与取对数后的频率呈线性关系，标准化斜率为$P=\Delta T_f/T_f\Delta\log_{10}\omega$。对于$Pr_{0.75}Na_{0.25}Mn_{0.9}Fe_{0.1}O_3$，$P=0.0093$，尽管$P$值在自旋玻璃的范围内(自旋玻璃系统$0.0045\leqslant P\leqslant 0.08$[47])，但比标准的绝缘的自旋玻璃系统$0.06\leqslant P\leqslant 0.08$要小很多(如第 4 章所述$Pr_{0.75}Na_{0.25}Mn_{0.9}Fe_{0.1}O_3$在 65K 以下是绝缘的基态)。$T_f$随频率变化提供了一个可能的用于区分典型自旋玻璃系统、类自旋玻璃系统及超顺磁的标准，然而，当P值处于边界状态时这一标准并不十分有效。即使样品的P值较低(相对超顺磁而言)，如果团簇间存在较弱的相互作用，该样品仍然可以在超顺磁框架内处理[53]。T_f随频率变化用粒子间无弱相互作用的 Arrhenius 法则$\omega=\omega_0\exp[E_a/(k_BT_f)]$描述时(该法则适用于超顺磁)，得出$\omega_0\sim10^{103}$ Hz，$E_a/k_B\sim11271$K。这组参数数值太大，没有物理意义。这说明粒子间存在弱相互作用。该数据也可以用 Vogel-Fulcher 法则$\omega/\omega_0=\exp\{-E_a/[k_B(T_f-T_0)]\}$拟合，该法则假定自旋团簇间存在相互作用。该数据还可以用动力学标度关系$\omega=\omega_0(T_f/T_c-1)^{zv}$拟合(此种拟合用于区分自旋玻璃和传统的相变。对自旋玻璃zv为 4～12，对传统的相变$zv\sim2$)。但是这两种拟合参数的误差太大而没有实际的物理参考价值。因此，我们仅能从T_f与频率的关系得到这样的结论：$Pr_{0.75}$·$Na_{0.25}Mn_{0.9}Fe_{0.1}O_3$系统不是简单的超顺磁也可能不是传统的绝缘的自旋玻璃。

χ''的数据显示$Pr_{0.75}Na_{0.25}Mn_{0.9}Fe_{0.1}O_3$在低场下的确不是传统的自旋玻璃态，如图 3-13(a)所示，χ''的峰随频率的增加而下降。这是铁磁团簇镶嵌在反铁磁基质中相分离材料的特征[54]。这一点同大多数的自旋玻璃[47,55]有本质的区别(自旋玻璃χ''的峰随频率的增加而增强)。这样我们的数据就显示$Pr_{0.75}Na_{0.25}$·$Mn_{0.9}Fe_{0.1}O_3$是反铁磁相和具有相互作用的铁磁团簇的共存态。其实该共存相χ''的峰随频率的变化规律与低温下存在变磁相变的共存相有本质区别。如图 3-13(c)的内置图所示，母相样品为$Pr_{0.75}Na_{0.25}$·MnO_3，χ''的峰随频率的增加而增强。这些差别的物理根源也有待深入研究。在 0.01T 场下测得的 ZFC M-T 曲线在T_{max}处的峰非常尖锐，这表明在此测量场下此团簇的体积大小是比较均匀的。对于$Pr_{0.75}Na_{0.25}Mn_{0.9}Fe_{0.1}O_3$，$P\sim0.0093$，这一数值比相分离材料$Pr_{0.70}Ca_{0.30}MnO_3$[54]的$P\sim0.00154$要大的多，也比 Satoh 报道的以及如图 3-15 所示的我们实验测得的母相样品$Pr_{0.75}Na_{0.25}MnO_3$所对应的$P\sim0$要大很多。影响P值大小的因素还有待深入研究。

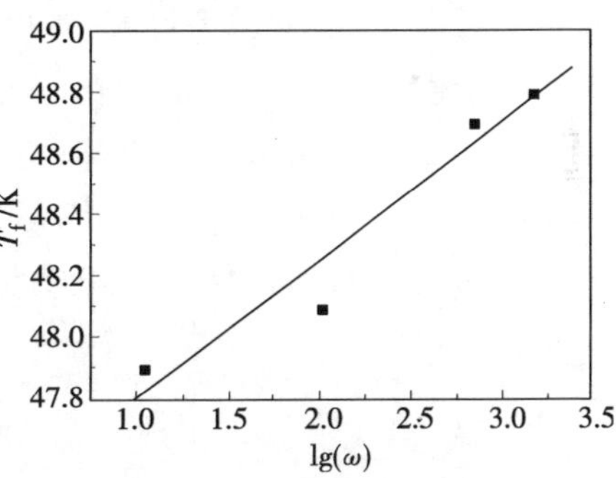

图 3-14　$\chi'(T)$的峰所对应的温度值T_f随交流场频率的变化关系(测量频率范围为 11～1501Hz)

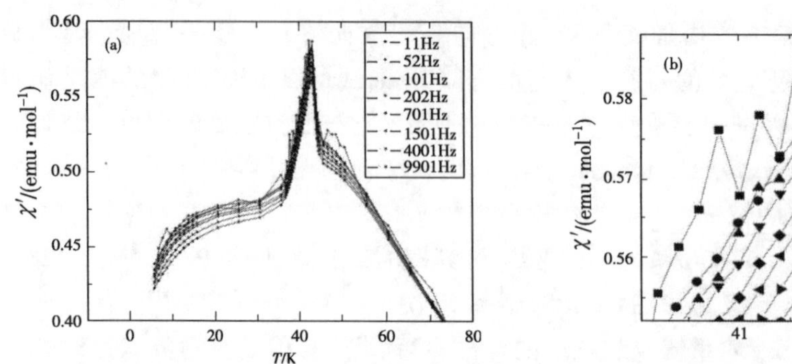

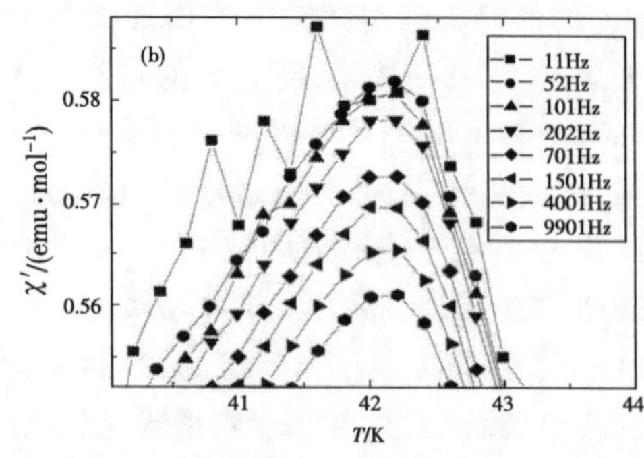

图 3-15 在 0.0005T、不同频率交流场下测得的 $Pr_{0.75}Na_{0.25}MnO_3$ 交流磁化率实部随温度变化关系

(a)为 5～75K 的完整曲线；(b)为 42K 峰的放大图

3. $Pr_{0.75}Na_{0.25}Mn_{0.9}Fe_{0.1}O_3$ 的 *M-H* 曲线分析

图 3-16 给出了 $Pr_{0.75}Na_{0.25}Mn_{0.9}Fe_{0.1}O_3$ 在各种温度下的 *M-H* 曲线。当 $T<T_c$ 时，$H<1T$ 的磁化强度增加迅速，这是铁磁成分的贡献。然后在高场下磁化强度接近呈线性增加，在 5T 场下仍未达到饱和，这是由倾斜的反铁磁相引起的。在 $T>T_c$ 时磁化强度呈线性增加，这是顺磁相的特征。图 3-16 的内置图是该样品在 5K 下测得的磁滞回线。弱的低场磁滞现象也表明该样品含有铁磁成分，是相分离态[56]。磁化强度在 5T 下仍未饱和，说明样品的磁化曲线必然是铁磁成分和反铁磁成分贡献的叠加。铁磁成分的饱和磁化强度可以通过外延磁化强度到 $H=0$ 求得[11]。5K 下 $\mu_s\sim0.69\mu_B$/f. u. ，5K 下 $H=5T$ 时 $M\sim1.62\mu_B$/f. u. 。这两个数值都远低于所有 Mn 和 Fe 的磁矩（Mn^{3+} 为 $4\mu_B$，Mn^{4+} 为 $3\mu_B$，Fe^{3+} 为 $5\mu_B$）都同向排列的理论值。前者表明 B 位的过渡元素只有一小部分是铁磁有序，相应的铁磁有序是短程有序；后者表明 $Pr_{0.75}Na_{0.25}Mn_{0.9}Fe_{0.1}O_3$ 即便在 5T 场下也远未饱和。

为了更好的理解我们所提到的 FM 团簇的物理本质，我们从不同的方面分析了

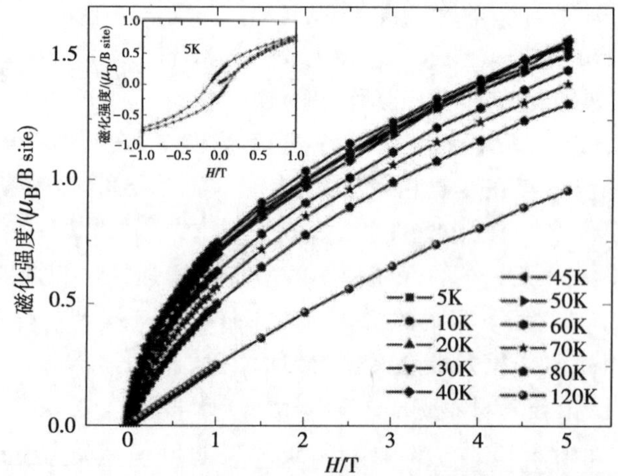

图 3-16 $Pr_{0.75}Na_{0.25}Mn_{0.9}Fe_{0.1}O_3$ 在各种温度下的 *M-H* 曲线（内置图为 5K 下的磁滞回线）

磁化强度数据。表 3-3 展示了以下数据：$H=0.01$，1T 时，5K 下 ZFC 和 FC 的相对差 $\Delta M=(M_{FC}-M_{ZFC})/M_{FC}$；$M_{ZFC}(T)$和 $M_{FC}(T)$之间的分叉温度(T_{irr})；T_{irr}和 T_{max}之间的差值 $\Delta T=T_{irr}-T_{max}$。如表中数据所示，0.01T 下 $\Delta M=0.94$，这是一个相对较大的数值，这表明铁磁磁矩强烈地依赖于磁历史。另外 $\Delta T=T_{irr}-T_{max}=9K$，这是一个相对较小的值。强烈的磁历史依赖表明团簇的本征各向异性和团簇间相互作用强于外磁场的影响。相对较小的 ΔT 表明在那样低的测量场下铁磁团簇的大小及其阻塞场是基本相等的[48,49]。ΔT 随外场的增加而增加可能是由团簇尺寸分布范围扩大引起的[48,49]，表明随外场增加团簇体积是增大的，而不仅仅是磁矩在方向上的重定向。我们把 ΔM 的下降与 Zeeman 能相对团簇各向异性能的增加联系起来考虑，可能是团簇随外场升高而变圆导致这一现象[54]。

表 3-3　$Pr_{0.75}Na_{0.25}Mn_{0.9}Fe_{0.1}O_3$分别在 0.01T 和 1T 下的 $\Delta M(T=5K)$、T_{irr}和 ΔT

H/T	$\Delta M(T=5K)$	T_{irr}/K	ΔT/K
0.01	0.94	65	9
1	0.13	63	55.5

铁磁团簇体积随外场增加而增大这一现象也可以从 101Hz 的处于不同直流背景场的交流磁化率数据加以分析，如图 3-13 所示。随着直流背景场的增加交流磁化率实部 χ'的峰展宽，并且向低温方向移动，如图 3-13(b)所示。交流磁化率的虚部随温度的变化关系曲线 $\chi''(T)$在 10K 展示了一个极大值，如图 3-13(a)所示，该极大值随交流场频率的增加而增强，随直流背景场的增加而被抑制，如图 3-13(c)所示。这可能与铁磁团簇间孤立自旋的阻塞有关。类似的现象在传统的自旋玻璃材料[56]和相分离材料[54]中观察到过。这一解释与 1T 直流背景场下该峰仍然存在相一致，因为在 1T 场下磁化强度远未饱和。当直流背景场为 5T 时交流磁化率虚部 $\chi''(T)$的波动性太大而没有参考意义。

图 3-17 显示的是不同外场下电阻率和磁电阻随温度的变化关系图。为方便起见，我们把准对数形式的电阻率表示成 $1/T$ 的函数。由于低温下样品的电阻超出了设备的量程，我们只能给出 65K 以上的电阻率数据。在顺磁居里温度以上电阻率遵循 Arrhenius 法则 $\rho=\rho_0\exp[E_a/(k_BT)]$，激活能 $E_a\approx0.12eV$。零场下测得的电阻率曲线的斜率在居里温度点附近发生了轻微的变化，即激活能 E_a在居里温度 T_c以下发生了轻微的变化。外磁场使得该变化向高温移动，并使该变化变得平缓。$Pr_{0.75}Na_{0.25}Mn_{0.9}Fe_{0.1}O_3$展示了负磁阻效应，磁电阻 $MR=100\%\times(R_H-R_0)/R_H$随温度下降而增加，在 75K、5T 场下达到 60%，如图 3-17 内置图所示。电阻率数据与外加磁场紧密相关。居里温度以下激活能 E_a下降以及该相分离材料的电阻率在外场作用下下降，说明外加磁场的作用使 E_a下降。这正是磁性半导体的特征[56,57]。这类材料中的导带在磁场中劈裂成自旋向上和自旋向下的子带。在磁场作用下，自旋向

上的子带带底下移，导带和价带之间的带隙变小，引起电阻率下降。

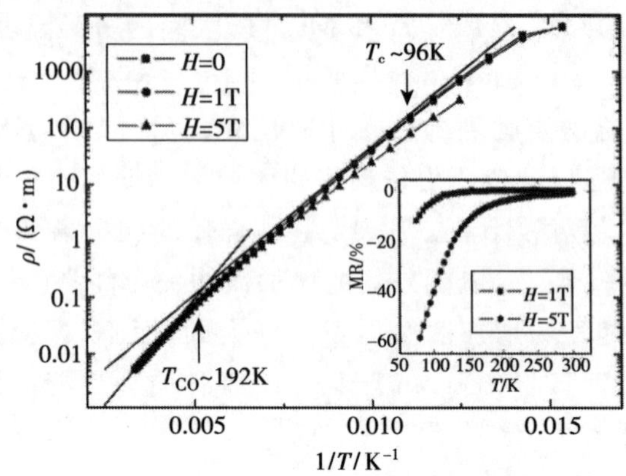

图 3-17 不同外场下 $Pr_{0.75}Na_{0.25}Mn_{0.9}Fe_{0.1}O_3$的电阻率随温度变化关系
（内置图为磁电阻随温度变化关系）

3.3 Fe 掺杂对 $Pr_{0.75}Na_{0.25}MnO_3$交流磁化率的影响

3.3.1 引言

混价锰化物 $Ln_{1-x}A_xMnO_3$（此处 Ln 是镧系元素，A 是碱土离子或碱离子）因其变化多端的性质而被广泛地研究了[58−65]。它们的混合物展现的电荷有序现象成为研究的热点，这是因为铁磁金属相共存的机制被认为能够解释庞磁阻尼。Mn^{3+} 和 Mn^{4+} 的低温有序能够被因 Mn 位或 Ln-A 位代替所产生的阳离子无序所打破。在 Mn 位引入杂质导致了绝缘体-金属以及反铁磁-铁磁转变，并诱导 CO 反铁磁畴和电荷-无序铁磁畴的电子相分离、自旋玻璃、团簇玻璃。为确定样品的基态，一些单个样品的交流磁化率已被广泛研究。T_f 中的频移提供了一个可能的判据，以便同自旋玻璃状材料和超顺磁区别出正则自旋玻璃，然而它并没提供同中间频率相关的明确区别。另一方面，交流磁化率虚部（χ''）强度的变化趋势是一个区分正则自旋玻璃同相分离材料的可能判据。$Pr_{0.75}Na_{0.25}MnO_3$ 的交流磁化率呈现为一个团簇玻璃态。$Pr_{0.75}Na_{0.25}Mn_{0.90}Fe_{0.10}O_3$呈现为一个相分离基态。要理解频率增加时 T_f 中的频移和虚部（χ''）峰的变化趋势，研究整个 $Pr_{0.75}Na_{0.25}Mn_{1-x}Fe_xO_3$（$0 \leqslant x \leqslant 0.30$）系列样品的交流磁化率是重要的。本书研究了整个系列样品 $Pr_{0.75}Na_{0.25}Mn_{1-x}Fe_xO_3$（$0 \leqslant x \leqslant 0.30$）在低温下的交流磁化率。随 Fe 掺杂增加，归一化斜率$P=\Delta T_f/(T_f\Delta\log_{10}\omega)$的变化趋势和随频率增加交流磁化率虚部（$\chi''$）的变化趋势也做了研究。一些复杂的变化趋势被观测到了。对系列样品的基态做了介绍。

由图 3-18 弱场（$H=0.01$T）下的零场冷却（zero-field-cooled，ZFC）。零场冷却，然后在温度最低点加场测升温曲线）M-T 曲线可以看出，磁化强度先随温度的下降而上升，然后在 M_{ZFC} 的最大值温度 T_{max} 以下随温度下降而陡然下降。有场冷却

(field-cooled,FC)。有场降温测得的升温曲线)在 T_{max}(ZFC 最大值温度点)以上与 ZFC 曲线基本重合,在 T_{max} 附近发生分叉,并随温度下降呈线性上升趋势。在顺磁居里温度 T_c 以上为顺磁,居里温度点以下是玻璃态和相分离共有特征。

3.3.2　Fe 掺杂对磁性质的影响

未掺 Fe 样品 $Pr_{0.75}Na_{0.25}MnO_3$ 的 ZFC 与 FC 曲线的趋势与 Satoh[31] 及 Hejtmánek[18] 的报道一致。在大约 222K 处的峰对应电荷有序,大约 181K 处的峰对应"pseudo"-CE 型长程反铁磁有序。ZFC 和 FC 曲线在 T_{max}～41K 附近发生了分叉,这表明样品在低温下可能是玻璃态。如图 3-18 所示,对于 $x \leqslant 0.05$ 的样品,T_{CO} 随 Fe 含量的增加而下降,同时,低温磁化强度随 Fe 含量的增加而增强。另外,与电荷有序、长程反铁磁有序对应的峰随 Fe 含量的增加被逐渐抑制。$x=0.02$ 的样品展示了比较复杂的行为,ZFC 磁化强度在 140K 以下急剧增加,在 90K 与 50K 之间趋于水平。当温度进一步降低时,磁化强度又急剧下降。然而,本系列样品在 $x>0.05$ 时低温下的磁化强度随 Fe 掺杂量的增加而下降,$x=0.3$ 样品的磁化强度几乎与 $x=0$ 样品的磁化强度重合。但是与 CO 及反铁磁长程有序对应的峰并没有随磁化强度的下降而出现。另外 T_{max} 在 $x \leqslant 0.05$ 时随 x 的增加而增加,然后随着 x 的进一步增加而下降。这可能与本系列样品低温磁化强度随 x 的变化趋势有关。

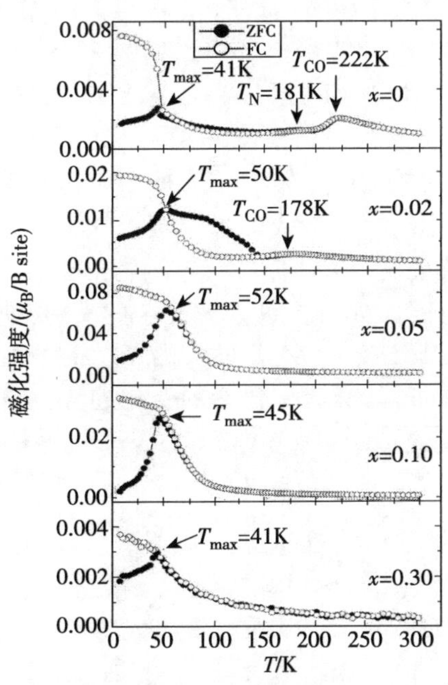

图 3-18　在 0.01T 场下测得的系列样品 $Pr_{0.75}Na_{0.25}Mn_{1-x}Fe_xO_3$ ($0 \leqslant x \leqslant 0.30$) 的 ZFC 和 FC 磁化强度与温度关系曲线

其中,T_{CO} 为电荷有序温度;T_N 为 AFM 相变温度;T_{max} 为 $M_{ZFC}(T)$ 曲线最大值温度

3.3.3 Fe 掺杂对 $Pr_{0.75}Na_{0.25}MnO_3$ 交流磁化率的影响

不同频率下 $Pr_{0.75}Na_{0.25}Mn_{1-x}Fe_xO_3$ 交流磁化率实部的温度相关性如图 3-19 所示。除 $x=0.02$ 样品外，随频率的增加，$\chi'(T)$的峰值下降并向温度的上方移动，这也与自旋玻璃[47−49]或团簇系统[50−53]在性质上一致。但是，只要给定峰在 $\chi'(T)$的位置，就能通过冰点温度(T_f)的频率相关性确定其值。如图 3-19 的内置图(2)所示，T_f同频率的对数是线性关系。当 $x\leqslant0.02$ 时，P 随 Fe 的掺杂的增加而增大，随后随 Fe 掺杂的继续增加而减小，如图 3-20 所示。经典绝缘自旋玻璃系统中，$0.06\leqslant P\leqslant 0.08$，该系列样品的正则斜率 P 比之低得多。($Pr_{0.75}Na_{0.25}Mn_{1-x}Fe_xO_3$ 在 65K 附近有一个绝缘基态)尽管自旋玻璃系统的 P 值是 $0.0045\leqslant P\leqslant0.08$[47]，$x=0$ 的样品 $P\sim0$ 表明 FM 团簇和 AFM 团簇在该系统中共存，这与文献[18]和[31]的结果一致。T_f中的频移提供了一个可能的判据，它能将经典自旋玻璃同自旋玻璃状材料以及超顺磁区别开来，然而它没有提供系统中同中间频率相关的清晰方法。$Pr_{0.75}\cdot Na_{0.25}Mn_{1-x}Fe_xO_3$ 交流磁化率虚部(χ'')的温度相关性在 0.0005T 的外场下通过不同频率做了测量，如图 3-21 所示。内置图为峰的放大图。对于 $x=0,0.02,0.30$ 的样品，当 $f\leqslant52$Hz 时，峰值随频率的增加而减小，随后又随频率的增加而增大。$x=0$，0.02，0.30 样品的 χ''中存在大的波动，在 11Hz 处做了测量。频率增加时峰值增大，这与大多数自旋玻璃的行为不同[47,55]。对 $x=0.10$ 的样品，峰值随频率增加而减小。这是同铁磁团簇插入电荷有序反铁磁母体相关的相分离的特征[54]。$x=0.05$ 样品的 χ''的行为更为复杂。峰值在 $f\leqslant52$Hz 时随频率增加而减小，一直增大直到 1501Hz，之后随频率的继续增加而减小。除 $x=0.10$ 的样品之外，系列样品的 χ''给出一个有力的证据，低场基态的行为根本不像传统的自旋玻璃，亦不是相分离。或许，除 $x=0.10$ 之外，系列样品的基态是电荷有序相与自旋玻璃母体中关联铁磁团簇共存的团簇玻璃。不同 Fe 掺杂造成的不同组分比率诱发了不同交流磁化率的变化趋势。另一个影响交流磁化率的因素或许是由于这些材料中铁磁团簇体积的不同。铁磁团簇在体积上的巨大分布导致更为复杂的交流磁化率变化趋势。$x=0.01$ 的样品测量于 0.01T 时，其 ZFC 的 M-T 曲线的 T_{max}的峰值更为宽广，这表明磁团簇在体积上有一个更大的分布，其交流磁化率的变化趋势也更为复杂。

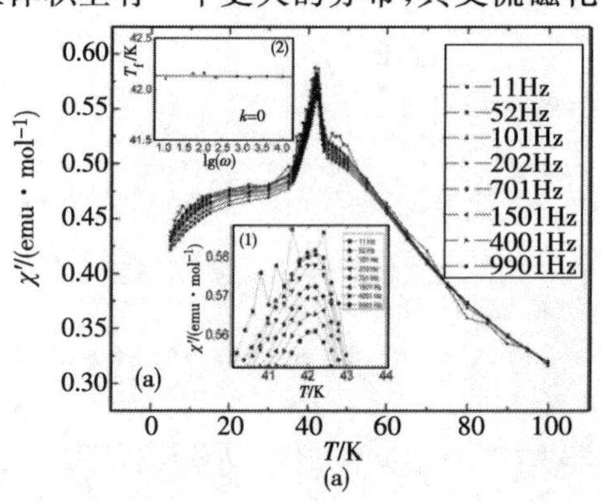

(a)

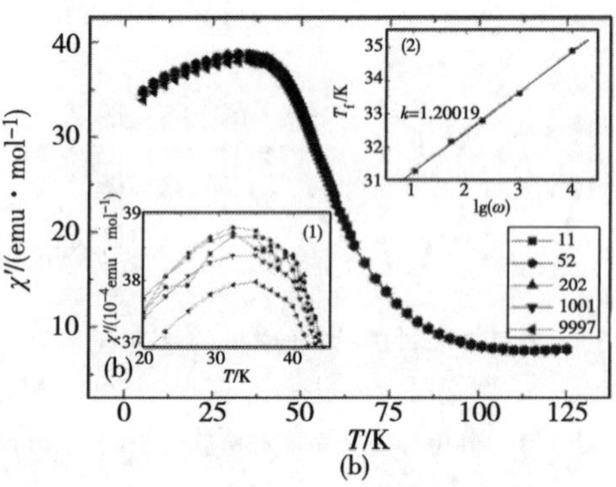

(b)

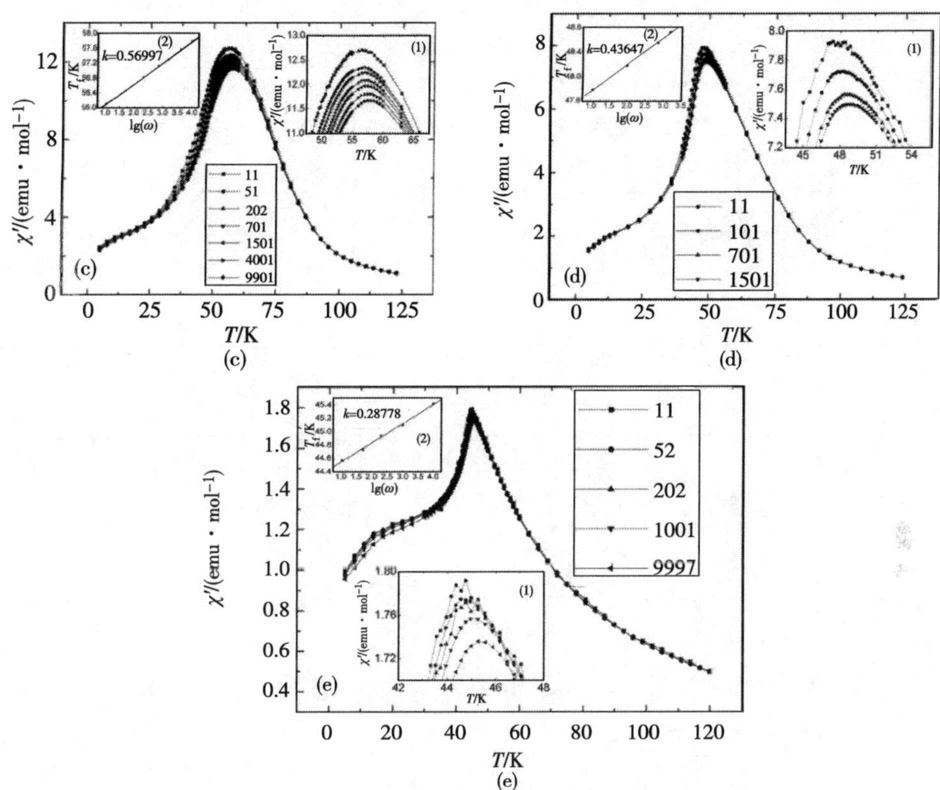

图 3-19　在 0.0005T、不同频率交流场下测得的 $Pr_{0.75}Na_{0.25}Mn_{1-x}Fe_xO_3$交流磁化率实部随温度变化关系

(a)～(e)分别对应 $x=0,0.02,0.05,0.10,0.30$ 的样品；内置图(1)是虚部峰的放大；(2)是 $\chi'(T)$的峰所对应的温度值 T_f随交流场频率的变化关系

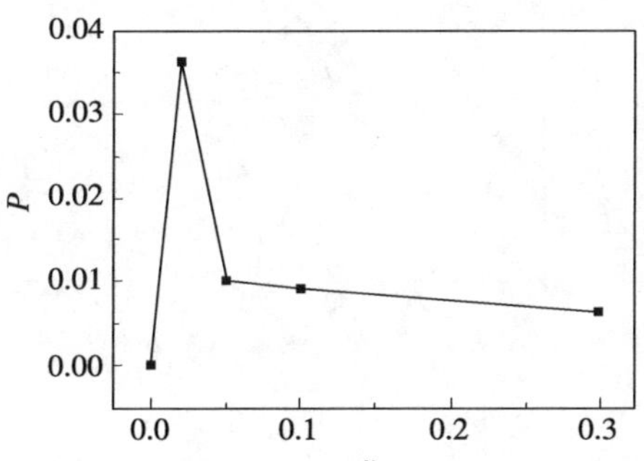

图 3-20　$Pr_{0.75}Na_{0.25}Mn_{1-x}Fe_xO_3$中标准化斜率 $P=\Delta T_f/(T_f\Delta\log_{10}\omega)$与 Fe 的掺杂量关系

在 $\chi''(T)$上的 10K 附近找到一个最小值，如图 3-21 所示。它分别与图 3-18 和图 3-19 中的 $M(T)$和 $\chi'(T)$在同温下的点相对应。它应与铁磁团簇(已表明同传统的自旋玻璃材料[66]和相分离材料[54]有类似的特征)之间的孤立自旋的阻塞相关。除 $x=0.05$的样品外，10K 附近最小值随频率增加的变化趋势同 T_f中最小值的变化趋势相反。$x=0.05$ 的样品，当 $f\leqslant 4001$Hz 时，10K 附近的最小值随频率增加而增大，之后

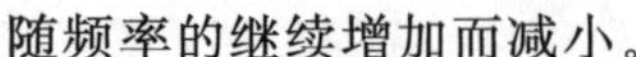
随频率的继续增加而减小。

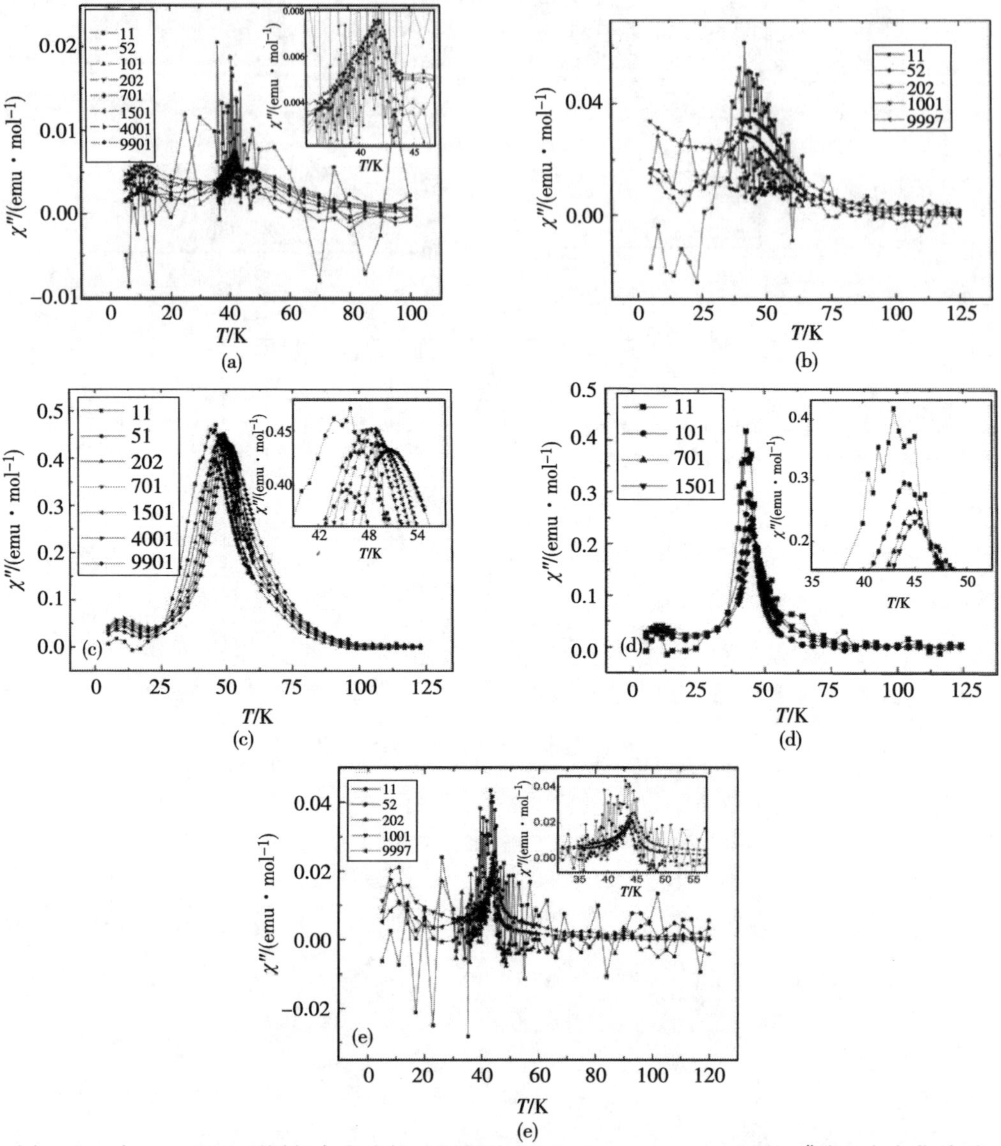

(a) (b) (c) (d) (e)

图 3-21 在 0.0005T、不同频率交流场下测得的 $Pr_{0.75}Na_{0.25}Mn_{1-x}Fe_xO_3$ 的 χ'' 随温度变化关系

(a)～(e)分别对应 $x=0,0.02,0.05,0.10,0.30$ 的样品；内置图是峰的放大

3.4 本章小结

本研究为凝聚态物理与材料物理领域的热点问题，选用具有典型低温相分离特征的强关联体系 $Pr_{0.75}Na_{0.25}Mn_{1-x}Fe_xO_3$ 为具体研究对象，通过对系列多晶样品的合成、结构和磁电性质的系统研究，主要得出如下结论。

(1) 用 gel-sol 法首次合成出了系列单相样品，Na 含量由 0.19 提高到 0.25。这说明 gel-sol 法有效的避免了 Na 挥发和锰氧化物的析出，为合成含易挥发元素氧化物陶瓷样品提供了新思路。系列样品的晶胞参数随掺杂量的增加基本不变，这是因为 Fe^{3+} 与 Mn^{3+} 的离子半径基本相等。SEM 显示样品的致密性较用固相反应法合成的样品稍差，系列样品的粒径为 0.25～1μm。IR 数据显示 Fe^{3+} 掺杂的确削弱了 $Pr_{0.75}Na_{0.25}MnO_3$ 的 Jahn-Teller 效应，使其 MnO_6 八面体 Jahn-Teller 畸变随着 Fe 含量的增加而减弱。

(2) 低温下无变磁相变现象的 $Pr_{0.75}Na_{0.25}Mn_{0.9}Fe_{0.1}O_3$ 在低场下磁性质展示的特征既是均匀的自旋玻璃的特征又是超顺磁的特征。但是交流磁化率的结果与二者均不一致。综合分析我们认为 $Pr_{0.75}Na_{0.25}Mn_{0.9}Fe_{0.1}O_3$ 基态是铁磁团簇和反铁磁基质共存的相分离基态。$Pr_{0.75}Na_{0.25}Mn_{1-x}Fe_xO_3$ 中除 $x=0.10$ 样品外都是团簇玻璃态。实部(χ')表明自旋阻塞温度 T_f 移动幅度标准化斜率 $P=\Delta T_f/(T_f\Delta\log_{10}\omega)$ 的与频率的对数呈线性关系，对于 $x\leqslant0.02$ 的样品，P 随 Fe 掺杂的增加而增大，然后随 Fe 掺杂的继续增加而减小。当驱动频率低于 52Hz 时，除了 $x=0.02$ 的样品，T_f 上 χ' 的强度随频率的增加而受到抑制。T_f 上的虚部强度变化趋势复杂，除 $x=0.05$ 样品外，它与 10K 附近自旋锁定温度的最小值的变化趋势相反。

(3) 数据分析表明该系列样品中存在三种相，即 COOAF、FM、AFII。该相分离材料中的 COOAF 相是台阶状变磁相变的起源。与变磁相变相关的几种实验现象可以在考虑长程关联特征及自旋热阻塞的基础上用自旋势垒模型来解释。首次观察到了台阶状变磁相变的中间过渡点，这表明台阶状变磁相变并不是瞬时完成的。

参考文献

[1] Jonker G H, Van Santen J H. Ferromagnetic compounds of manganese with perovskite structure. Physica, 1950, 16: 337－349

[2] Li Y, Miao J P, Sui Y, et al. Synthesis, structural and transport properties of $Pr_{0.75}Na_{0.25}Mn_{1-x}Fe_xO_3$ ($0.0\leqslant x\leqslant0.3$). J. Alloys Comp., 2007, 447(1－2): 1－5

[3] Lamas D G, Caneiro A, Niebieskikwiat D, et al. Transport and magnetic properties of nanocrystalline $La_{2/3}Sr_{1/3}MnO_3$ powders synthesized by a nitrate-citrate gel-combustion process. J. Magn. Magn. Mater., 2002, 241: 207－213

[4] Vladimirova E, Vassiliev V, Nossov A. Synthesis of $La_{1-x}Pb_xMnO_3$ colossal magnetoresistive ceramics from Co-precipitated oxalate precursors. J. Mater. Sci., 2001, 36: 1481－1486

[5] Dezanneau G, Sin A, Roussel H, et al. Synthesis and characterisation of $La_{1-x}MnO_{3\pm\delta}$ nanopowders prepared by acrylamide polymerization. Solid State Commun., 2002, 121: 133－137

[6] Liu J, Wang H, Zhu M, et al. Synthesis of $La_{0.5}A_{0.5}MnO_3$ (A=Sr, Ba) by a hydrothermal method at low temperature. Mater. Res. Bull., 2003, 38: 817－822

[7] Aruna S T, Muthuraman M, Patil K C. Combustion synthesis and properties of strontium

substituted lanthanum manganites $La_{1-x}Sr_xMnO_3$ ($0 \leqslant x \leqslant 0.3$). J. Mater. Chem., 1997, 7: 2499－2503

[8] Sahu R K, Rao M L, Manoharan S S. Ruthenium-induced enhanced magnetization and metal-insulator transition in two-dimensional layered manganites. J. Mater. Sci., 2001, 36: 4099－4102

[9] Jirák Z, Hejtmánek J, Knížek K, et al. Structure and magnetism in the $Pr_{1-x}Na_xMnO_3$ perovskites ($0 \leqslant x \leqslant 0.2$). J. Magn. Magn. Mater., 2002, 250: 275－287

[10] Helmolt R V, Weckerg J, Holzapfel B, et al. Giant negative magnetoresistance in perovskite like $La_{2/3}Ba_{1/3}MnO_3$ ferromagnetic films. Phys. Rev. Lett., 1993, 71: 2331－2333

[11] 杨淑珍，周和平．无机非金属材料测试实验．武汉：武汉工业大学出版社，1997：238－364

[12] 王华馥，吴日勤．固体物理实验方法．北京：高等教育出版社，1980：123－128

[13] Ahn K H, Wu X W, Liu K, et al. Magnetic properties and colossal magnetoresistance of $La(Ca)MnO_3$ materials doped with Fe. Phys. Rev. B, 1996, 54: 15299－15302

[14] Shannon R D. Revised effective ionic radii and systematic studies of interatomic distances in halides and chalcogenides. Acta Crystallogr. A, 1976, 32: 751－767

[15] 徐明祥，焦正宽．$(La_{2/3}Ca_{1/3})(Mn_{(3-x)/3}Fe_{x/3})O_3$ 体系磁电阻行为的研究．无机材料学报，1999，14(2)：307－311

[16] Kundaliya D C, Vij R, Kulkarni R G, et al. Structural, magnetic and magnetotransport properties of the $La_{0.67}Ca_{0.33}Mn_{0.9}Fe_{0.1}O_3$ perovskite. J. Magn. Magn. Mater., 2003, 264: 62－69

[17] Cai J W, Wang O, Shen B G, et al. Colossal magnetoresistance of spin-glass perovskite $La_{0.67} \cdot Ca_{0.33}Mn_{0.9}Fe_{0.1}O_3$. Appl. Phys. Lett., 1997, 71: 1727－1729

[18] Hejtmánek J, Jirák Z, Sebek J, et al. Magnetic phase diagram of the charge ordered manganite $Pr_{0.8}Na_{0.2}MnO_3$. J. Appl. Phys., 2001, 89: 7413－7415

[19] Schiffer P, Ramirea A P, Bao W, et al. Low temperature magnetoresistance and the magnetic phase diagram of $La_{1-x}Ca_xMnO_3$. Phys. Rev. Lett., 1995, 75(18): 3336－3339

[20] Tan S, Yue S, Zhang Y H. Jahn-Teller distortion induced by Mg/Zn substitution on Mn sites in the perovskite manganites. Phys. Lett. A, 2003, 319: 530－538

[21] Tokura Y, Kuwahara K, Moritomo Y, et al. Competing instabilities and metastable states in $(Nd,Sm)_{1/2}Sr_{1/2}MnO_3$. Phys. Rev. Lett., 1996, 76: 3184－3187

[22] Sikora O, Oleś A M. Localization effects in disordered Kondo lattices. Physica B, 2005, 260: 359－361

[23] Kawano H, Kajimoto R, Yoshizawa H, et al. Magnetic ordering and relation to the metal-insulator transition in $Pr_{1-x}Sr_xMnO_3$ and $Nd_{1-x}Sr_xMnO_3$ with $x \sim 1/2$ Phys. Rev. Lett., 1997, 78: 4253－4256

[24] Prokhorova V G, Kaminskya G G, Komashkoa V A, et al. Trapping of mobile Mu centers in single crystal AlN. Physica B, 2003, 334: 430－433

[25] Li Y, Miao J P, Sui Y, et al. Phase separation, low-field magnetic and transport properties of $Pr_{0.75}Na_{0.25}Mn_{0.9}Fe_{0.1}O_3$. J. Magn. Magn. Mater., 2006, 305: 247－252

[26] Uehara M, Mori S, Chen C H, et al. Percolative phase separation underlies colossal magnetoresistance in mixed-valent manganites. Nature, 1999, 399: 560－563

[27] Martin C, Maignan A, Raveau B. High impact applications, properties and synthesis of exciting

new materials. J. Mater. Chem. ,1996,6:1245—1248

[28] Maignan A, Martin C, Raveau B. Substitution of manganese by trivalent and tetravalent elements in the CMR perovskites $Pr_{1-x}(Ca,Sr)_xMnO_3$. Z. Phys. B,1997,102:19—24

[29] Maignan A,Raveau B. Mixed-valence manganites. Z. Phys. B,1997,102:299—307

[30] Sun J R,Li R W,Zhang Y Z,et al. Doping effects from Fe and Ge for Mn in $La_{1-x}Ca_xMnO_3$ (x=0. 15～0. 6). J. Phys. D:Appl. Phys. ,2001,34:1333—1338

[31] Satoh T,Kikuchi Y,Miyano K,et al. Irreversible photoinduced insulator-metal transition in the Na-doped manganite $Pr_{0.75}Na_{0.25}MnO_3$. Phys. Rev. B,2002,65:125103(4)

[32] Levy P,Granja L,Indelicato E,et al. Effects of Fe doping in $La_{1/2}Ca_{1/2}MnO_3$. J. Magn. Magn. Mater. ,2001,226—230:794—796

[33] Damay F, Martin C, Maignan A, et al. Charge and magnetic order suppression by Mn site doping in layered and three-dimensional manganites. J. Magn. Magn. Mater. ,1998,183:143—151

[34] Hébert S,Hardy V,Maignan A,et al. Magnetic-field-induced step-like transitions in Mn-site doped manganites. J. Solid State Chem. ,2002,165:6—11

[35] Hébert S,Hardy V,Maignan A,et al. Avalanche like field dependent magnetization of Mn-site doped charge-ordered manganites. Solid State Commun. ,2002,122:335—340

[36] Hardy V, Majumdar S, Lees M R, et al. Power-law distribution of avalanche sizes in the field-driven transformation of a phase-separated oxide. Phys. Rev. B,2004,70:104423(5)

[37] Xiao G,Mc Niff E J,Gong G Q Jr,et al. Magnetic-field-induced multiple electronic states in $La_{0.5}Ca_{0.5}MnO_{3+\delta}$. Phys. Rev. B,1996,54:6073—6076

[38] Ahn K H,Wu X W,Liu K,et al. Effects of Fe doping in the colossal magnetoresistive $La_{1-x}Ca_xMnO_3$. J. Appl. Phys. ,1997,81:5505—5507

[39] Ogale S B,Shreekala R,Bathe R,et al. Transport properties,magnetic ordering,and hyperfine interactions in Fe-doped $La_{0.75}Ca_{0.25}MnO_3$ localization-delocalization transition. Phys. Rev. B, 1998,57:7841—7845

[40] Hébert S,Maignan A,Martin C,et al. Important role of impurity e_g levels on the ground state of Mn-site doped manganites. Solid State Commun. ,2002,121:229—234

[41] Moritomo Y,Murakami K,Hishikawa H,et al. Impurity-induced ferromagnetism and impurity states in $Nd_{1/2}Ca_{1/2}(Mn_{0.95}M_{0.05})O_3$. Phys. Rev. B,2004,69:212407(4)

[42] Ramirez A P,Schiffer P,Cheong S W,et al. Thermodynamic and electron diffraction signatures of charge and spin ordering in $La_{1-x}Ca_xMnO_3$. Phys. Rev. Lett. ,1996,76:3188—3191

[43] Chen C H,Cheong S W. Commensurate to incommensurate charge ordering and its real-space images in $La_{0.5}Ca_{0.5}MnO_3$. Phys. Rev. Lett. ,1996,76:4042—4045

[44] Dacnay F,Maignaa A,Martin C,et al. Mn site doping induced insulator to metal transition in $Pr_{0.6}Ca_{0.4}MnO_3$. J. Appl. Phys. ,1997,82(3):1485—1487

[45] Damay F,Martin C,Maignan A,et al. Cation disorder and aize effects upon magnetic transitions in $Ln_{0.5}A_{0.5}MnO_3$ manganites. J. Appl. Phys. ,1997,82(12):6181—6185

[46] Xu J,Matsui Y,Kimura T,et al. Low temperature TEM study of electronic phase separation in Cr-doped $Nd_{0.5}Ca_{0.5}MnO_3$. Physica C,2001,401:357—360

[47] Mydosh J A. Spin Glasses: An Experimental Introduction. London: Taylor & Francis,1993:

40－100

[48] Chikuzami S. Physics of Ferromagnetism. Oxford:Clarendon,1997:53－55

[49] Williams G.//Hein R A, Francavilla T L, Liebenberg D H. In magnetic susceptibility of superconductors and other spin systems. New York:Plenum,1991:475

[50] Tholence J L.//Hein R A, Francavilla T L, Liebenberg D H. In magnetic susceptibility of superconductors and other spin systems. New York:Plenum,1991:503

[51] Dormann J L, Cherkaoui R, Spinu L, et al. From pure superparamagnetic regime to glass collective state of magnetic moments in γ-Fe_2O_3 nanoparticle assemblies. J. Magn. Magn. Mater. ,1998, 187:139－144

[52] Mamiya H, Nakatani I, Furubayashi T. Blocking and freezing of magnetic moments for iron nitride fine particle systems. Phys. Rev. Lett. ,1998,80:177－180

[53] De Toro J A, López de la Torre M A, Riveiro J M, et al. Spin-glass-like behavior in mechanically alloyed nanocrystalline Fe-Al-Cu. Phys. Rev. B,1999,60:12918－12923

[54] Deac I G, Mitchell J F, Schiffer P. Phase separation and low-field bulk magnetic properties of $Pr_{0.7}Ca_{0.3}MnO_3$. Phys. Rev. B,2001,63:172408(5)

[55] Fischer D S. Spin glasses. II. Phys Status Solidi. ,1985,130:13－71

[56] Fisher L M, Kalinov A V, Voloshin I F, et al. Quenched-disorder-induced magnetization jumps in(Sm,Sr)MnO_3. Phys. Rev. B,2004,70:212411(4)

[57] Nagaev E L. Physics of Magnetic Semiconductors. Mir. ,1983,53－55

[58] Kimura T, Tomioka Y, Kumai R, et al. Diffuse phase transition and phase separation in Cr-doped $Nd_{1/2}Ca_{1/2}MnO_3$: a relaxor ferromagnet. Phys. Rev. Lett. ,1999,83:3940－3943

[59] Yaicle C, Fauth F, Martin C, et al. $Pr_{0.5}Ca_{0.5}Mn_{0.97}Ga_{0.03}O_3$, a strongly strained system due to the coexistence of two orbital ordered phases at low temperature. J. Solid State Chem. ,2005, 178:1652－1660

[60] Rößler S, Rößler U K, Nenkov K, et al. Rounding of a first-order magnetic phase transition in Ga-doped $La_{0.67}Ca_{0.33}MnO_3$. Phys. Rev. B,2004,70:104417(6)

[61] Mahendiran R, Raveau B, Hervieu M, et al. Instability of metal-insulator transition against thermal cycling in phase separated Cr-doped manganites. Phys. Rev. B,2001,64:064424(6)

[62] Kim K H, Uehara M, Hess C, et al. Thermal and electronic transport properties and two-phase mixtures in $La_{5/8-x}Pr_xCa_{3/8}MnO_3$. Phys. Rev. Lett. ,2000,84:2961－2964

[63] Kozlenko D P, Jirák Z, Goncharenko I N, et al. Suppression of the charge ordered state in $Pr_{0.75}$· $Na_{0.25}MnO_3$ at high pressure. J. Phys. :Condens. Matter. ,2004,16:5883－5895

[64] Zouari S, Cheikh-Rouhou A, Strobel P, et al. Structural and magnetic properties of alkali-substituted praseodymium manganites $Pr_{1-x}A_xMnO_3$ (A＝Na, K). Journal of Alloys and Compounds, 2002,333:21－27

[65] Li P, Cai J, Zhang Q, et al. Training effect by the applied magnetic field in the double-doped $Pr_{0.5+0.5x}Ca_{0.5-0.5x}Mn_{1-x}Cr_xO_3$ system. Phys. Rev. B,2005,71:134418(6)

[66] Fisher L M, Kalinov A V, Voloshin I F, et al. $Pr_{1-x}Ca_xMnO_3$ system in the crossover region between different kinds of magnetic ordering. J. Magn. Magn. Mater. ,2003,258－259:306

第 4 章　$Pr_{1-x}Na_xMnO_3$的结构及磁电性质研究

4.1 引　　言

人们已经对展现电荷有序现象的混合价锰氧化物 $Ln_{1-x}A_xMnO_3$(其中,Ln 代表镧系元素;A 代表碱土金属元素或碱金属元素。)进行了广泛的研究[1-11]。而文献中报道采用固相反应法合成 $Pr_{1-x}Na_xMnO_3$ 中 Na 的最大掺入量仅为 0.19,制约了这一热点研究的进行。当前,合成钙钛矿稀土锰氧化物的方法主要有:高温固相反应法[12]、溶胶凝胶法[13]、硝酸盐柠檬酸盐凝胶燃烧法[14]、共沉淀法[15]、丙烯酰胺聚合法[16]、水热法[17]、燃烧法[18]和微波法[19]。在合成镨锰氧化物时一般采用高温固相反应法[20]。然而该法在合成 $Pr_{1-x}Na_xMnO_3$ 时易造成 Na 挥发和锰氧化物析出,从而限制了样品中 Na 的掺杂量。本书采用 sol-gel 法合成系列样品,成功地消除了 Na 挥发,使样品中 Na 的掺杂量提高到 0.35,并在合成系列单相样品的基础上对其结构进行了表征与分析。

4.2 $Pr_{1-x}Na_xMnO_3$的结构研究

4.2.1 $Pr_{1-x}Na_xMnO_3$的 XRD 表征

按照摸索出的样品合成流程与温度,我们合成了系列样品。图 4-1 给出了系列样品 $Pr_{1-x}Na_xMnO_3$($0\leqslant x\leqslant 0.3$)的室温粉末 XRD 谱图。由图可以看出:系列样品都是单相的正交结构,峰位随 x 增加并无明显变化,晶胞参数基本相等,如表 3-2 所示。这是因为 Mn^{3+} 与 Fe^{3+} 的离子半径几乎相等(Fe^{3+} 的离子半径 0.55Å,Mn^{3+} 的离子半径 0.58Å)[21-25],因此不会引起晶格参数的明显变化。由 $x=0$ 的样品的 XRD 谱图得出的结果与 Hejtmánek 等的结果[3]不同,Hejtmánek 合成的名义分子式为 $Pr_{0.75}Na_{0.25}MnO_3$ 的样品中有锰氧化物析出。而我们合成的样品单相性大大提高,这说明我们采用的溶胶-凝胶法较固相反应法有一定的优越性。

4.2.2 SEM 照片分析

图 4-2 显示的是系列样品的 SEM 照片。从图中可以看出,采用 sol-gel 法合成的样品有少量空隙,不象固相反应制得的样品那样致密。系列样品的颗粒直径为 0.3~1μm。整个系列样品的 SEM 照片比较而言 $Pr_{0.84}Na_{0.16}MnO_3$ 较致密,几乎没

有空隙，而且该样品粒径最大，可能的原因是该样品更容易结晶。

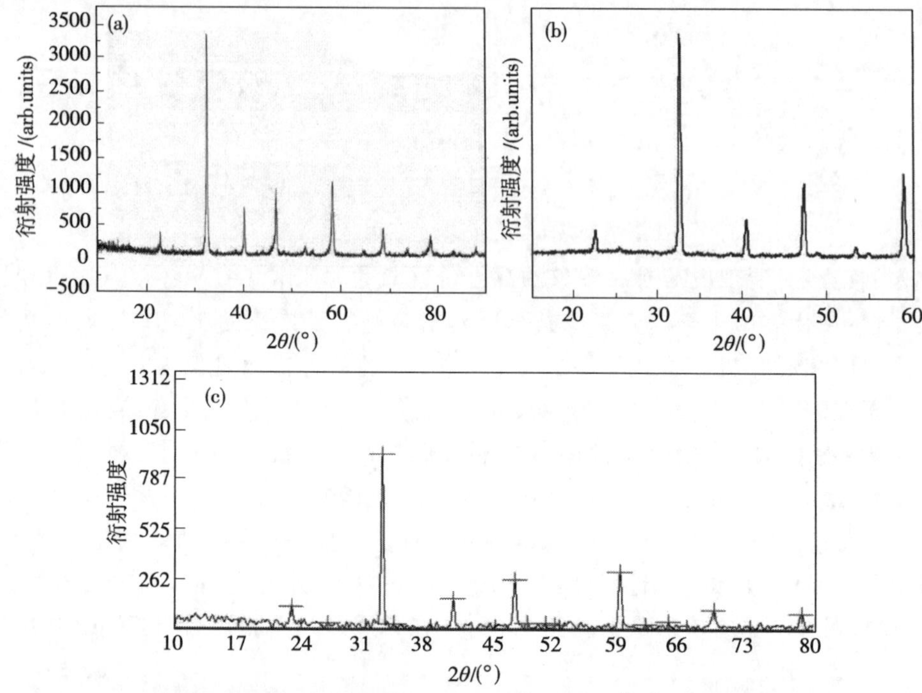

图 4-1　$Pr_{1-x}Na_xMnO_3$（$0.17\leqslant x\leqslant 0.35$）的粉末 XRD 谱图

(a)$Pr_{0.83}Na_{0.17}MnO_3$；(b)$Pr_{0.75}Na_{0.25}MnO_3$；(c)$Pr_{0.65}Na_{0.35}MnO_3$

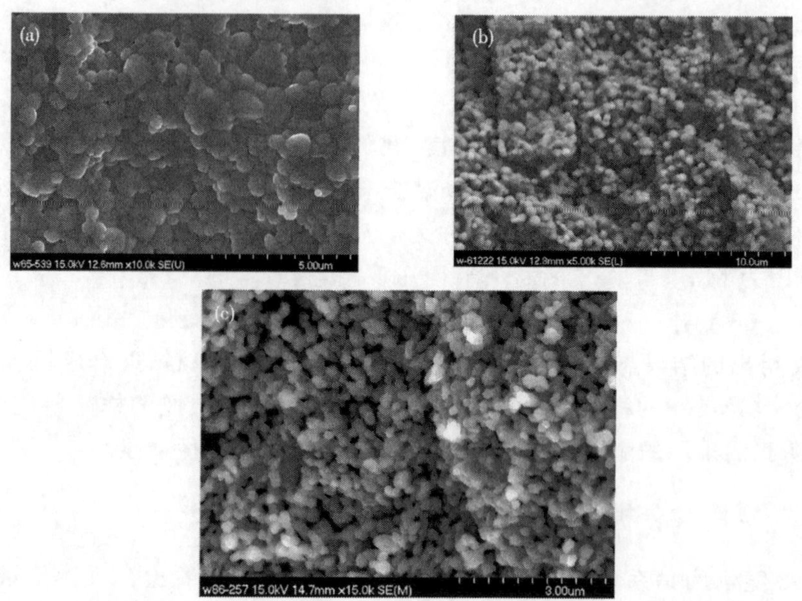

图 4-2　$Pr_{1-x}Na_xMnO_3$（$0.17\leqslant x\leqslant 0.30$）的 SEM 照片

(a)$Pr_{0.83}Na_{0.17}MnO_3$；(b)$Pr_{0.75}Na_{0.25}MnO_3$；(c)$Pr_{0.65}Na_{0.35}MnO_3$

4.3　$Pr_{1-x}Na_xMnO_3$磁性质研究

4.3.1　*M-T* 曲线研究

由图 4-3 弱场(H=0.01T)下的零场冷却 *M-T* 曲线可以看出，磁化强度先随温度的下降而上升，然后在M_{ZFC}的最大值温度 T_{max}以下随温度下降而陡然下降。有场冷却在 T_{max}(ZFC 最大值温度点)以上与 ZFC 曲线基本重合，在 T_{max}附近发生分叉，并随温度下降呈线性上升趋势。在顺磁居里温度 T_c以上为顺磁，居里温度点以下是玻璃态和相分离共有特征。

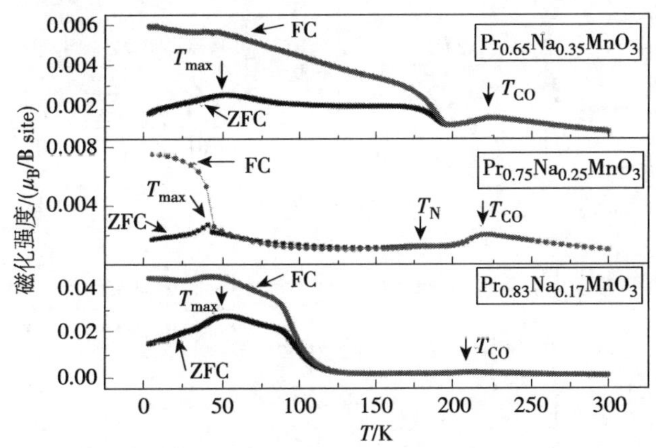

图 4-3　在 0.01T 场下测得的系列样品 $Pr_{1-x}Na_xMnO_3$ (x=0.17,0.25,0.35)的 ZFC 和 FC 磁化强度与温度关系曲线

其中，T_{CO}为电荷有序温度；T_N为 AFM 相变温度；T_{max}为 $M_{ZFC}(T)$曲线最大值温度

$Pr_{0.75}Na_{0.25}MnO_3$的 ZFC 与 FC 曲线的趋势与 Satoh 的报道[26]及 Hejtmánek[3]的报道一致。在大约 222K 处的峰对应电荷有序，在大约 181K 处的峰对应“pseudo”-CE 型长程反铁磁有序。ZFC 和 FC 曲线在 T_{max}～41K 附近发生了分叉，这表明样品在低温下可能是玻璃态。

如图 4-3 所示，系列样品中 $Pr_{0.75}Na_{0.25}MnO_3$电荷有序最强，$Pr_{0.83}Na_{0.17}MnO_3$的铁磁性最强，但电荷有序对应的鼓包依然存在，这说明 $Pr_{0.83}Na_{0.17}MnO_3$中仍然有 COOAF 成分。

4.3.2　*M-H* 曲线研究

图 4-4 为系列样品在不同温度下的磁化强度随外场的变化关系曲线。从图中可以看出，x=0.17,0.25 样品 2K 下的磁化曲线在大约 3T 处展示了一个尖锐的磁化强度台阶。随着磁场的进一步增加磁化强度接近饱和。在磁场从最高值逐渐减少以

及随后的场扫描过程中两样品都展现了铁磁体行为。即该变磁相变具有不可逆性，在外场减少到接近零时，磁化强度很快减少到零。在反向的磁场逐渐增大时，磁化强度在很小的磁场下就达到了饱和，并没有发生变磁相变。尽管 $x=0.17$ 样品的 Mn^{3+} ∶ $Mn^{4+}=1$∶1，此时铁磁性最强。这说明 $x=0.17$ 的样品内部也含有较多的与 COOAF 相联系的"pseudo"-CE 型磁相[3]，尽管 $x=0.17$ 样品的 M-T 曲线上与电荷有序相对应的鼓包并不明显。

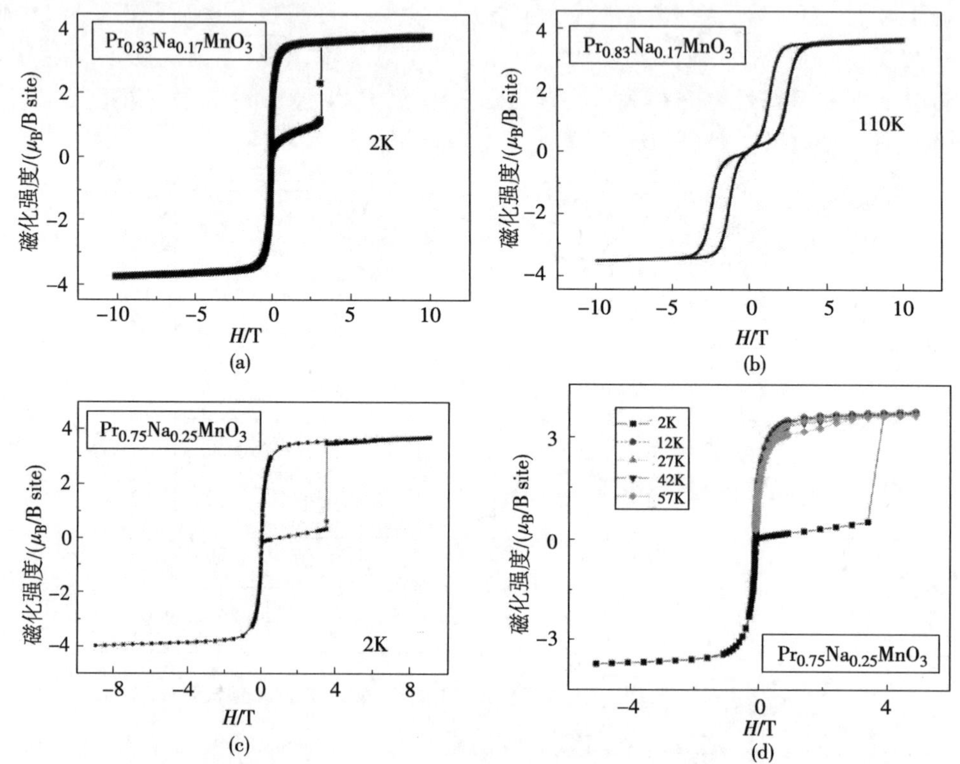

图 4-4 $Pr_{1-x}Na_xMnO_3$($x=0.17$,0.25)在各种温度下的 M-H 曲线

我们用比较小的步长 82Oe 测量 $x=0.17$,0.25 样品 2K 下磁化强度与磁场关系曲线，如图 4-4(a)与(c)所示。变磁相变台阶的临界场宽度甚至比 82Oe 更窄，表明整块样品的变磁相变必然在同一临界场发生。尽管这些阶梯极其陡峭，两样品的阶梯的中间点都首次被测量出来了，相邻两数据点的阶梯宽度是 82Oe，相应的时间间隔是 1.38s。这或许表明整块样品的变磁相变的发生并不是瞬间完成的，而是有一个过程。

4.3.3 变磁相变的机制分析

值得一提的是 ZFC $M(T)$曲线在 10K 处有一个明显的拐点，如图 4-1 所示，10K 以下磁化强度急剧下降。交流磁化率的虚部在 10K 也出现了一个明显的极大值，如

图 3-21 所示，该极大值可能与自旋的热阻塞有关[5,10]。类似的拐点也出现在其他系列的锰氧化物的 $M(T)$曲线的 5K 处附近。在 5K 以下 $M(H)$曲线出现陡峭的台阶状变磁相变[27-29]，在 5K 以上其 $M(H)$曲线出现渐变的变磁相变，其临界场范围大约为 1.5T[27]。热阻塞过程的一个重要特征是阻塞温度以下磁化强度急剧下降。考虑到多晶是由大量的微小单晶晶粒组成的，我们引入各向异性势垒模型[30]，如图 4-5 所示。引起各向异性的因素有很多，常见的因素有：磁晶、形状、偶极及表面等。各向异性常数乘上团簇体积形成能量势垒高度，即

$$E_1 = KV \tag{4-1}$$

式中，K——向异性常数；

V——团簇体积。

K 是表示磁单晶体各向异性强弱的参数，它与磁体沿易磁化轴和难磁化轴的磁各向异性能（磁体沿不同方向磁化到饱和时，其单位体积所需要的能量）之差成正比。外场提供能量$-\boldsymbol{M}\cdot\boldsymbol{H}$或者与温度相关的热能 k_BT 用以克服该能量势垒。这样就形成了两个能量最小值。这两个能量最小值分别对应两个方向相反的自旋，即两个易磁化方向。在自旋阻塞温度以下，系统中的自旋发生阻塞，稳定在其中的一种自旋态。然而，其中自旋向上的态由于 Zeeman 效应（Zeeman 能为$-\boldsymbol{M}\cdot\boldsymbol{H}$即$-|\boldsymbol{M}\cdot\boldsymbol{H}|$）能量降低而变得稳定，自旋向下的态由于 Zeeman 效应（Zeeman 能为$-\boldsymbol{M}\cdot\boldsymbol{H}$即$|\boldsymbol{M}\cdot\boldsymbol{H}|$）能量升高为 E_2，如图 4-5 所示。当外场增加到 H_c，$E_2\rightarrow 0$（在低温下热能可以忽略不计）自旋↓能量最小值中的自旋进入自旋↑能量最小值中，即自旋↓反转为自旋↑（接近外场的方向）。考虑到自旋阻塞温度以下的变磁相变的台阶十分陡锐，自旋发生翻转时必然是一种集体行为，即热阻塞的自旋之间存在长程关联。考虑到 $x=0.1,0.3$ 的样品在 2K 没有发生变磁相变，我们认为正是这种由长程电荷-轨道有序通过自旋-轨道耦合引起的长程关联导致了台阶状变磁相变。$x=0.1,0.3$ 的样品在 2K 没有发生变磁相变仅仅是因为 AFII 的自旋之间长程关联较弱。减少 Fe 的掺杂量增强自旋-轨道序耦合可以产生台阶状变磁相变。尽管 COOAF 团簇的单轴各向异性的分布是随机的，H_c在大小上已经足可以统一那些由 COOAF 相转化而来的 FM 团簇的方向。这一效应使得更多的自旋发生翻转。即，一旦自旋翻转被触发，将发生雪崩效应。这样就发生了台阶状的变磁相变。根据上述的模型我们可以推断，多晶样品中的 g 因子一定小于相同化学组成的单晶中的 g 因子（当所加外场的方向与单轴方向平行时）。另外，上述的雪崩效应可能并不能使单轴方向与外场方向接近垂直的自旋全部发生翻转，因此高场下可能会出现如文献报道的小的变磁相变台阶[27,28,31-33]。当除去外场时，能量势垒 E_3重回到到 E_1，而自旋在没有外场帮助时并不能越过能量势垒 E_1。因此，铁磁团簇保留了下来（此时由于系统内各种能量的竞争铁磁团簇内磁畴方向是无序的，因此对外不显磁性），样品在随后的场扫描过程中呈现铁磁体特征。由于自旋阻塞温度 T_B很低，所以台阶状变磁相变只能发生在更低

的温度[27]。

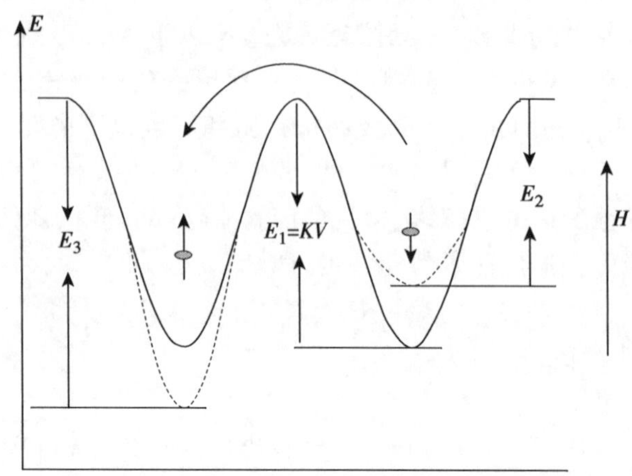

图 4-5 向上/向下自旋的各向异性势垒模型(低温下热激活能(k_BT)的作用可以忽略)

如果多晶样品中不同团簇的能量势垒高度分布适当($MH_c \approx KV$),自旋可以在临界场 H_c 下翻转到另一种能量较低的态(此时,$E_2 \rightarrow 0$),即 COOAF 转变为了 FM 态。这种情况下只有唯一的一个台阶发生。如果能量势垒高度分布与理想情况差异较大,或者样品中存在多于一种 COOAF 相(如“pseudo”-CE 型和 CE 型[33]),就可能发生多阶变磁相变。图 4-6 显示的是多晶样品中的分步磁化示意图。这是一个三维球坐标空间沿与外场方向平行的直径的剖面图。为了便于理解,我们假定样品中各部分自旋向上与自旋向下之间的势垒相等。随着外磁场增加到临界场 H_c,多晶中易磁化方向与外场方向接近平行的 $-\pi/2 \sim -\theta_1$ 之间的微小单晶内的自旋先翻转为与它相反方向的 $\pi/2 \sim \theta_1$ 之间的自旋方向,形成铁磁体,在几乎同时,这种铁磁体在临

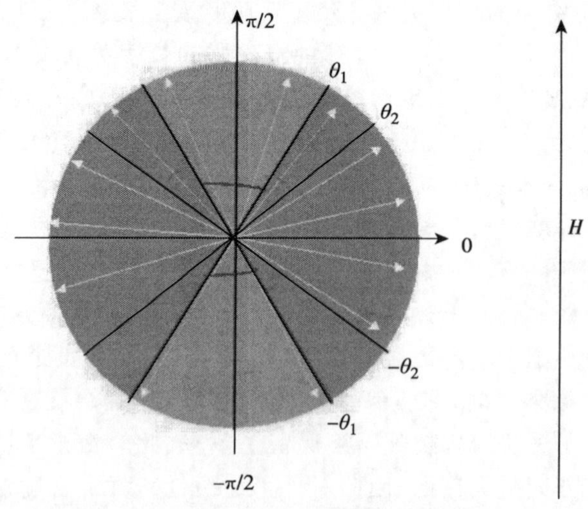

图 4-6 多晶样品中分布磁化示意图(三维球坐标剖面图)

界场 H_c作用下方向朝向临界场方向，这使得内磁场显著增强，进一步触发$-\theta_1\sim-\theta_2$区域的自旋翻转为$\theta_1\sim\theta_2$之间的自旋，形成铁磁体，在几乎同时，这种铁磁体在临界场 H_c作用下方向朝向临界场方向，进而触发更多的自旋发生翻转，即发生"雪崩效应"，从而产生陡增的变磁相变。在$|\theta|$较小的区域内的自旋由于与外磁场方向接近垂直，使得 MH_c的值远远小于 KV，即便是考虑到上述"雪崩效应"对内磁场的加强作用仍不能使之发生翻转。因此，只有进一步提高外场才能发生第二次台阶状变磁相变。

另外一个值得注意的问题是自旋重定向可能是导致含镨锰氧化物中场导致的不可逆铁磁态原因[34-37]。可以想象 Pr 的 4f 电子可以作为一个钉扎中心钉扎巡游载流子。即反常的不可逆的铁磁态的转化强烈的依赖于局域的 Pr 的自旋有序到无序的变化。但我们认为 Pr 的钉扎效应可能是影响镨锰氧化物中台阶状变磁相变的一个因素，但决不是该现象的决定因素。因为尽管系列样品中 Pr 的摩尔含量是相同的，当 $x=0.1, 0.3$ 时并没有发生台阶状变磁相变。

4.3.4　台阶状变磁相变与渐变型变磁相变的比较

为了进一步理解磁场导致的 AFM-FM 相变，我们对 $x=0.17, 0.25$ 样品做了在不同温度下的磁场强度与磁场的变化关系曲线，如图 4-4 所示。样品先 ZFC，然后从 2K 一直测到 110K，任何两个不同温度的测量之间都没有 ZFC 过程。这样做的目的是为了调查 2K 下由 COOAF 态转变而来的 FM 态的量随温度升高的变化情况。场扫描的顺序与前面图 4-2 的顺序完全相同。57K 和 110K 的 $M(H)$曲线在 1.5～3T 之间展现了明显的由 AFM-FM 的变磁相变。当除去外加的磁场，场导致的 FM 态重新回到 AFM 态。这一结果显示了在 57K 和 110K 存在 AFM 基态和 FM 亚稳态。这一点与 2K 下的 $M(H)$曲线有很大不同。2K 下的 $M(H)$曲线显示经过第一分支的测量后场导致 FM 态是稳定的，这一 FM 态甚至在 50K 仍能保持稳定，如图 4-4 所示。

综上所述，系统在外场帮助下转变为 FM 态，当除去外场后，这种铁磁态可能仍然保持 FM 态也可能转变为 AFM 基态。$T=2K$ 时，系统保持 FM 态。在较高的温度，例如 57K，110K，系统在临界场 $H_c^{F\text{-}A}$（FM-AFM 转变临界场）回到反铁磁态。$H_c^{F\text{-}A}$比 $H_c^{A\text{-}F}$（AFM-FM 转变临界场）要低，这是一阶相变的本质。由于 Zeeman 效应外加磁场会使得 FM 态总能量降低，如图 4-4 所示。因此，在临界场 $H_c^{A\text{-}F}$发生了 AFM-FM 转变。在自旋阻塞温度 T_B以下，例如 2K，热激发可以忽略。所以当 H 降到 0，系统仍会保持在 FM 态。然而，当温度明显高于 T_B时，热激发会使系统在较低的临界场 $H_c^{F\text{-}A}$下产生 FM-AFM 转变。

图 4-4 除了传递了磁场对磁化强度的急剧影响之外，还传递了温度的重要作用。温度对临界场 $H_c^{A\text{-}F}$和 $H_c^{F\text{-}A}$影响很大。根据图 4-4，因为在温度明显高于自旋阻塞

温度 T_B时，热激活能 k_BT 的作用逐渐显著，两种自旋态之间的波动十分迅速，目前的实验手段还无法观察到[30]。之所以系统不会轻易的产生自旋↓到自旋↑的集体翻转，而是一个渐变过程，可能是因为自旋的热激活能之间并非是相等的，而是存在某种分布。即便是系统在外场下转变为铁磁态，把外场降低到 $H_c^{F\text{-}A}$，两种自旋态之间的这种波动也会使系统回到 AFM 态。然而，在 2K 时即使把外磁场降低到 $H=0$，系统仍然保持 FM 态。对于 $x=0.25$ 样品，这种铁磁态甚至可以保持到 $T_{max}=42K$（图 4-4(d)42K 的磁化曲线放大，也有渐变变磁相变）。而在 $T=57K$，尽管大部分铁磁态仍然保留着，在 2～3T 之间有一个明显的渐变增加，如图 4-4(d)所示，这样，$T_{max}=41K$ 就成了低温和高温之间的一个物理特征温度。

4.4　$Pr_{1-x}Na_xMnO_3$电性质研究

在不同外场下 Na 掺杂对电阻率的影响如图 4-7 所示，为了方便起见，我们在此给出 $\log\rho$-$1/T$ 的关系曲线。系列样品的电阻率在 M-I 转变温度以上遵循 Arrhenius 法则

$$\rho=\rho_0\exp[E_a/(k_BT)] \tag{4-2}$$

这是热激活的电阻率行为。然而 $\log\rho$-$1/T$ 结果有些弯曲，因此并非是严格的热激活。另外，我们也考虑了其他的导电机制，例如变程跃迁和小极化子跃迁模型。

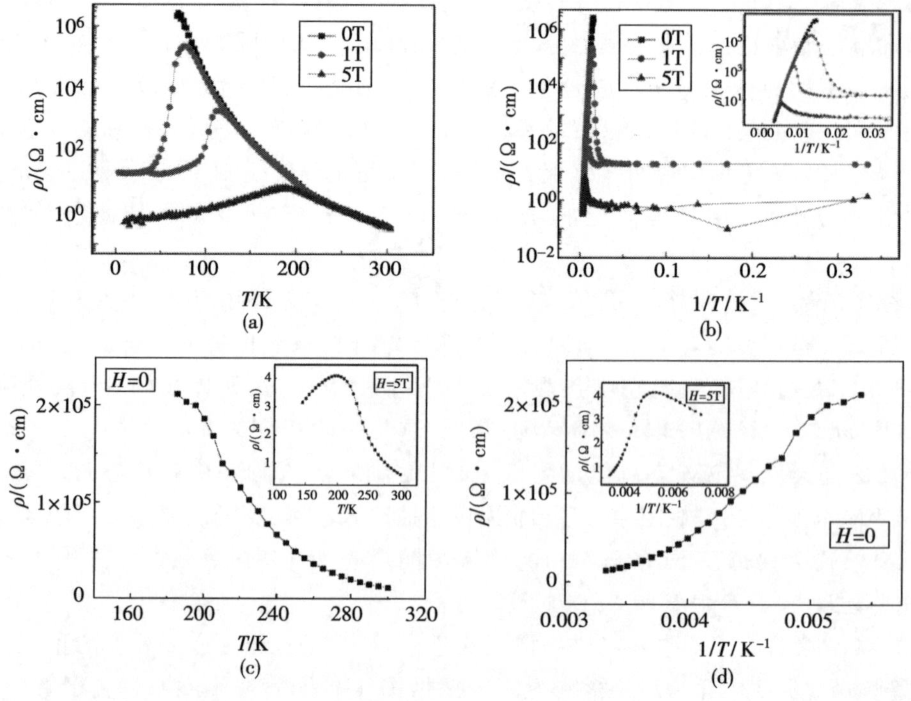

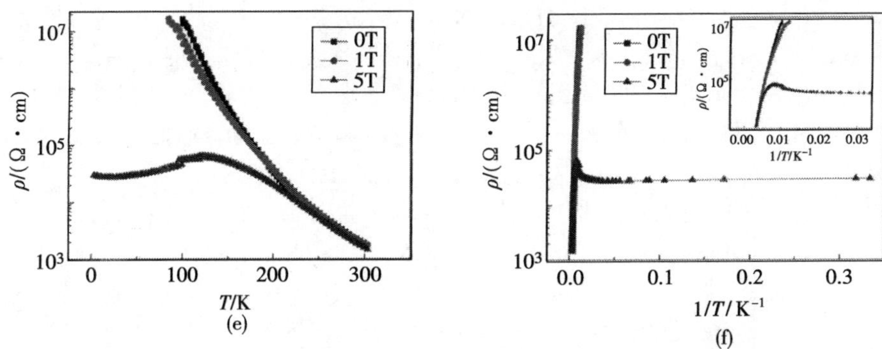

图 4-7 不同外场下 $Pr_{1-x}Na_xMnO_3$（$x=0.17,0.25,0.35$）的电阻率随温度变化关系；内置图为磁电阻随温度变化关系

(a)、(b)$Pr_{0.83}Na_{0.17}MnO_3$；(c)、(d)$Pr_{0.75}Na_{0.25}MnO_3$；(e)、(f)$Pr_{0.65}Na_{0.35}MnO_3$

$\ln\rho$-$(1/T)^{1/4}$和 $\ln(\rho/T)$-$1/T$ 结果甚至比 $\log\rho$-$1/T$ 结果更弯曲。因此，系列样品主要是热激发导电机制。对于 $x=0.17$ 的样品在 1T 场下出现了 M-I 转变，而其他两个样品在 5T 场下才出现了 M-I 转变，这是由 $x=0.17$ 的样品的铁磁性比较强引起的。

4.5 本章小结

本章详细研究了多晶样品 $Pr_{1-x}Na_xMnO_3$（$0.17\leqslant x\leqslant 0.35$）制备结构及磁电性质。溶胶凝胶发把 Na 的含量由 0.19 提高到 0.35。数据分析表明该系列样品中存在三种相，即 COOAF、FM、AFII。该相分离材料中的 COOAF 相是台阶状变磁相变的起源，台阶状变磁相变可以在考虑长程关联及自旋热阻塞的基础上用自旋的能量势垒模型来解释。在磁化强度随温度的变化关系 $M(T)$中，在 10K 出现与自旋阻塞相对应的拐点，该拐点在其他低温下存在变磁相变现象的锰氧化物的 $M(T)$中也能观察到。台阶状的变磁相变只发生在自旋阻塞温度 T_B以下。自旋阻塞温度以下的台阶状变磁相变和自旋阻塞温度以上的渐变型变磁相变都起源于 COOAF 相。这两种变磁相变的锐度及临界场大小之间的显著差异主要是由自旋在不同温度下属性的差异引起的。首次观察到了台阶状变磁相变的中间过渡点，这表明台阶状变磁相变并不是瞬时完成的。

参考文献

[1] Goodenough J B. Theory of the role of covalence in the perovskite-type manganites [La,M(II)] MnO_3. Phys. Rev. ,1955,100:564－573

[2] Tomioka Y, Asamitsu A, Moritomo Y, et al. Collapse of a charge-ordered state under a magnetic

field in $Pr_{1/2}Sr_{1/2}MnO_3$. Phys. Rev. Lett. ,1995,74:5108—5111

[3] Hejtmánek J,Jirák Z,Sebek J,et al. Magnetic phase diagram of the charge ordered manganite $Pr_{0.8}Na_{0.2}MnO_3$. J. Appl. Phys. ,2001,89:7413—7415

[4] Jirák Z, Krupička S, Šimša Z, et al. Double degeneracy and Jahn-Teller effects in colossal-magnetoresistance perovskites. J. Magn. Magn. Mater. ,1985,53:153

[5] Deac I G,Mitchell J F,Schiffer P. Phase separation and low-field bulk magnetic properties of $Pr_{0.7}Ca_{0.3}MnO_3$. Phys. Rev. B,2001,63:172408(5)

[6] Tokura Y, Kuwahara K, Moritomo Y, et al. Competing instabilities and metastable states in $(Nd,Sm)_{1/2}Sr_{1/2}MnO_3$. Phys. Rev. Lett. ,1996,76:3184—3187

[7] Sikora O,Oleś A M. Localization effects in disordered Kondo lattices. Physica B,2005,260: 359—361

[8] Kawano H,Kajimoto R,Yoshizawa H,et al. Magnetic ordering and relation to the metal-insulator transition in $Pr_{1-x}Sr_xMnO_3$ and $Nd_{1-x}Sr_xMnO_3$ with $x\sim 1/2$. Phys. Rev. Lett. , 1997, 78: 4253—4256

[9] Prokhorova V G,Kaminskya G G,Komashkoa V A,et al. Trapping of mobile Mu centers in single crystal AlN. Physica B,2003,334:430—433

[10] Li Y,Miao J P,Sui Y,et al. Phase separation,low-field magnetic and transport properties of $Pr_{0.75}Na_{0.25}Mn_{0.9}Fe_{0.1}O_3$. J. Magn. Magn. Mater. ,2006,305:247—252

[11] Uehara M,Mori S,Chen C H,et al. Percolative phase separation underlies colossal magnetoresistance in mixed-valent manganites. Nature,1999,399:560—563

[12] Jonker G H,Van Santen J H. Ferromagnetic compounds of manganese with perovskite structure. Physica,1950,16:337—349

[13] Li Y,Miao J P,Sui Y,et al. Synthesis,structural and transport properties of $Pr_{0.75}Na_{0.25}Mn_{1-x}Fe_xO_3$ ($0.0\leqslant x\leqslant 0.3$). J. Alloys Comp. ,2007,447(1—2):1—5

[14] Lamas D G,Caneiro A,Niebieskikwiat D,et al. Transport and magnetic properties of nanocrystalline $La_{2/3}Sr_{1/3}MnO_3$ powders synthesized by a nitrate-citrate gel-combustion process. J. Magn. Magn. Mater. ,2002,241:207—213

[15] Vladimirova E,Vassiliev V,Nossov A. Synthesis of $La_{1-x}Pb_xMnO_3$ colossal magnetoresistive ceramics from Co-precipitated oxalate precursors. J. Mater. Sci. ,2001,36:1481—1486

[16] Dezanneau G,Sin A,Roussel H,et al. Synthesis and characterisation of $La_{1-x}MnO_{3\pm\delta}$ nanopowders prepared by acrylamide polymerization. Solid State Commun. ,2002,121:133—137

[17] Liu J,Wang H,Zhu M,et al. Synthesis of $La_{0.5}A_{0.5}MnO_3$ (A=Sr,Ba) by a hydrothermal method at low temperature. Mater. Res. Bull. ,2003,38:817—822

[18] Aruna S T, Muthuraman M, Patil K C. Combustion synthesis and properties of strontium substituted lanthanum manganites $La_{1-x}Sr_xMnO_3$ ($0\leqslant x\leqslant 0.3$). J. Mater. Chem. , 1997, 7: 2499—2503

[19] Sahu R K,Rao M L,Manoharan S S. Ruthenium-induced enhanced magnetization and metal-insulator transition in two-dimensional layered manganites. J. Mater. Sci. ,2001,36:4099—4102

[20] Jirák Z, Hejtmánek J, Knížek K, et al. Structure and magnetism in the $Pr_{1-x}Na_xMnO_3$ perovskites ($0 \leqslant x \leqslant 0.2$). J. Magn. Magn. Mater., 2002, 250: 275－287

[21] Ahn K H, Wu X W, Liu K, et al. Magnetic properties and colossal magnetoresistance of La(Ca)MnO_3 materials doped with Fe. Phys. Rev. B, 1996, 54: 15299－15302

[22] Shannon R D. Revised effective ionic radii and systematic studies of interatomic distances in halides and chalcogenides. Acta Crystallogr., 1976, A32: 751－767

[23] 徐明祥，焦正宽. $(La_{2/3}Ca_{1/3})(Mn_{(3-x)/3}Fe_{x/3})O_3$体系磁电阻行为的研究. 无机材料学报，1999, 14(2): 307－311

[24] Kundaliya D C, Vij R, Kulkarni R G, et al. Structural, magnetic and magnetotransport properties of the $La_{0.67}Ca_{0.33}Mn_{0.9}Fe_{0.1}O_3$ perovskite. J. Magn. Magn. Mater. 2003, 264: 62－69

[25] Cai J W, Wang O, Shen B G, et al. Colossal magnetoresistance of spin-glass perovskite $La_{0.67}Ca_{0.33}Mn_{0.9}Fe_{0.1}O_3$. Appl. Phys. Lett., 1997, 71: 1727－1729

[26] Satoh T, Kikuchi Y, Miyano K, et al. Irreversible photoinduced insulator-metal transition in the Na-doped manganite $Pr_{0.75}Na_{0.25}MnO_3$. Phys. Rev. B, 2002, 65: 125103(4)

[27] Mahendiran R, Maignan A, Hébert S, et al. Ultrasharp magnetization steps in perovskite manganites. Phys. Rev. Lett., 2002, 89: 286602(4)

[28] Hardy V, Maignan A, Hébert S, et al. Calorimetric and magnetic investigations of the metamagnet $Pr_{0.5}Ca_{0.5}Mn_{0.95}Ga_{0.05}O_3$. Phys. Rev. B, 2003, 67: 024401(7)

[29] Maignan A, Hardy V, Martin C, et al. Abrupt jumps in the metamagnetic transitions of orbitally ordered manganites. J. Appl. Phys., 2003, 93: 7361－7363

[30] Mydosh J A. Spin Glasses: An Experimental Introduction. London: Taylor & Francis, 1993: 40－100

[31] Hardy V, Maignan A, Hébert S, et al. Observation of spontaneous magnetization jumps in manganites. Phys. Rev. B, 2003, 68: 220402(4)

[32] Yaicle C, Raveau B, Maignan A, et al. Effect of trivalent cation substitution for manganese upon ferromagnetism in $Ln_{0.57}Ca_{0.43}MnO_3$ (Ln＝Pr, Nd). Solid State Commun., 2004, 132: 487－492

[33] Yaicle C, Martin C, Jirak Z, et al. Neutron scattering evidence for magnetic-field-driven abrupt magnetic and structural transitions in a phase-separated manganite. Phys. Rev. B, 2003, 68: 224412(8)

[34] Cao G X, Zhong J C, Cao S X, et al. Magnetization step and spin reorientation in $Pr_{5/8}Ca_{3/8}MnO_3$ manganites. Appl. Phys. Lett., 2005, 86(4): 042507(3)

[35] Lumsden M D, Sales B C, Mandrus D, et al. Weak ferromagnetism and field-induced spin reorientation in $K_2V_3O_8$. Phys. Rev. Lett., 2001, 86: 159－162

[36] Tsujii N, Kitazawa H, Suzuki H, et al. Field-induced ferromagnetic transition in $PrInNi_4$. J. Phys. Soc. Jpn., 2002, 71: 1852－1856

[37] Lees M R, Barratt J, Balakrishnan G, et al. Influence of charge and magnetic ordering on the insulator-metal transition in $Pr_{1-x}Ca_xMnO_3$. Phys. Rev. B, 1995, 52: R14303－R14307

第 5 章 $Pr_{0.5}Ca_{0.5}Mn_{1-x}Al_xO_3$ 的制备及结构表征及磁电性质分析

5.1 样品的制备方法和测量原理

5.1.1 样品的制备

1. 高温固相法简介

用高温固相法制备固体材料具有设备简单，操作方便，成本较低等特点，所制备的固相样品具有极高的硬密度和很好的烧结特性。高温固相反应所需要的原料是固体材料，所生成的产物也是固体。在高温反应前，应首先将原料加工成微米大小的颗粒，并经过充分的混合，压制成片后在高温环境中烧结。高温反应分为两个阶段：一个是产物的成核阶段；一个产物核的生长阶段。在成核的过程中，构成原料的原子或离子要经过复杂的调整，从而转化为生成物，其间伴随着化学键的断裂和生成，因而反应需要很高的温度。一般来说，产物和原料的晶格结构差别越大，所需要的能量就越大，成核就越难。如果产物和原料的原子排列和键长相差不大，所需要的能量就相应的小一些，这时温度不高就可以发生反应。

在成核过程中，产物核的生长要靠反应原料的进一步扩散，因此原料能否有效扩散关系到反应的进一步进行，原料扩散的速率也影响了反应的速率。成核过程只在原料颗粒相互接触的表面发生，然而随着反应的进行，生成物会影响原料的进一步扩散，并且，扩散的难度会随反应的进行而逐渐加大。因此，提高原料的扩散速率是提高反应速度的一个有效方法，在具体的过程中，反应原料应尽量细化并压制成密度较高的块状固体，其目的都是使反应能够充分进行。一般地，高温固相反应会有重结晶现象，即原料和产物的晶粒各自不断地重新生长，这种现象也会抑制原料的扩散，进而增加进一步反应的困难。这就需要不断打碎这些晶粒并继续反应，因此高温固相反应需要反复的研磨。

2. 高温固相法制备 $Pr_{0.5}Ca_{0.5}Mn_{1-x}Al_xO_3$

本书采用高温固相法制备 $Pr_{0.5}Ca_{0.5}Mn_{1-x}Al_xO_3$（$x$=0，0.01，0.02，0.03，0.04，0.05，0.07）系列化合物。高温反应所用到的原料为纯度较高的 Pr_6O_{11}、CaO、MnO_2、Al_2O_3。以上原料均为固体粉末，使用前要经过预烧处理，以除去其中易挥发的杂质。将预烧过的样品严格按化学比例充分混合，压制成直径为 25mm、厚度为1.5mm的小圆片，压片过程中最高的压强为 20MPa，在 1100℃进行第一次烧结，恒温保持

24h。经过重新研磨、压片，在 1300℃进行第二次烧结，同样恒温保持 24h。为了使反应进行的充分彻底，在 1300℃的高温环境中共烧结三次，中间过程伴随着充分地研磨和压片。以上所有烧结过程均在空气中进行，恒温保持结束后，在样品自然降到室温时取出。

5.1.2　X 射线衍射结构分析

1. X 射线衍射原理

X 射线衍射分析法是结构分析中最普遍也是最有效的方法，随着科学技术的进步，如今的 X 射线衍射已经有变温 X 射线衍射、微区 X 射线衍射、小角 X 射线散射、高压 X 射线衍射和高分辨 X 射线衍射等附件，可以在各种极端的附加条件下对物质的晶体结构进行分析[1]。并且 X 射线衍射的应用范围变得越来越广，它可以分析的物质结构的深度也不断加大。

原理上，将被测样品对 X 射线相干散射的全部 X 射线叠加，得到合振幅并求平方，就是衍射强度。所得的衍射强度与被测样品的晶体结构是紧密联系的，被测样品的原子及其有序排列决定了所进行叠加的振幅和相位，因此衍射强度可以反映被测样品的结构，这就是用 XRD 对样品结构进行分析的理论根据。被测样品对入射的 X 射线产生衍射时，波长 λ、掠射角 θ 和晶格面间距 d 应该满足布拉格定律，即 $2d\sin\theta=n\lambda$。在实际的测量过程中用改变入射光波长 λ 和掠射角 θ 的方法来获得不同的衍射信息。根据改变 λ 和 θ 方法的不同，可将 X 射线衍射方法分为以下三种：劳厄法、转晶法和粉末法[2]。其中，粉末法用多晶体粉末作为被测样品而不改变入射光的波长。粉末状的被测样品可看成大量组合在一起的无规则取向的微晶，布拉格角 θ 可以取所有可能的值，因此始终会有某些平面能够满足 n 为任意值的布拉格反射条件，这样就可以获得足够的衍射强度信息，从而确定被测样品的结构。本书采用粉末法来测量样品的晶体结构。

2. 样品结构分析

本书主要是通过对研磨后的粉末样品进行 X 射线衍射测量，进行物相分析以及晶格参数测定。X 射线光源为 Cu 靶 K_α 射线，测量步长为 0.02°。图 5-1 给出了系列样品 $Pr_{0.5}Ca_{0.5}Mn_{1-x}Al_xO_3$（$x=0$，0.01，0.02，0.03，0.04，0.05，0.07）的室温粉末 XRD 谱图。由图可以看出，系列样品均为单相的正交结构，没有明显的杂相出现，峰位随 x 的增加也没有明显的变化，其中 33°附近主峰的具体位置已标出，随 Al^{3+} 离子掺杂量的增加，该峰位置并无明显的规律。同样，系列样品的晶胞参数基本相等，没有明显的变化规律，如表 5-1 所示。这是因为 Mn^{3+} 与 Al^{3+} 的离子半径相差不大（Al^{3+} 的离子半径 0.51Å，Mn^{3+} 的离子半径 0.58Å）[1-2]，因此晶胞参数没有明显变化。这表明 Al^{3+} 离子的掺杂几乎没有改变母相样品 $Pr_{0.5}Ca_{0.5}MnO_3$ 的晶体结构。

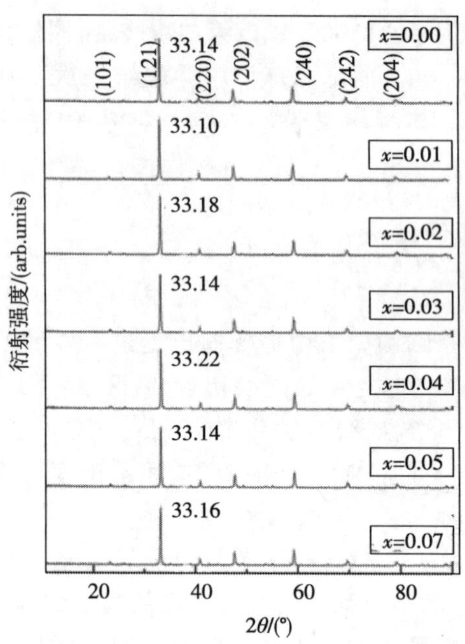

图 5-1　$Pr_{0.5}Ca_{0.5}Mn_{1-x}Al_xO_3$（$0\leqslant x\leqslant 0.07$）的粉末 XRD 谱图

表 5-1　$Pr_{0.5}Ca_{0.5}Mn_{1-x}Al_xO_3$（$0\leqslant x\leqslant 0.07$）的晶胞参数与晶胞体积

掺杂量	a/nm	b/nm	c/nm	V/nm^3
x=0.00	5.40296	7.62607	5.40701	222.79
x=0.01	5.40682	7.63169	5.40406	222.99
x=0.02	5.40075	7.62228	5.39916	222.26
x=0.03	5.40127	7.62648	5.40331	222.58
x=0.04	5.39766	7.61442	5.39514	221.74
x=0.05	5.40233	7.62826	5.39908	222.50
x=0.07	5.40326	7.61705	5.39896	222.20

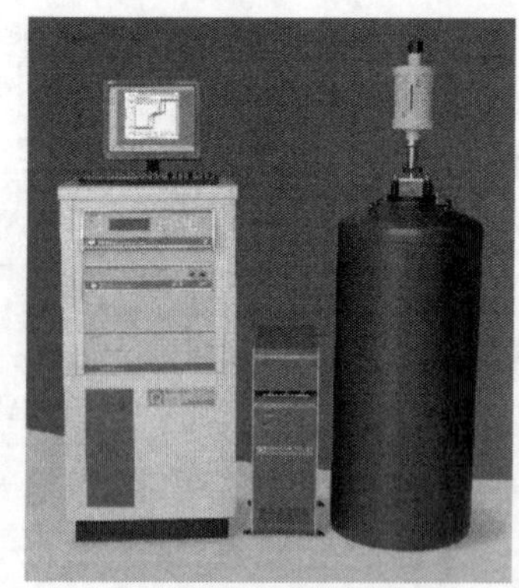

图 5-2　物理性质测量系统（PPMS）的实物示意图

5.1.3　电磁特性测量方法与原理

1. 电磁特性测量设备简介

磁性质和电输运特性的测量采用美国 Quantum Design 公司的 PPMS-9 物理性质测量系统来进行，如图 5-2 所示。该系统测量的温度范围为 2～300K，磁场范围为 0～9T，可以产生效果良好的真空测量环境，从而保证了较高的测量精度。

（1）PPMS 主要的技术指标：温度的测量范围为 2～300K，变温速率为 0.01～10K/min，温度的稳定性可达到±0.02%，测量精度为±0.5%；磁场的测量范围为 0.5mT～9T，并且磁场方向可变，磁场的变化速率为 0.01～20mT/s。

(2) PPMS 的功能和使用范围：PPMS 可以为被测样品提供高质量的真空环境，外部参数如温度、电压、磁场等可以快速地稳定到需要的位置，其使用范围主要用于测量直流电阻和交流电阻、伏安特性、直流磁化强度、交流磁化率、Hall 效应、比热及导热率。在本书中，PPMS 主要用来进行磁性质和电输运性质的测量，如磁化强度、交流磁化率、电阻率等。

2. 电输运测量方法与原理

电输运性质主要测量的是样品的电阻率随温度的变化关系，即 ρ-T 曲线，在本书中，首先测量无外加磁场时的情况，然后测量存在外加磁场时的情况。电阻率的测量采用典型的四引线测量法，具体的原理如图 5-3 所示。四个导流探针均匀地连接在待测样品上，用恒流源向外侧两个探针接入电流 I，并测出内侧两个探针间的电压 V，根据 V 和 I 就可以求出样品的电阻值 R，最后再转化成电阻率 ρ。

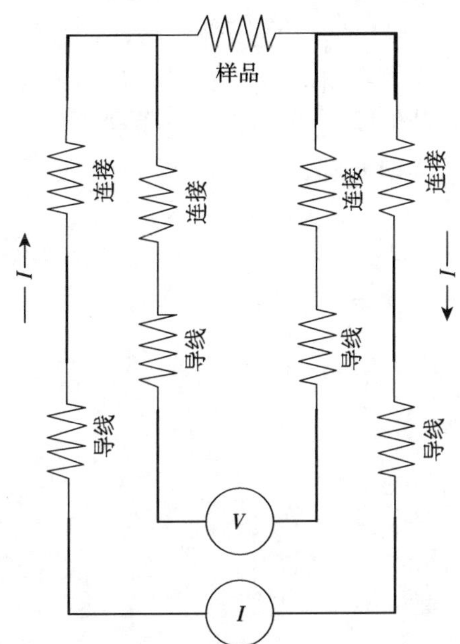

图 5-3　四引线法测量样品电阻率原理的示意图

图 5-4　PPMS 测量电阻所用的样品托的结构图

与传统的二引线测量电阻的方法相比，四引线法测量可以显著地降低引线的热电势和接触电阻等外界因素产生影响。特别是在所测量的样品的电阻值很小的情况下，引线电阻和接触电阻可以同样品电阻相类比，四引线法能够使得电流不流过电压表，这样测量所得的电压值和电流值只是待测样品的电压值和电流值，因此可以降低其他因素对结果的影响。PPMS 装置带有专门的样品托，如图 5-4 所示，一个样品托最多可以连接三个样品，分别连接到 1、2、3 通道上，测量时，这一托的三个样品可以在同一条件下同时测量。由于受到样品托大小的限制，被测样品的尺寸必须满足一定的条件，约为长 6mm，宽 2mm，厚 1mm，并且应形状规则，厚度均匀，如果样品过大，三个样品将很难连接在一个样品托上。

3. 磁特性测量方法与原理

图 5-5 是 PPMS 中磁性测量附件 ACMS 的结构的示意图。ACMS 的校准线圈能够有效地消除背景漂移，补偿线圈可以有效地消除环境的噪音，从而极大地提高测量精度。ACMS 既可以测量直流磁化强度又可以测量交流磁化率，并且可以在很高的精度上改变并记录样品的温度和外加场的强度。直流磁化强度是样品内所有磁矩的矢量之和，受外加磁场 H 和温度 T 的影响很明显，是 H 和 T 的函数，即 $M=M(H,T)$，测量交流磁化率时，并不是直接测量磁化率($\chi=M/H$)，而是测量样品磁化强度的对交流磁场响应，即 $\chi_{ac}=dM/dH$，其中，dM 是磁化强度的随交流磁场的变化量。ACMS 只是 PPMS 的一个应用选件，其安装和拆卸都十分简单，不用时可以快速地更换其他选件。测量时，样品被固定到专门的样品管中，该样品管和固定所有的胶带都是由磁信号很弱的材料制成，可以最大限度地减小对测量结果的干扰。所用样品的形状和尺寸受样品管的限制，一般为形状规则的长方体，长约 3mm，宽约 2mm，厚约 1mm，或圆柱体，高约 3mm，底面直径约 1.5mm。测量时，需要输入样品的质量，因此要首先测量出样品质量。

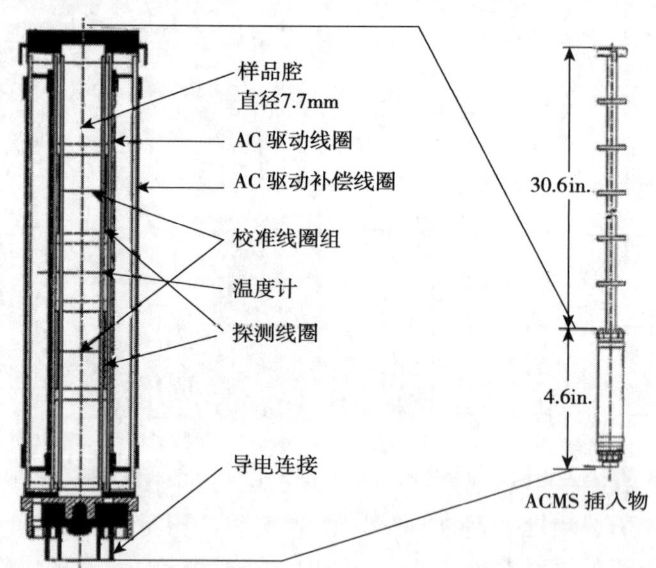

图 5-5 PPMS 中用来磁性测量的 ACMS 结构示意图

5.2 $Pr_{0.5}Ca_{0.5}Mn_{1-x}Al_xO_3$ 系列样品磁性质研究

所有的物质都具有磁性，磁性是物质的一种基本属性。磁性表现在宏观物体上有多种形式，如弱磁性的有抗磁性，顺磁性和反铁磁性，强磁性的有铁磁性等。产生上述这些宏观磁性的微观机理各不相同。在本书中，用 PPMS 所附带的 ACMS 来研究 $Pr_{0.5}Ca_{0.5}Mn_{1-x}Al_xO_3$ 系列样品的磁性质，具体研究的物理量有磁化强度、磁滞回线、交流磁化率等，主要研究 Al 掺杂量、温度、磁场对样品性质的影响。PPMS 可以提供出极端的测试条件，比如，磁场的测量范围为 −9～9T，温度的测量范围为 2～300K。

5.2.1　Al 掺杂对 $Pr_{0.5}Ca_{0.5}MnO_3$ 磁化强度的影响

对于一定大小的宏观物体，其内部有大量的磁偶极子，单位体积内磁偶极子的矢量之和就是该物体的磁化强度，其数值用 M 表示。磁化强度表征的是物体磁性的强弱，对本系列样品来说，其值受 Al 掺杂量、温度以及外加磁场的影响十分显著。

对于未掺杂的 $PrMnO_3$ 样品来说，材料内所有的锰离子都是 Mn^{3+} 离子，一个 Mn^{3+} 离子一共有 4 个 3d 电子，其电子组态为 $3d^4(t_{2g}{}^3e_g{}^1)$，其 t_{2g} 轨道上的 3 个电子是局域态，自旋为 3/2，e_g 轨道上的电子是非局域的巡游态，自旋为 1/2。而在半掺杂 $Pr_{0.5}Ca_{0.5}MnO_3$ 样品中，三价稀土 Pr^{3+} 离子数的一半被二价碱金属 Ca^{2+} 离子所取代，就会有一半的 Mn^{3+} 离子因此而变为 Mn^{4+} 离子，Mn^{4+} 离子的电子组态为 $3d^3(t_{2g}{}^3e_g)$，3 个局域态的电子位于 t_{2g} 轨道上，自旋为 3/2，e_g 轨道上出现空穴，这样两种 Mn 离子的个数相等，电荷有序最强。此时，e_g 轨道的电子数和空穴数相等，载流子在 Mn 离子之间跳跃最为容易。在载流子跳跃的过程中，e_g 轨道上电子的自旋方向保持不变，这就会引起锰位格点的自旋同向排列，样品因此而产生铁磁性，这就是样品中铁磁团簇产生的原因。

样品 $Pr_{0.5}Ca_{0.5}Mn_{1-x}Al_xO_3$ 在 $2K \leqslant T \leqslant 300K$ 范围内的磁化强度与温度的变化关系如图 5-6 所示。样品在零场下降温至 $T=2K$，加上大小为 $H=0.01T$ 的外磁场，在升温过程中测得样品的零场冷却磁化强度曲线。样品在 $H=0.01T$ 的外场下再次降温至 $T=2K$，在升温过程中测得样品的有场冷却磁化强度曲线。由于掺杂所引入的 Mn^{4+} 离子随机性地分布在样品中，因此由载流子交换引起的铁磁成分也会随机性地产生，低温下，体系中既有铁磁团簇，又有反铁磁团簇，两种成分共存并相互竞争。所以，样品在低温下是团簇玻璃态，在有场冷却的过程中，由于外加磁场的影响，样品中磁性离子的自旋就会沿外加磁场的方向排列而具有整体的方向性，宏观上表现为一种磁有序，随着温度的下降，这种磁有序被渐渐冻结，其磁化强度曲线就会保持水平而不下降，从而反映出样品所具有的铁磁性。然而，在零场冷却的过程中，磁性离子的自旋方向随机排列而不具有同一的方向，不存在被冻结的磁矩，升温后，铁磁团簇和反铁磁团簇仍然处于相互竞争的状态。表现在所测量的升温曲线上就是图 5-6 所示的有场冷却和零场冷却曲线的分叉现象，由于有场冷却的磁有序在该处冻结，该处的温度被称为冻结温度(freezing temperature)，用 T_f 表示，在本系列样品中约 55K。由图 5-6 可以看出，$Pr_{0.5}Ca_{0.5}Mn_{1-x}Al_xO_3$ 系列样品的零场冷却磁化强度与有场冷却磁化强度在冻结温度以上基本重合，在冻结温度以下，ZFC 磁化强度随温度的上升而呈现出上升趋势，FC 磁化强度随温度的上升而出现下降的趋势，这表明存在外加磁场的情况下，即使降到低温（2K）磁化强度也并未减少[36]。对母相 $Pr_{0.5}Ca_{0.5}MnO_3$ 而言，235K 附近的峰对应电荷有序，175K 附近的小峰对应长程 AFM 有序。样品在居里温度点以上为顺磁，在居里温度点以下铁磁团簇和反铁磁团簇共存并相互竞争。

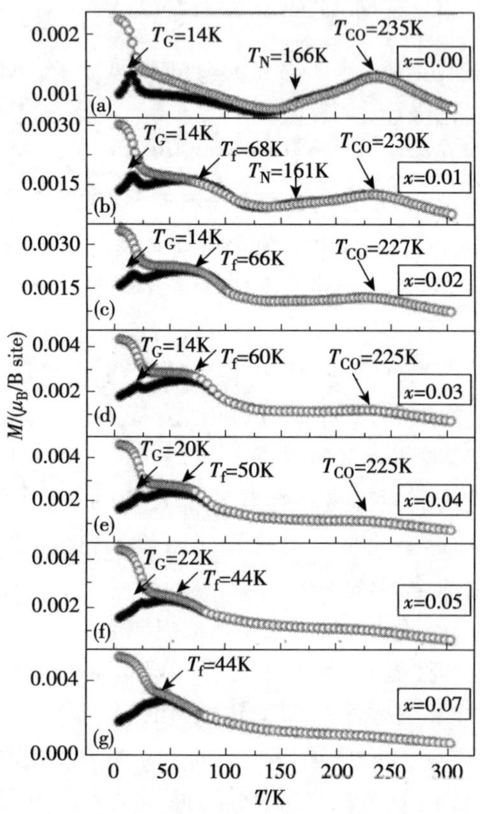

图 5-6 在 0.01T 场下测得的样品 $Pr_{0.5}Ca_{0.5}Mn_{1-x}Al_xO_3$（$0 \leqslant x \leqslant 0.07$）的 ZFC（ ）和 FC（ ）磁化强度与温度的关系曲线

其中，T_G 为自旋阻塞温度；T_{CO} 为电荷有序温度；T_N 为 AFM 相变温度；T_f 为冻结温度

作为非磁性离子，Al^{3+} 离子能够抵消一部分 Mn^{3+} 离子所产生的 Jahn-Teller 畸变，使得结构呈现出更好的对称性[4]。因此，电荷和轨道有序被减弱，同时可以在缺乏磁性离子的情况下产生铁磁团簇。如图 5-6 所示，随着 Al 掺杂量的增加，电荷有序和长程反铁磁有序处的磁化强度被强烈地抑制，然而在 $T=2K$ 处，样品的有场冷却磁化强度随着 Al 掺杂量的增加而变大。这表明，Al 杂质的掺杂抑制了反铁磁有序，铁磁有序因此而增强。T_{CO} 随 Al 掺杂量的增加而下降，同时，T_{CO} 处的磁化强度随 Al 掺杂量的增加而增大。

对于母相样品 $Pr_{0.5}Ca_{0.5}MnO_3$，在大约 14K 处观察到 AFM 自旋团簇的热阻塞温度 T_G，这与 Nair 和 Banerjee 的报道相似[5]。如图 5-6 所示，在其他掺杂 Al 的样品中，随着 Al 掺杂量的增加，该峰的强度逐渐降低。在电荷轨道有序的母相样品 $Pr_{0.5}Ca_{0.5}MnO_3$ 中，Al 掺杂会在 Mn-O-Mn 晶格中随机性地产生杂质，降低电荷有序的范围，导致电荷有序团簇的形成。随着温度的持续降低，反铁磁有序在这些团簇中稳定下来。随着 Al 掺杂量的增加，自旋阻塞温度 T_G 从 12K 增至 23K，这表明不同的样品间 AFM 团簇的大小产生了变化[5]。冻结温度 T_f 随 Al 掺杂量的增加而下降，但是，自旋阻塞温度 T_G 随 Al 掺杂量的增加而上升。总的来看，随 Al 掺杂量的增加，各个特征温度呈现出渐变的趋势。

5.2.2　Al 掺杂对 $Pr_{0.5}Ca_{0.5}MnO_3$ 磁滞回线的影响

磁场强度变化时，样品的磁化强度会呈现出一定的滞后现象，磁化强度随磁场强度变化所构成的闭合曲线就是磁滞回线。磁滞回线是磁性材料的又一个重要特征，可以反映样品的饱和磁化强度、剩余磁化强度、矫顽力等信息。为了测量样品在低温下的磁性，在温度为 2K，外加磁场为 −9～9T 的范围内，测量了 $Pr_{0.5}Ca_{0.5}Mn_{1-x}Al_xO_3$ 系列样品的磁滞回线，其结果如图 5-7 所示。

从图 5-7 中我们可以看到明显的磁滞现象，可以看出，该体系样品在 2K 下具有一定的铁磁性，随着 Al 掺杂量的增加，铁磁性逐渐增强。磁场的最大值为 9T，此时磁化强度仍然没有达到饱和，这表明，该样品的磁化曲线是铁磁成分和反铁磁成分相叠加的结果。这是团簇玻璃态样品的一个特征，这说明该系列样品在温度 2K 时处于团簇玻璃态，铁磁团簇与反铁磁团簇共存[6]。因此，我们认为 Al^{3+} 离子的掺入破坏了钙钛矿锰氧化物 $Pr_{0.5}Ca_{0.5}MnO_3$ 的长程有序反铁磁结构，形成了随机分布的局域的铁磁团簇或者铁磁极化子，加上样品中剩余的反铁磁成分，形成了样品中铁磁成分与反铁磁成分共存 的局面。随着 Al 掺杂量的增加，所形成的铁磁成分逐渐增加，剩余的反铁磁成分逐渐减少，从而造成了图 5-7 中磁滞回线随 Al 掺杂量的渐变行为。

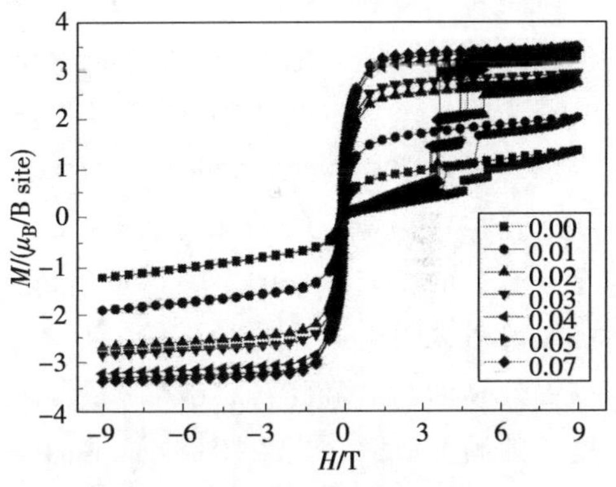

图 5-7　$Pr_{0.5}Ca_{0.5}Mn_{1-x}Al_xO_3$ $(0 \leqslant x \leqslant 0.07)$ 系列样品在 2K 下的 M-H 曲线

如图 5-7 所示，在所有的样品中均观察到了磁化强度的台阶状的变化，即变磁相变现象，并且，所有的样品均出现两个台阶。样品中存在着铁磁团簇和反铁磁团簇，对于磁滞回线的第一分支来说，低场下，磁化强度的增加是由于样品内铁磁团簇的方向沿外场方向排列引起的，在台阶处，发生反铁磁相-铁磁相的转变，造成了磁化强度台阶状的变化[7]。过去，在 $Pr_{0.57}Ca_{0.43}Mn_{1-x}Ga_xO_3$ 等钙钛矿锰氧化物体系中曾观察到类似的实验现象，即磁化强度的阶跃行为[4,8]。从回线的第二分支开始，随着磁场的变化，样品的磁化强度不再出现类似第一分支的台阶状变化，其行为类似于均匀的铁磁体。另外，可以看出，磁滞回线的第三分支不再产生类似第一分支的台阶状变化，这是铁磁成分保留下来的结果。这表明磁场诱导而产生的铁磁态是不可逆的，即磁场减小后，并未发生反向的转变。随着 Al 掺杂量的增加，台阶向低场方向移动，并变得更加陡峭。这也表明掺入 Al^{3+} 离子破坏了 $Pr_{0.5}Ca_{0.5}MnO_3$ 原来的长程反铁磁有序结构，使得外加磁场诱导铁磁态的产生变得更加容易一些。

5.2.3 Al 掺杂对 $Pr_{0.5}Ca_{0.5}MnO_3$ 交流磁化率的影响

测量频率的改变也就是测量的时间发生变化，因此，人们常用交流磁化率的测量来表征样品的动力学信息。众所周知，交流磁场的方向不断发生变化，交流磁化率就是样品的磁化强度随着外加磁场改变方向的响应。冻结温度与交流磁化率的行为密切相关，随着测量频率的增大，自旋冻结温度向高温移动，是测量频率的函数。

1. Al 掺杂对 $Pr_{0.5}Ca_{0.5}MnO_3$ 交流磁化率实部的影响

图 5-8 显示的是 $Pr_{0.5}Ca_{0.5}Mn_{1-x}Al_xO_3$ 交流磁化率的实部(χ')在不同频率下随温度的变化关系。随着 Al 掺杂量的增加，交流磁化率实部(χ')的值呈增加趋势。这一行为同直流场下磁化强度随 Al 掺杂量的变化规律类似。如图 5-8 所示，在约 20K 处出现一个明显的峰，该峰处磁化率的强度随着 Al 掺杂量的增加而逐渐减弱。事实上，随 Al 掺杂量的增加，该峰从 12K 变化至 23K 处。这一行为同自旋阻塞温度是相互联系的。55K 处的主峰对应着冻结温度 T_f。这一温度比零场冷却下直流磁化强度的最大值略大一些。随着 Al 掺杂量的增加，该峰处的强度极值略微下降并向高温处移动。这既和自旋玻璃一致，又和团簇系统一致[3,9-10]。内置图(1)是冻结温度处的局部放大。内置图(2)显示的是冻结温度 T_f 同频率对数 $\ln\omega$ 的关系，其斜率 $P=\Delta T_f/(T_f\Delta\log_{10}\omega)$。

对于 $x=0$ 的样品，在冻结温度处仅有拐点出现，而不像其他样品那样出现一个极值。对于其他的样品而言，如表 5-2 所示，在 $x\leqslant0.03$ 和 $x\geqslant0.04$ 范围内，P 随 Al 掺杂量的增加而下降，但在 $0.03\leqslant x\leqslant0.04$ 范围内，P 随 Al 掺杂量的增加而增加。从 P 值的大小来看，本系列样品的 P 值远低于标准绝缘自旋玻璃系统。对于自旋玻璃系统来说，P 值在 $0.0045\leqslant P\leqslant0.08$ 范围内。尽管 P 值在自旋玻璃的范围内，但比标准的绝缘的自旋玻璃系统 $0.06\leqslant P\leqslant0.08$ 小得多。T_f 随频率的变化提供了一个可能的用于区分典型自旋玻璃系统、类自旋玻璃系统及超顺磁系统的标准，然而当 P 值处于边界状态时，这一标准并不十分有效。即使样品的 P 值相对超顺磁而言较低，如果团簇之间存在较弱的相互作用，样品依然可以在超顺磁的框架内处理。然而，T_f随频率变化用粒子间无弱相互作用的 Arrhenius 法则（该法则适用于超顺磁）$\omega=\omega_0\exp[E_a/(k_BT_f)]$描述时，得不出具有物理意义的参数数值[11]。这说明粒子间存在弱相互作用。因此，从冻结温度 T_f 与频率 ω 的关系可以得到这样的结论，即 $Pr_{0.5}Ca_{0.5}Mn_{1-x}Al_xO_3$ 系列样品既不是传统的绝缘的自旋玻璃，也不是简单的超顺磁。

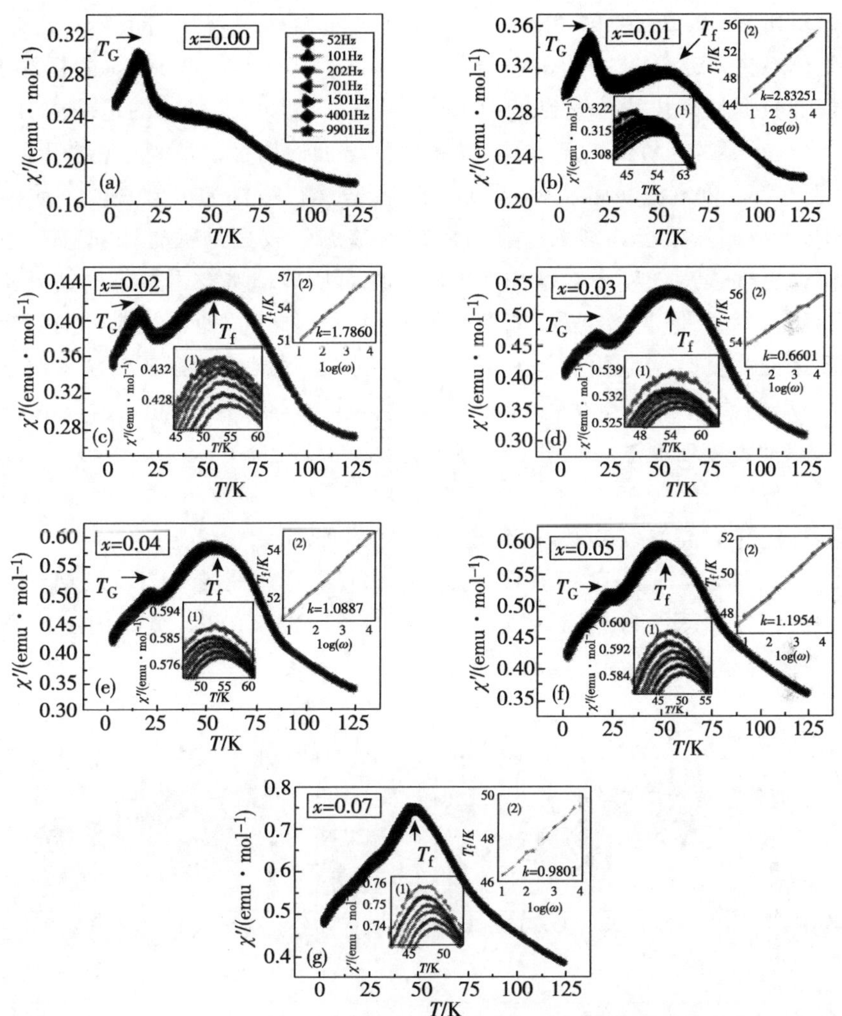

图 5-8 样品 $Pr_{0.5}Ca_{0.5}Mn_{1-x}Al_xO_3$在不同频率下的交流磁化率的实部随温度的变化关系

其中，交流磁场为 0.0005T；T_f和 T_G分别为冻结温度和自旋阻塞温度；内置图(1)是主峰的局部放大图；内置图(2)显示冻结温度 T_f同频率对数的关系

表 5-2 样品 $Pr_{0.5}Ca_{0.5}Mn_{1-x}Al_xO_3$ ($0\leqslant x\leqslant 0.07$) 不同 Al 掺杂量所对应的 P 值大小

x	0.01	0.02	0.03	0.04	0.05	0.07
P	0.05316	0.0337	0.012	0.0356	0.0239	0.02

2. Al 掺杂对 $Pr_{0.5}Ca_{0.5}MnO_3$ 交流磁化率虚部的影响

样品 $Pr_{0.5}Ca_{0.5}Mn_{1-x}Al_xO_3$ 的交流磁化率虚部(χ'')在不同频率下随温度的变化关系如图 5-9 所示。其中,交流磁场大小为 0.0005T。对于 $x=0$,0.01,0.02 的样品而言,T_f处的峰的强度随频率的增加而增加。这是自旋玻璃[12]和团簇玻璃[3,9]的共同特征。考虑到实部的数据,可以得出如下结论:样品 $x=0$,0.01,0.02 的基态是团簇玻璃。对于 $x=0.05$,0.07 的样品而言,该峰随频率的增加而下降。这是电荷有序反铁磁体系中产生铁磁团簇的相分离态[12]。对于 $x=0.03$,0.04 的样品而言,该峰处的虚部数据呈现出更为复杂的行为,该峰强度在 $\omega\leqslant701$Hz 的范围内,随频率的增加而下降,在 $\omega\geqslant701$Hz 的范围内,随频率的增加而增加。所得的数据用物理性质测量系统 PPMS 重复测量多次,结果显示该数据具有很好的可重复性。或许在这两个样品中,铁磁团簇的分布较大。在自旋玻璃基态中较大的铁磁团簇会产生相分离基态并使得虚部强度随频率的增加而下降。在自旋玻璃基态中较小的铁磁团簇会起团簇玻璃的作用并使得虚部强度随频率的增加而下降。这两种效应之间的竞争导致了虚部数据如此复杂的变化趋势。可能是大的铁磁团簇效应在某些频率范围内占主导作用,而小的铁磁团簇在另一些频率范围内占主导。由此可知,样品 $x=0.03$,0.04的基态是团簇玻璃基态向相分离基态转变的转变态。其中,$x=0.02$ 的样品的基态是团簇玻璃,$x=0.05$ 的样品的基态是相分离态。随着 Al 掺杂量的增加,T_G处的峰受到抑制并向高温区移动,变化趋势如图 5-9 所示。

在约 5K 处发现一个小峰,在图 5-9 中标为 T_B,也就是传统自旋玻璃材料和相分离材料中的铁磁团簇的自旋阻塞温度。其强度在 $\omega\leqslant1501$Hz 范围内随频率的增加而增加,并随着频率的继续增加而减小。

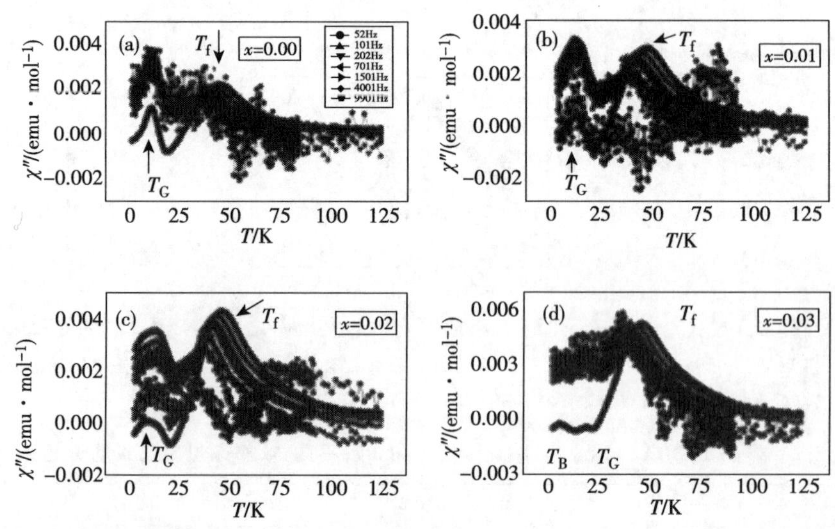

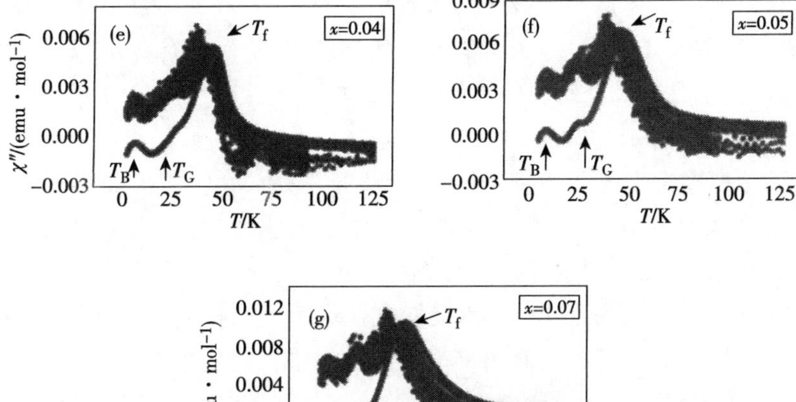

图 5-9　样品 $Pr_{0.5}Ca_{0.5}Mn_{1-x}Al_xO_3$ 在不同频率时交流磁化率的实部随温度的变化关系（其中，交流磁场为 0.0005T）

5.3　$Pr_{0.5}Ca_{0.5}Mn_{1-x}Al_xO_3$ 系列样品电输运性质研究

样品中的载流子在外加电场的作用下会发生定向移动，同时，载流子的移动也会受到的晶格散射、晶格缺陷等因素的影响。稳定的电流是上述正反两种因素相互平衡的结果。本章首先研究样品的电阻率随温度的变化关系，最后研究存在外加磁场时的情况及 CMR 效应。

(1) CMR 效应的理论研究：通过对本系列样品的磁电阻的研究可以发现本系列样品存在显著的 CMR 效应，特别是对 $x=0.03$，0.04，0.05 的样品来说，其 CMR 的值可达 10^5 数量级。该系列样品的 CMR 的最大值不是像常规锰氧化物那样出现在居里温度附近，而是出现在低温区域，大约位于 170K 以下，也就是说，该类材料的 CMR 效应在高场低温区域尤为明显，因此，正确理解该类 CMR 效应的形成机理具有很重要的意义。通常，人们用双交换模型来解释掺杂型锰氧化物的 CMR 效应，进一步的研究发现，Mn^{3+} 离子周围的晶格畸变引起的能量波动对低温下的 CMR 效应影响很大，所以应当综合考虑这两个方面的因素。

(2) 双交换模型：用双交换作用的机理可以定性地解释钙钛矿掺杂锰氧化物中的绝缘-金属转变和庞磁电阻效应。如前所述，在钙钛矿锰氧化物 $PrMnO_3$ 中，如果用一个碱金属 Ca^{2+} 离子去代替一个稀土 Pr^{3+} 离子，形成半掺杂的 $Pr_{0.5}Ca_{0.5}MnO_3$，将会使一个 Mn^{3+} 离子变成 Mn^{4+} 离子，Mn^{3+} 离子和 Mn^{4+} 离子有很大的区别，Mn^{4+} 离子只有 3 个价电子，这 3 个电子位于 t_{2g} 轨道而形成 3/2 的局域态电子自旋，其 e_g

轨道上出现空穴。如果锰氧化物 $PrMnO_3$ 中所有 Pr^{3+} 离子都被 Ca^{2+} 离子所取代，$PrMnO_3$就会变成 $CaMnO_3$，那么体系中只有 Mn^{4+} 离子而没有 Mn^{3+} 离子，由于缺少巡游电子，该体系会变成反铁磁绝缘体。而在母相样品 $Pr_{0.5}Ca_{0.5}MnO_3$ 中，只有一半的 Mn^{3+} 离子会变成 Mn^{4+} 离子，Mn^{3+} 离子与 Mn^{4+} 离子的数量相等。巡游电子的运动可以用双交换模型来解释[13,14]，具体的交换过程是，Mn^{3+} 离子的一个 e_g 电子跃迁到相邻的 O^{2-} 离子，同时，该 O^{2-} 离子的一个电子跃迁到 Mn^{4+} 离子的 e_g 轨道的空穴上，两个电子的交换几乎同时进行，因此称“双交换”。

Mn^{4+} 离子的 e_g 轨道上是空穴，因此双交换作用不会使 e_g 电子的能量发生变化，只是会使该交换的 e_g 电子和局域自旋电子的洪德耦合能发生变化。如果 Mn^{3+} 离子和 Mn^{4+} 离子的局域自旋的夹角是 θ_{ij}，Mn^{3+} 离子中 e_g 轨道的电子与其局域自旋相平行，则其洪德耦合能是 $-J_H$。当该电子进入 Mn^{4+} 离子的 e_g 轨道时，其自旋与 Mn^{4+} 离子的局域自旋的夹角是 θ，从而使洪德耦合能增加为 $J_H(1-\cos\theta_{ij})$，θ_{ij} 越大，e_g 电子在交换过程中所需要的能量也就越大。所以，e_g 电子在双交换过程中的跃迁能量由夹角 θ_{ij} 的大小决定，$\theta_{ij}=\pi$ 时最小，$\theta_{ij}=0$ 时最大。从上面的讨论可以看出双交换作用的内涵，首先，是铁磁有序的晶格环境有助于 e_g 电子的交换，其次，e_g 电子的交换作用会促使相应的 Mn 位格点局域自旋同向化，从而促使铁磁有序的产生。所以在双交换作用下，铁磁有序和巡游性都来自于 e_g 电子运动的交换，尤其是铁磁有序的产生需要双交换作用产生的铁磁性超过体系原有的反铁磁性。因此，Mn^{3+} 离子与 Mn^{4+} 离子的比值及其平均半径对双交换作用产生重要的影响。

(3) 晶格畸变的 Jahn-Teller 效应：钙钛矿锰氧化物因其表现出的 CMR 效应而引起研究人员的长期关注，人们不但进行了大量的实验研究，也在理论方面下了不少功夫。起初，人们用双交换作用来解释该体系的 CMR 效应，然而研究发现，该类材料的磁电性质与其晶体结构的关系很大。Millis 最早提出只用双交换模型难以解释钙钛矿锰氧化物电阻率行为的结论，并指出需要考虑到晶格畸变所产生的电声子作用[15]。在钙钛矿锰氧化物中，MnO_6 八面体中合作的 Jahn-Teller 畸变能够产生轨道有序并使晶格参数发生改变。特别是对本系列样品来说，既存在 A 位 Pr^{3+} 离子与 Ca^{2+} 离子的差异，又存在 B 位 Mn^{3+} 离子与 Mn^{4+} 离子的差异，再加上 Al^{3+} 离子的影响，体系中会发生严重的晶格畸变，特别是 Mn^{3+} 离子周围的 Jahn-Teller 晶格畸变，这对体系的电荷有序和载流子的运动产生很大的影响。对于本系列样品来说，晶格畸变首先使电子的能级发生分裂，电子因能量最低原理而优先占据较低的能级，电子的能量因而小于分裂前的能量；其次，晶格畸变使晶格的弹性势能增大。总的来说，$Pr_{0.5}Ca_{0.5}Mn_{1-x}Al_xO_3$ 体系的总能量的改变是这两种因素相互叠加的结果。因此，考虑到 Jahn-Teller 晶格畸变的影响，可以更好地理解钙钛矿锰氧化物体系物理现象的成因。

5.3.1　Al 掺杂对 $Pr_{0.5}Ca_{0.5}MnO_3$ 电阻率的影响

图 5-10 给出了 $Pr_{0.5}Ca_{0.5}Mn_{1-x}Al_xO_3$ 系列样品在无外加磁场时的电阻率随温度的变化关系，即 $\rho(T)$ 曲线，纵坐标是对数形式而非线性。温度的测量范围为 2～300K，采用的是四电极法。图中只显示了温度在约 50K 以上的实验数据，随着温度的降低，实验数据超出测量的量程。

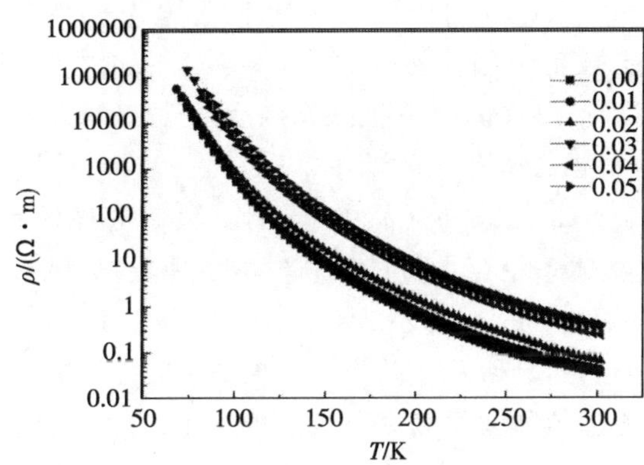

图 5-10　$Pr_{0.5}Ca_{0.5}Mn_{1-x}Al_xO_3$ $(0\leqslant x\leqslant 0.05)$ 系列样品在零磁场下的电阻率随温度的变化关系曲线

由图 5-10 可以看出，本系列样品的电阻率在所测量的温度范围内随温度的升高而下降，即 $d\rho/dT<0$，没有出现所谓的绝缘体-金属的转变峰，因此本系列样品在零磁场时始终为半导体性质。电阻率取对数后，与温度近似呈反比关系，为简洁起见，图中未给出相应的拟合曲线。对同一测量温度下样品的电阻率而言，低掺杂的样品的电阻率较小，随着 Al 掺杂量的增加，电阻率逐渐加大。早期的研究所提供的影响电阻率的因素有晶格缺陷、晶格无序和晶界等。研究人员在以后的研究中发现，电声子的相互耦合作用对半导体的电输运行为和载流子的局域化影响很大。在钙钛矿结构的锰氧化物体系中，电声子的耦合作用因 Jahn-Teller 晶格畸变效应而增强。在高温部分，磁有序因热激发而减弱，电声子的相互耦合作用才突显出来，从而引起了载流子的局域化。

其实，不同的实验小组对高温顺磁区影响电阻率的因素看法不尽相同。近些年来，人们在这方面进行了大量的实验，证实了顺磁态极化子的存在。例如，Hundley 等通过分析掺杂型锰氧化物 $La_{0.7}Ca_{0.3}MnO_3$ 的霍尔效应发现，体系中电子的平均自由程很短，且不超过一个晶格常数，因此其迁移率很小，传统的能带输运模型不能解释其导电行为[16]。他们认为，该体系的电输运行为主要靠极化子最近邻跳跃来完成。其他的一些研究成果也证实了小极化子可以在高温顺磁态产生，如热电势测量[17]、同位素效应[18]等。因此，小极化子模型逐渐得到人们的信任，用来解释相应的电输运性质。在固体中，电子的运动不可避免地受到晶格振动的影响。电声子的耦合作用是其中的一个方面。另一方面，对某一电子来说，其周围的晶格将因库仑作用而发生极化，负离子被排斥，正离子被吸引。正负离子因此发生相对位移，极化的电场也因此而围绕着该电子生成。与此同时，该极化电场也会影响电子，使电子的能级发生改变，并最终影响电子在晶格中的运动行为。这样，相互作用的电场与电子就共同组成了一个整体，称为极化子。Holstein 假设阳离子在所有晶格的位置上有序排列，并且所具有的能量相等，在此基础上提出了小极化子的运动模型理论[19]。该模型同时假定每一个晶格点上的载流子具有相同的电声子耦合强度，晶格的格点所形成的极化子间没有相互作用。然而，在本系列样品中，同时存在 Mn^{3+} 离子和 Mn^{4+} 离子，并且这两种离子在晶格中随机分布，由于掺杂混价离子的原因，晶格无序导致样品内部存在着很强的磁和电的无序。

在 $Pr_{0.5}Ca_{0.5}Mn_{1-x}Al_xO_3$ 系列样品中，影响电阻率的原因可能有以下几个。首先是 Jahn-Teller 效应，体系中存在大量的同位混价现象，如 A 位的 Pr^{3+} 离子和 Ca^{2+} 离子，B 位的 Mn^{3+} 离子和 Mn^{4+} 以及掺杂的 Al^{3+} 离子。这些离子不仅化合价不同，半径也不同，从而使样品的晶格发生畸变。同时，畸变的晶格会产生畸变电场，如上所述，体系中巡游电子会与周围的畸变场组成极化子。然而如果畸变电场较大，势阱足够深，其内的电子将会被极化场束缚起来而处于局域态。其次，在本系列样品中，特别是 Al 掺杂量较高的样品中，大量的混价离子会体系内库仑势发生涨落，这也会影响巡游电子的运动，从而对样品的电阻率产生影响。再者，对于实际存在的多晶样品而言，其晶粒的边界会产生能量势垒，从而在一定程度上影响样品的电阻率。在本系列样品中，掺杂的 Al^{3+} 离子实际上是随机性地取代体系中的 Mn^{3+} 离子。这就相当于减少了样品中空穴的数量，抑制了电子和空穴的双交换作用，从而加剧了载流子的局域化，使得电阻率随 Al 掺杂量的增加而增大。

5.3.2 磁电阻效应的研究

磁电阻效应指的是存在外加磁场时，样品的电阻率将会发生十分明显的改变。这种电阻率随外加磁场的改变而改变的现象就是磁致电阻效应，通常也称为磁电阻(magnetoresistance，MR)效应。一般用磁电阻的比率的数值来表征 MR 效应的大小，其数值的大小可用以下两种表达式计算。

$$MR=[\rho(H)-\rho(0)]/\rho(0)\times 100\%$$

$$MR=[\rho(H)-\rho(0)]/\rho(H)\times 100\%$$

式中，$\rho(0)$和 $\rho(H)$分别代表无外加磁场和存在外加磁场时的电阻率值。在实际的样品中，加上磁场后，其电阻率可能增大也可能减小，通常根据磁电阻数值的正负而将磁电阻效应分为正的磁电阻效应和负的磁电阻效应。例如，在本书研究的样品中，MR 既有正值，又有负值。为了方便表述，一般使用磁电阻的绝对值。从以上两个式子可以看出，在第一个式子中，当 $\rho(H)$与 $\rho(0)$相比很小时，MR 的值接近 100%，无法表达 MR 数值随 $\rho(H)$ 的相对变化，而第二个式子中的 MR 的值却可以超出 100%，从而更加明显地体现 MR 数值随 $\rho(H)$ 的相对变化，因此在本书中使用第二个式子来计算样品的 MR 值。

图 5-11 展示的是 $Pr_{0.5}Ca_{0.5}Mn_{1-x}Al_xO_3$ 系列样品在外加磁场为 5T 时样品的电阻率随温度的变化关系。可以看出，样品在低温部分的电阻率均出现了不同程度的下降，在温度约为 140K 的附近出现一个明显的峰。温度下降的过程中，样品在该峰处发生典型的绝缘体-金属转变，从绝缘体转变成金属导体，电阻率的值相对于无外加磁场情况下的值明显地减小。掺杂 Al 使得转变峰处电阻率的值和位置均发生了变化，随 Al 掺杂量的增大，该峰向低温移动，峰处的电阻率的值却逐渐升高。为了清楚地表示不同样品的磁电阻的大小，图 5-12 和图 5-13 分别显示了不同掺杂量的样品的磁电阻随温度的变化关系。在高温部分，各个样品均呈现出不同程度的正的磁电阻，即加上外磁场后，电阻率的值增大。随着温度的下降，MR 的值逐渐增大至最大值。然而，随着温度的继续降低，磁电阻的值开始减小并迅速变为负值，并且其绝对值急剧增大。例如掺杂量为 $x=0.03$ 的样品，其磁电阻的数值高达 120000%。对本系列样品来说，温度对磁电阻的影响十分显著，特别是低温下，磁电阻的值可以与文献报道的值相类比。究其原因，晶格的振动随温度的下降而减弱，其对载流子的散射作用也随之减弱。在外加磁场的作用下，电子自旋的方向沿磁场方向排列，这加剧了载流子的退局域化，进而使得电阻率显著下降，磁电阻效应明显增强。相反在零场下，自旋团簇随温度的下降而不断地冻结在在随机的方向上，会使得电阻率不降反升。同时，在外加磁场的作用下，体系发生反铁磁相-铁磁相的转变，这也使得电子的移动更为容易，进而使得磁电阻随着温度的降低而大为增加，直到出现最大值。总之，掺杂 Al^{3+} 离子使得磁电阻数值增大，引起这种现象的原因是 Al^{3+} 离子的掺入加上外加磁场的影响使得铁磁团簇增加，电子的巡游性增大，部分载流子退局域化，使得电阻率的值下降。

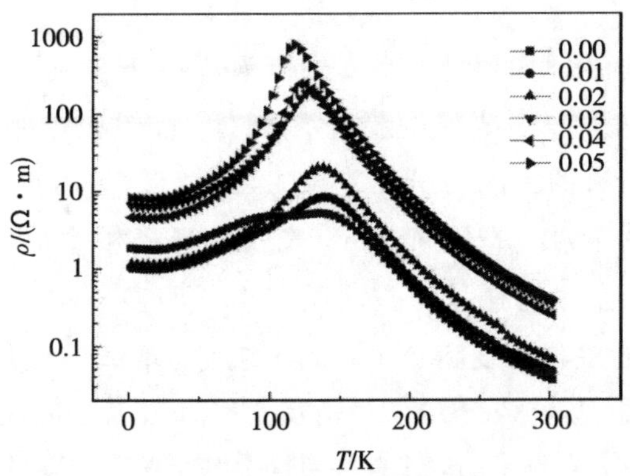

图 5-11　$Pr_{0.5}Ca_{0.5}Mn_{1-x}Al_xO_3$ ($0\leqslant x\leqslant 0.05$) 样品在磁场为 5T 时的电阻率随温度的变化关系曲线

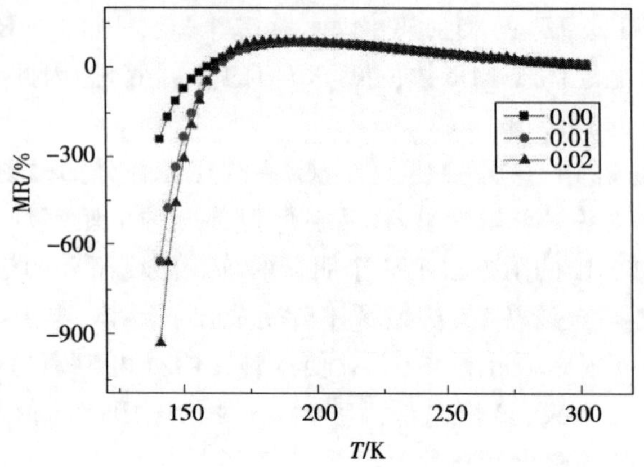

图 5-12　样品 $Pr_{0.5}Ca_{0.5}Mn_{1-x}Al_xO_3$ 的磁电阻随温度的变化(其中,x=0,0.01,0.02)

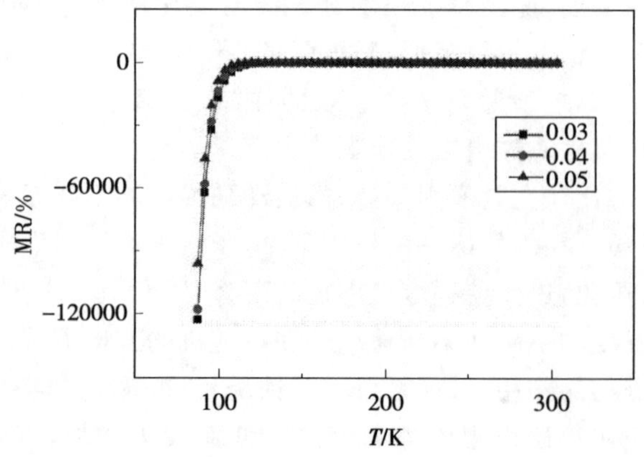

图 5-13　样品 $Pr_{0.5}Ca_{0.5}Mn_{1-x}Al_xO_3$ 的磁电阻随温度的变化(其中,x=0.03,0.04,0.05)

5.4 本章小结

为研究钙钛矿锰氧化物的性质,本书用高温固相法合成了 $Pr_{0.5}Ca_{0.5}Mn_{1-x}Al_xO_3$ ($0 \leqslant x \leqslant 0.07$)系列样品。主要研究掺杂量和外加磁场、电场对样品性质的影响。XRD 测试结果表明所有的样品均呈现单相的正交结构。由于 Al^{3+} 离子取代的是体系中的 Mn^{3+} 离子,并且 Al^{3+} 离子和 Mn^{3+} 离子的半径相差很小,样品的晶格参数并无明显的变化。Al 掺杂量对样品的磁性质产生了明显影响。T_{CO} 随 Al 含量的增加而下降,同时,T_{CO} 处的磁化强度随 Al 含量的增加而增大。低温下,体系中既有铁磁团簇,又有反铁磁团簇,两种成分共存并相互竞争。这也是造成有场冷却和零场冷却的曲线在冻结温度处分叉的原因,在本系列样品中,冻结温度约为 55K。作为非磁性离子,随着 Al 掺杂量的增加,电荷有序和长程反铁磁有序处的磁化强度被强烈地抑制。2K 下，磁滞回线的第一分支出现两个台阶。样品中存在着铁磁团簇和反铁磁团簇，对于磁滞回线的第一分支来说，低场下，磁化强度的增加是由于样品内铁磁团簇的方向沿外场方向排列引起的，在台阶处，磁化强度的阶跃是反铁磁相-铁磁相的转变引起的。交流磁化率的自旋冻结温度随着频率的增大而向高温移动，是频率的函数。随着 Al 掺杂量的增加，交流磁化率实部的值呈增加趋势，这一行为同直流场下磁化强度随 Al 掺杂量的变化规律类似。$x=0$,0.01,0.02 的样品的基态是团簇玻璃。$x=0.05$,0.07 的样品在 T_f 处的峰随频率的增加而下降，这是因为电荷有序反铁磁体系中产生铁磁团簇的相分离态。$x=0.03$,0.04 的样品的基态是团簇玻璃基态向相分离基态转变的转变态。其中，$x=0.02$ 的样品的基态是团簇玻璃，$x=0.05$ 的样品的基态是相分离态。

在整个测量的温度范围内，样品的电阻率随温度的升高而始终降低，为半导体的性质，没有出现绝缘体-金属的转变。在同一温度下，低掺杂的样品的电阻率较小，随着 Al 掺杂量的增加，电阻率逐渐加大，这是因为 Al^{3+} 离子取代 Mn^{3+} 离子减少了体系中的空穴。加上 5T 的磁场后，样品在约 140K 附近发生典型的绝缘体-金属转变，低温下的电阻率显著下降。随 Al 掺杂量的增大，该峰向低温移动，峰处的电阻率的值逐渐升高。在高温部分，各个样品均呈现出不同程度的正的磁电阻。然而，随着温度降低，磁电阻变温负值，并且其绝对值急剧增大。这是由于，晶格的振动随温度的下降而减弱，其对电子等载流子的散射作用也随之减弱。存在外磁场时，电子自旋的方向沿外磁场方向排列，这加剧了载流子的退局域化，样品的电阻率才显著下降，磁电阻效应从而明显增强。总的来看，对不同掺杂量的样品来说，掺杂 Al^{3+} 离子使得磁电阻数值增大。引起这种现象的原因是 Al^{3+} 离子的掺入加上外加磁场的影响使得铁磁团簇增加，电子的巡游性增大，部分载流子退局域化，使得电阻率下降。

参考文献

[1] Jonker G H, Van Santen J H. Ferromagnetic compounds of manganese with perovskite structure. Physica, 1950, 16(3): 337－349

[2] Banerjee A, Mukherjee K, Kumar K, et al. Ferromagnetic ground state of the robust charhge-ordered manganite $Pr_{0.5}Ca_{0.5}MnO_3$ obtained by minimal Al substitution. Physical Review B, 2006, 74(224445): 1－5

[3] Dormann J L, Cherkaoui R, Spinu L, et al. From pure superparamagnetic regime to glass collective state of magnetic moments in γ-Fe_2O_3 nanoparticle assemblies. Journal of Magnetism and Magnetic Materials, 1998, 187(2): L139－L144

[4] Yaicle C, Raveau B, Maignan A, et al. Effect of trivalent cation substitution for manganese upon ferromagnetism in $Ln_{0.57}Ca_{0.43}MnO_3$ (Ln＝Pr, Nd). Solid State Communications, 2004, 132: 487－492

[5] Nair S, Banerjee A. Formation of finite antiferromagnetic clusters and the effect of electronic phase separation in $Pr_{0.5}Ca_{0.5}Mn_{0.975}Al_{0.025}O_3$. Physical Review Letters, 2004, 93(117204): 1－4

[6] Yao X, Jin Y, Li M, et al. Coexistence of superconductivity and ferromagnetism in $La_{1.85}Sr_{0.15}CuO_4$-$La_{2/3}Sr_{1/3}MnO_3$ matrix composites. Journal of Alloys and Compounds, 2011, 509: 5472－5476

[7] Mahendiran R, Maignan A, Hébert S, et al. Ultrasharp magnetization steps in perovskite manganites. Physical Review Letters, 2002, 89(28): 286602－286605

[8] Hardy V, Majumdar S, Lees M. R, et al. Power-law distribution of avalanche sizes in the field-driven transformation of a phase-separated oxide. Physical Review B, 2004, 70(104423): 1－5

[9] Mamiya H, Nakatani I, Furubayashi T. Blocking and freezing of magnetic moments for iron nitride fine particle systems. Physical Review Letters, 1998, 80: 177－180

[10] De Toro J A, De La Torre M L, Riveiro J M, et al. Spin-glass-like behavior in mechanically alloyed nanocrystalline Fe-Al-Cu. Physical Review B, 1999, 60(18): 12918－12923

[11] Nam D N H, Jonason K, Nordblad P, et al. Coexistence of ferromagnetic and glassy behavior in the $La_{0.5}Sr_{0.5}CoO_3$ perovskite compound. Physical Review B, 1999, 59(6): 4189－4194

[12] Deac I G, Mitchell J F, Schiffer P. Phase separation and low-field bulk magnetic properties of $Pr_{0.7}Ca_{0.3}MnO_3$. Physical Review B, 2001, 63(172408): 1－5

[13] Damari L, Pelleg J, Gorodetsky G, et al. The effect of Ni doping on the magnetic and transport properties in $Pr_{0.5}Ca_{0.5}Mn_{1-x}Ni_xO_3$ manganites. Journal of Applied Physics, 2009, 106(1): 013913－013913

[14] Kumar N, Kishan H, Rao A, et al. Fe ion doping effect on electrical and magnetic properties of $La_{0.7}Ca_{0.3}Mn_{1-x}Fe_xO_3$ ($0 \leqslant x \leqslant 1$). Journal of Alloys and Compounds, 2010, 502(2): 283－288

[15] KoubaaW C, Koubaa M. Cheikhrouhou A. The effect of strontium deficiency in $Pr_{0.6}Sr_{0.4}MnO_3$ perovskite manganites. Journal of Alloys and Compounds, 2011, 509: 4363－4366

[16] Hundley M F, Hawley M, Heffner R H, et al. Transport-magnetism correlations in the ferromagnetic oxide $La_{0.7}Ca_{0.3}MnO_3$. Applied Physics Letters, 1995, 67(6): 860－862

[17] Zhou J S, Goodenough J B, Asamitsu A, et al. Pressure-Induced polaronic to itinerant electronic transition in $La_{1-x}Sr_xMnO_3$ crystals. Physical Review Letters, 1997, 79(17): 3234－3237

[18] Zhou J S, Goodenough J B. Phonon-assisted double exchange in perovskite manganites. Physical Review Letters, 1998, 80(12): 2665－2668

[19] Holstein T. Studies of polaron motion. part I. the molecular-crystal model. Ann. Phys., 1959, 8: 325－342

第6章 $Sm_{0.5}Ca_{0.5}Mn_{1-x}Cr_xO_3$的制备、结构表征及磁电性质分析

6.1 $Sm_{0.5}Ca_{0.5}Mn_{1-x}Cr_xO_3(0\leqslant x\leqslant 0.30)$的制备与结构表征

6.1.1 引言

合成钙钛矿型稀土锰氧化物的方法有很多种，既有物理方法，也有化学方法。实验中主要用到的有：高温固相反应法[1]、溶胶凝胶法[2]、硝酸盐柠檬酸盐凝胶燃烧法[3]、共沉淀法[4]、丙烯酰胺聚合法[5]、水热法[6]、燃烧法[7]和微波法[8]。

在上述方法中，高温固相反应法是目前最普遍和应用最广泛的制备法。本次实验中用到的实验材料即是采用这一传统制备方法制备而成。制备的一组样品为Sm、Cr双掺杂的钙钛矿型锰氧化物$Sm_{0.5}Ca_{0.5}Mn_{1-x}Cr_xO_3$，其中Cr元素的掺杂比例分别为$x=0,0.025,0.05,0.10,0.20,0.30$。

6.1.2 制备原理与实验装置

1. 固相反应原理

固相反应法制备本实验研究样品所使用的原料和产物皆为固体。固相反应的过程主要分两步：一是产物成核；二是生长过程。由于产物和原料的结构有很大差别，成核过程中难度很大。晶格结构和原子排列需要作出很大调整，甚至重新排列，这样才能形成我们预期的产物的结构。要想成核良好、结构标准，就需要很大的能量。所以，产物成核和生长需要高温条件。若是合成的样品各组分的微观形貌与结构特征与反应物近似，在反应时就不必考虑去改变结构，相应地反应难度不会很大，反应时的环境温度也可以很容易地满足。固相反应的反应速率既与化学反应有关，又与原料的扩散速率有关，这主要是由于成核过程发生在原料接触的界面。所以，在制备过程中，加快反应速率的关键在于将原料颗粒细化，由此提高反应物的表面积和体积的比值；另一个办法就是增加压强，来增加反应物接触的表面积，这就是我们在制备过程中要对反应物进行压片，烧结的原因。

由上述过程，可以总结固相反应难易程度的影响因素：①原料和产物在结构上的差异程度；②原料颗粒间的接触面积和体积之比。为提高反应速率，在制备过程中要进行反复细致的研磨，加压等过程，尽量提高反应质量。

2. 实验装置简介

(1) 数字电子天平：感量 0.1mg，用于称量各种实验原料的质量。

(2) 真空干燥箱：如图 6-1 所示，用于干燥实验原料和实验仪器。

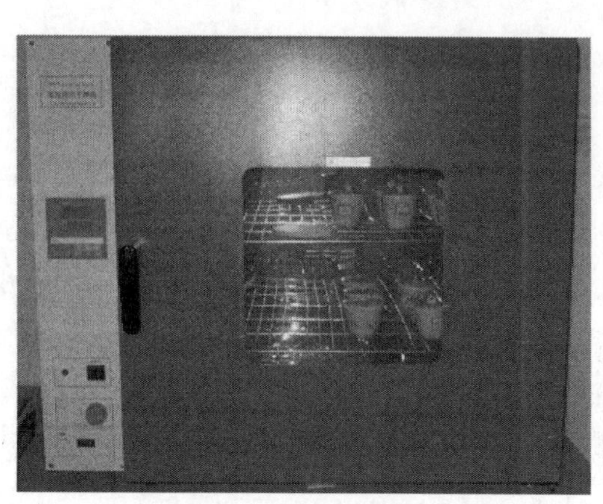

图 6-1　真空干燥箱

图 6-2　实验用压片机

(3) DY-20 型 20 吨台式电动压片机：如图 6-2 所示，用于将混合均匀的实验原料进行压片成型。

(4) 管式加热炉：如图 6-3 所示，最高可加热到 1500℃，用于加热实验样品，以达到高温烧结的效果。

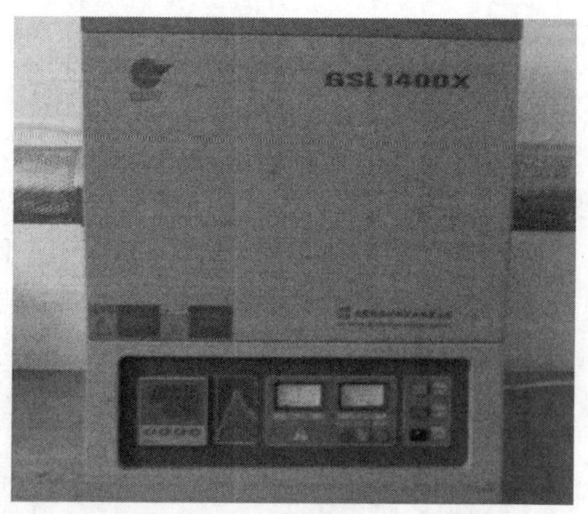

图 6-3　管式加热炉

(5) 玛瑙研钵、陶瓷坩埚、垫片、刚玉方舟若干，它们耐高温，用于承载实验原料及实验样品。

6.1.3　固相反应法制备 $Sm_{0.5}Ca_{0.5}Mn_{1-x}Cr_xO_3$ 系列样品

(1) 合成样品的几种反应物分别是分析纯粉末：Cr_2O_3、MnO_2、Sm_2O_3、$CaCO_3$。首先，将 Cr_2O_3 粉末在箱式炉中（800℃）进行退火处理 3 小时，MnO_2 预烧（200℃）3 小时，$CaCO_3$ 预烧（400℃）3 小时。预加热 3 小时是为了将以上反应物本身含有的水分通过加热蒸发掉。然后，按照系列样品精确的化学剂量比称量制备各个掺杂量的样品时所需要的各种原料的质量，在玛瑙研钵中分别将其均匀混合，进行半小时左右的研磨，使原粉中没有较大的颗粒，并使原粉各组分充分混合接触。

(2) 将混合好的原粉压成直径为 25mm 的圆片状，放在刚玉垫片上，再将其置于管式炉中，在 1100℃的条件下预烧 24 小时；待自然降温冷却后，将片状样品粉碎并充分研磨一小时左右，再次进行压片。

(3) 将压好的圆片状样品在 1300℃的条件下烧结 24 小时，待自然降温冷却后，将片状样品粉碎并充分研磨一小时左右，再次进行压片。此次将每种掺杂量的样品压制成六片半径为 13mm 的小圆片。

(4) 将压好的圆片状样品在 1300℃的条件下烧结 24 小时，待自然降温冷却后，将片状样品粉碎并充分研磨一小时左右，进行最后一次压片。

(5) 将压好的圆片状样品在 1300℃的条件下烧结 24 小时，自然降温冷却至室温。

制备的 $Sm_{0.5}Ca_{0.5}Mn_{1-x}Cr_xO_3$（$0 \leqslant x \leqslant 0.30$）系列多晶样品的具体 Cr 元素的掺入量分别为 $x=0, 0.025, 0.05, 0.10, 0.20, 0.30$。图 6-4 为样品制备流程图。

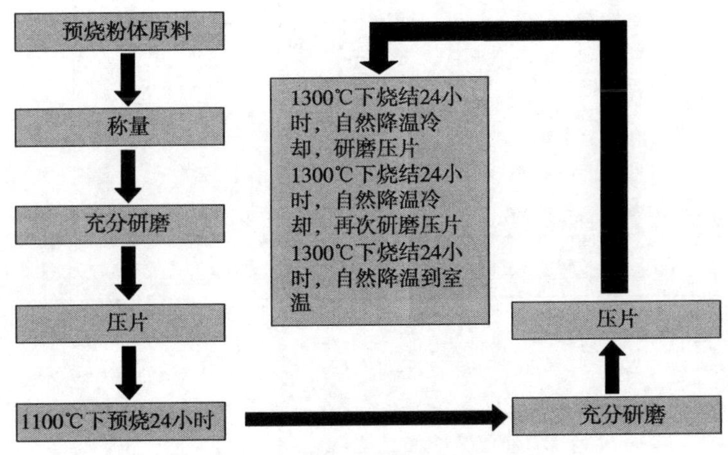

图 6-4　固相法制备样品流程图

6.1.4　$Sm_{0.5}Ca_{0.5}Mn_{1-x}Cr_xO_3$ 系列样品的 XRD 结构表征

样品的晶相和晶体结构采用 X 射线衍射（Cu 靶 K_α 射线）来分析。图 6-5 为室温

下 $Sm_{0.5}Ca_{0.5}Mn_{1-x}Cr_xO_3$（$0 \leqslant x \leqslant 0.30$）系列样品的 X 射线衍射谱图。谱图显示，所有材料的晶体结构都为正交式结构，无额外杂峰出现[9]，这说明每个材料都为单相正交结构。采用正交 Pnma（$Z=4$）空间点群进行指标化，计算出样品的晶胞参数，如表 6-1 所示。通过计算发现，$c/\sqrt{2}<a<b$，属于典型 O′类正交结构，这说明晶体结构发生了 J-T 畸变。晶格畸变使 AFM 态比 FM 态更稳定，成为样品的基态；此外，晶体结构发生畸变还会改变能带原本所处的位置，且容易发生分裂，分裂后会使得之前没有畸变的能带由金属性改变为绝缘性能隙。这或许也反映了 Cr^{3+} 离子的半径（$r=0.61$Å）比 Mn^{3+} 离子的半径（$r=0.59$Å）稍大。也就是说，由于不同的离子半径，Cr^{3+} 离子取代 Mn 位会引起晶格畸变。同时也说明，钙钛矿型锰氧化物的晶格与磁效应间存在强的耦合，而且对电输运性质造成影响。

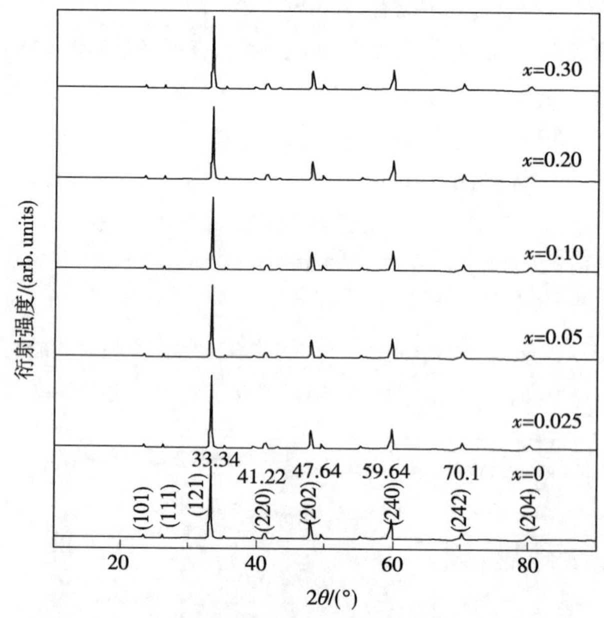

图 6-5 $Sm_{0.5}Ca_{0.5}Mn_{1-x}Cr_xO_3$（$0 \leqslant x \leqslant 0.30$）样品的 X 射线衍射谱图

表 6-1 $Sm_{0.5}Ca_{0.5}Mn_{1-x}Cr_xO_3$（$0 \leqslant x \leqslant 0.30$）系列样品的晶胞参数及晶胞体积

样品	a/Å	b/Å	c/Å	V/Å^3
$x=0$	5.4413(1)	7.5671(3)	5.3827(7)	221.63
$x=0.025$	5.4380(8)	7.5751(4)	5.3785(5)	221.56
$x=0.05$	5.4331(5)	7.5788(2)	5.3779(5)	221.44
$x=0.10$	5.4269(4)	7.5786(7)	5.3721(4)	220.94
$x=0.20$	5.4193(2)	7.5843(8)	5.3634(7)	220.44
$x=0.30$	5.4034(9)	7.5867(6)	5.3550(1)	219.56

6.2　$Sm_{0.5}Ca_{0.5}Mn_{1-x}Cr_xO_3$($0 \leqslant x \leqslant 0.30$)样品的磁性和电输运性质

6.2.1　引言

近年来,以稀土元素为 A 位元素的掺杂钙钛矿锰氧化物得到了越来越广泛的研究,成为磁电子学领域的研究热点之一。其原因是在极低温的条件下稀土锰氧化物表现出了丰富新奇的磁性质和电输运特性,在信息存储及磁敏传感器等方面具有巨大的应用前景[10-16]。以稀土元素为 A 位元素,此类氧化物可用式 $A_{1-x}A'_xMn_{1-y}B'_yO_3$ 来表示(其中,A 位为镧系元素;A′位即代表掺入的碱金属;B′位代表 Mn 位上掺入的离子)。在稀土基化合物系统内部,存在多种复杂新奇的相互作用,且这些相互作用的产生和影响因素及其多样,目前对于许多现象的物理机制尚无明确定论。系统具有的典型特征包括:电荷有序、轨道有序、相分离、超大磁电阻效应等。所谓 CO 现象,是指在化合物中共存的正三价锰离子与正四价锰离子的排列具有一定的规律性,且同时出现 OO 现象及 AFM 转变。另外,系统一般会表现出庞磁阻,此效应起因于系统中锰离子不同自旋的相互作用[17,18]。导电电子可自由移动,而局域电子则固定在格点上。导电电子的自旋必须同所在格点上的局域电子的自旋相同。所以,如果自旋方向一致的话,那么电子就可以自由地来回跳跃。若自旋方向呈反向自旋的话,电子就不可以自由跳跃了。想要获取相同自旋方向,就要将材料置于有外场环境中,这样一来,材料能够达到的阻值就会显著下降。目前,以 A 位元素为镧(La)、镨(Pr)、钕(Nd)的掺杂锰氧化物作为研究对象的报道比较多,许多样品都是成体系地进行实验研究,实验数据和分析日渐完备。然而,在镧系元素中,以钐(Sm)作为 A 位元素的掺杂锰氧化物的磁性和输运性质的研究报道还很不足。在过去的几年里,Cr 替代的半掺杂电荷轨道有序(CO-OO)锰氧化物得到了磁电子学乃至整个凝聚态领域的广泛关注[19-23]。极其微小的 Cr 元素掺杂,取代 Mn 位,就会发生令人惊奇的长程电荷/轨道有序相被抑制的现象,进而系统中产生了一定量的铁磁金属成分。由于 Cr^{3+} 离子的化合价极其稳定,所以它在 CO/OO 相中可以提供不变的 e_g电荷-轨道空缺;同时诱发了供替代的 FM 成分的竞争。这将导致相分离现象,伴随着 CO/OOI 和 FM 团簇在很大的范围内共存[24]。在低温下,通过阳离子的取代,Mn^{3+} 和 Mn^{4+} 离子的排列可以被破坏。Mn^{3+} 和 Mn^{4+} 的比率随着 Mn 位的替代会减小。这不是单纯得破坏掉三价锰与四价锰离子的分布,同时还会影响在低温下的样品的基态性质。基于以上原因,本研究选择了双掺杂 $Sm_{0.5}Ca_{0.5}Mn_{1-x}Cr_xO_3$($x=0$,0.025,0.05,0.10,0.20,0.30)作为探究对象,系统地分析了系列样品的晶体结构,不同外场对磁化强度的影响,电阻率随温度的变化规律以及样品所表现出的 CMR 效应等。实验结果显示,Cr 掺杂的 $Sm_{0.5}Ca_{0.5}Mn_{1-x}Cr_xO_3$($x \neq 0$)样品在微观形貌、磁性和输运性质方面都表现出与母体 $Sm_{0.5}Ca_{0.5}MnO_3$ 不同的特征。对于母体材料 $Sm_{0.5}Ca_{0.5}MnO_3$，当 Ca^{2+} 的掺杂浓度为 $x=0.5$ 时，表现出电荷有序特征，此时电荷局域化最佳。此时的温度值为 $T_{CO}=277K$。明显高于以 La，Pr，Nd 为 A 位元素的半掺杂锰氧化物[25]。这是由于母相样品中的单电子带宽 W 与 T_{CO} 的大小都受到首位(Ln 位)离子的平均离子半径大小的影响；A 位平均离子半径越大，单电子带宽 W 越大，由此促进 e_g 电子传导，从而降低电荷有序相变温度，反之亦然。然而，当 Mn 位上掺入 Cr^{3+} 离子后，部分 Mn^{3+} 离子被 Cr^{3+} 离子取代，并伴随晶粒尺寸的改变，从而影响母体材料的电荷有序稳定性，其表现为电荷有序特征峰位明显被抑制。另一方面，在 CMR 效应方面，母体材料 $Sm_{0.5}Ca_{0.5}MnO_3$，在 2～350K 的测量温区，外加磁场增加到 5T，未观察到 *I-M* 转变，并未表现出 CMR 效应。然而，对于 Cr 掺杂的样品，在同样的测量温区内，环境磁场达到 5T，样品表现出显著的庞磁阻效应。这类具有 CMR 效应的钙钛矿型锰氧化物具有极其丰富多样并且复杂的磁电学性质，值得进一步研究。$Sm_{0.5}Ca_{0.5}Mn_{1-x}Cr_xO_3$ $(0\leqslant x\leqslant 0.30)$体系的物理特性复杂新奇，本章对其磁性方面的电荷有序、相分离等现象以及电学方面的特性，还有材料所具有的明显的庞磁阻效应进行了较为全面的分析与讨论。为进一步深入研究钙钛矿型锰氧化物体系的物理机制提供了实验数据和资料。

6.2.2 测量系统与实验内容

1. 磁学与电学性质的测试设备介绍

1) PPMS 简介

实验中应用的最主要的测量系统叫做物理性质测量系统，英文名称缩写为 PPMS，该系统可以在 1.9～400K 的温度区域内进行设定和测量；改变温度的速度可在 0.01～10K/min 范围内进行设定和调节；磁场测试范围为 0.5mT～9T，正反向可变；变场速率为 0.01～20mT/s。

2) PPMS 可测试的项目及应用范围

物理性质测量系统可以对诸多物理量进行测试，举几个例子，如可以测量直流或交流电阻、超低场校正、霍尔效应、直流磁化强度等。

PPMS 在对材料进行测试的过程中，可以根据实验需要随时设定或改变测试环境的温度或磁场等条件。

2. 实验阶段需要进行的磁电测量

在实验阶段，我们主要采用物理性质测量系统对 $Sm_{0.5}Ca_{0.5}Mn_{1-x}Cr_xO_3$ $(0\leqslant x\leqslant 0.30)$多晶样品进行随着磁场变化的的直流磁化特性和电输运性质的测量，通过测量可以获得系列样品在不同的外加磁场下的磁化强度伴随温度的变化曲线(*M-T* 曲线)，不同温度下的磁化强度伴随磁场的变化曲线(*M-H* 曲线)，电阻率伴随温度的变化曲线(ρ-*T* 曲线)，电阻率伴随磁场的变化曲线(ρ-*H* 曲线)等，这些可以用来分析和说明系列样品磁电输运性质的实验数据。

6.2.3　Cr 掺杂对 SCMCO 系统中电荷有序和磁有序的影响

1. Cr 离子的引入及 SCMCO 体系的 M-T 曲线分析

半掺杂钙钛矿型锰氧化物随着所引入离子的改变，以及引入离子浓度变化的影响，经常在系统中出现变磁相变现象，并且通常在低温区域会出现自旋玻璃转变现象。通过测量直流磁化强度与温度的变化关系可以观察到样品相分离和自旋玻璃行为。本文所研究的 SCMCO($0\leqslant x\leqslant 0.30$)系列，每个被测试材料在 $2K\leqslant T\leqslant 340K$ 范围内的磁化强度随温度的变化关系如图 6-6 所示。样品在零场下降温至 $T=2K$，加上大小为 $H=0.01T$ 的外磁场，在升温过程中测得样品的零场冷却磁化强度曲线；样品在 $H=0.01T$ 的外场下再次降温至 $T=2K$，在接下来的升温过程中测得样品的有场冷却磁化强度曲线。从图 6-6 中可以看到，未被 Cr^{3+} 离子掺杂的母体材料在温度为 277K 时出现一个明显的高峰，电荷有序在此峰值表现得最为明显，所以峰值下的温度可以用 T_{CO}来表示[26,27]，这表明体系中存在 CE 型反铁磁有序相[28]。相关研究表明[29]，由于电荷有序是典型的半掺杂锰氧化物的一种最稳定的磁结构，所以即使存在外磁场的作用，也极难使之熔化。这也是后面讨论的问题中关于本系列样品中未掺杂母相材料 MR 效应不显著的因素之一。当温度下降到 230K 左右，曲线出现一个小的鼓包，此处温度则对应于 AFM 的转变温度，也就是通常所说的奈尔温度 T_N[30]。当体系中存在 AFM 态的 CE 相时，AFM 相会在奈尔温度 T_N处体现得极为明显，在曲线上会清晰的观察到 AFM 特征。也就是说，系统在宏观上会表现出 AFM 性。在 T_N以下，随着温度降低，M-T 曲线较为平缓，说明在这段温区内样品中的 AFM 相和 FM 相的相互作用彼此相当，并且说明 AFM 相与 FM 相共存于该体系中，且在低温下发生了相分离行为。在 T_N以上，随着温度升高，Mn^{3+} 和 Mn^{4+} 的离子方向逐渐扭转而呈现规则的晶格状分布，到电荷有序温度 T_{CO}附近时离子分布完全规则，可被视为巡游的局域电子而形成广义的 Wigner 晶格，即所谓的电荷有序，转变温度对应于 M-T 曲线上出现的峰值处温度。在 T_{CO}以上磁矩逐渐转为无序，表现出顺磁特性。然而，有 Cr^{3+} 离子掺杂的样品，其电荷有序特征却因 Cr^{3+} 离子的介入而明显被抑制，甚至奈尔特征温度也体现得不够明显。这说明，母体中稳定的电荷有序磁结构受到破坏。

Cr 掺杂对母体材料的影响可以从 J-T 效应畸变来考虑。Mn^{3+} 离子的 J-T 畸变效应由于 Cr 掺杂而被削弱，从而使 MnO_6 八面体的对称性提高，这就抑制了轨道和电荷有序结构的形成，并导致母体中的电荷有序反铁磁被削弱，与电荷有序反铁磁相互竞争的铁磁相却得到增强。在低温区域，Cr 掺杂样品中仍然存在铁磁团簇与反铁磁团簇，两种成分仍然共存并相互竞争[31]。在有场冷却的过程中，由于外加磁场的影响，样品中磁性离子的自旋就会沿外加磁场的方向排列而具有整体的方向性，宏观

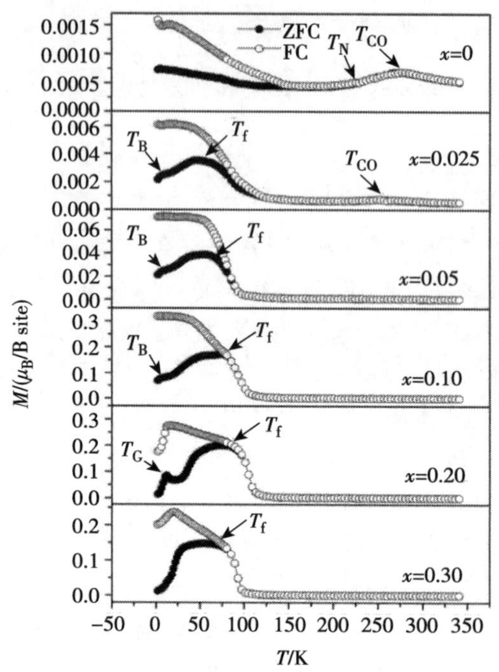

图 6-6　系列样品 SCMCO($0 \leqslant x \leqslant 0.30$)的无场冷却("•",ZFC)与有场冷却("。",FC)磁化强度随温度变化曲线

上表现为一种磁有序,随着温度的下降,这种磁有序被逐渐冻结,其磁化强度曲线就会保持水平而不下降,从而反映出样品具有铁磁性。然而,在零场冷却的过程中,磁性离子的自旋方向无序排列而不具有整体方向性,不存在被冻结的磁矩,铁磁团簇和反铁磁团簇仍然处于相互竞争的状态。所以,在有场与无场冷却的过程中,两条曲线在某一特定温度开始分离,有场冷却的磁有序在该处附近被冻结,被冻结的温度用 T_f表示[32]。对于 $y=0.20$ 的样品,在低温 12K 时,ZFC 磁化强度出现一个峰值,此峰处的温度对应于低温下被削弱的电荷轨道有序系统中 AFM 自旋团簇的热阻塞温度,图 6-6 中用 T_G表示。类似的热阻塞现象在之前关于 $Pr_{0.5}Ca_{0.5}Mn_{0.975}Al_{0.025}O_3$锰氧化物的报道中出现过[33]。在温度约为 6K 时,ZFC 曲线上出现一个小的鼓包,此时对应温度为铁磁团簇间的孤立自旋阻塞温度 T_B,这一现象在传统自旋玻璃和相分离材料中常被观察到[34,35]。

2. Cr 掺杂对铁磁成分自发磁化强度的影响

图 6-7 展示了 SCMCO 系统在 2K 时,磁场作用下的磁化强度曲线。$x=0$ 样品的磁化强度随着磁场的增加呈现出线性变化。这说明在 $Sm_{0.5}Ca_{0.5}MnO_3$ 中几乎没有铁磁成分的存在。随着 Cr 掺杂量的不断增加,尤其是当 $x>0.025$ 时,*M-H* 曲线在低场下开始出现弯曲。这是由于在低温下,样品中的铁磁区域同向排布而出现了铁磁成分造成的曲线弯曲。我们还可以在途中得到这样一个系列样品的共同特征,

就是直到外界磁场增加到 9T,磁化强度仍然未达到饱和。更进一步地发现,图中没有出现台阶状的变磁相变现象,但是却在 4.5T 附近,样品 $x=0.025,0.05,0.10$ 的磁化强度出现了一个快速的上升。这是由于电荷有序反铁磁转变成了铁磁相,所以体现为这一急剧的上升。

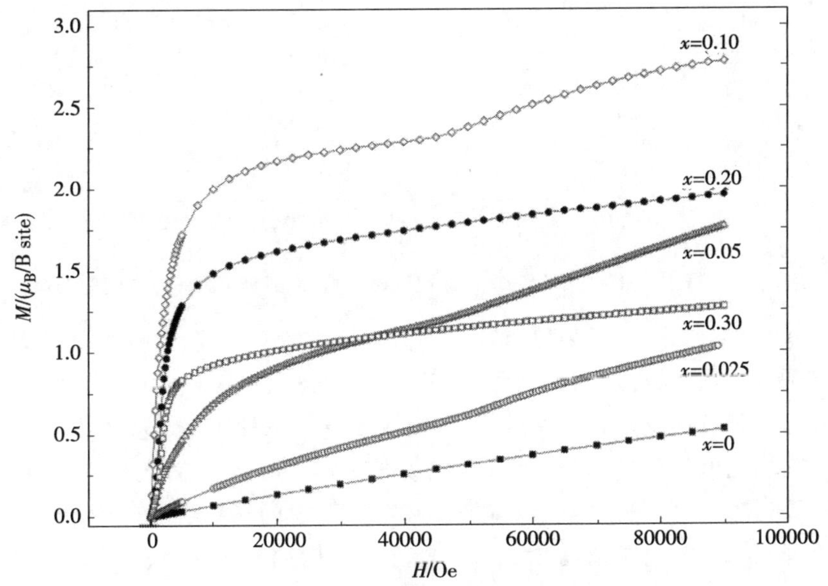

图 6-7　2K 时 SCMCO($0\leqslant x\leqslant 0.30$)随磁场变化的磁化强度曲线

类似的现象在 $Pr_{0.505}Ca_{0.495}Mn_{1-x}Cr_xO_3$ 钙钛矿型锰氧化物中已经观察到[80]。这是除了台阶状的变磁相变之外又一种有趣的变磁相变现象,可以叫做渐变型变磁相变。我们将在后面的内容中结合 $x=0.05$ 的样品对这种变磁相变现象进行详细的分析。现在来观察 $x=0.20$ 和 $x=0.30$ 的样品的磁化强度曲线,直到磁场增加到 9T,曲线都未发生明显的弯曲。这一现象恰恰说明了变磁相变在 2K 的低温下发生与否并不受铁磁成分多少的影响,而与电荷有序反铁磁的出现息息相关。

图 6-8 展示了系列样品的每个分子单元的铁磁成分自发磁化强度 μ_S 与 Cr 掺杂量的变化关系。其中,$x=0,0.20,0.30$ 样品的铁磁成分自发磁化强度可以通过反向外延磁化强度曲线与 $H=0$ 的焦点求得[37]。对于样品 $x=0.025,0.05,0.10$,可以通过反向延长临界场 H_c 以下的线性部分求得[38,39]。

明显地能够看出,从 $x=0$ 到 $x=0.10$,FM 成分自发磁化强度 μ_S 随着 Cr 掺入量的增加而增大,到达一个最大值后,从 $x\geqslant 0.20$ 开始,μ_S 又伴随 Cr 离子含量的进一步提高而降低。这种变化趋势,恰与上文中分析的低温下样品的 $M_{ZFC}(T)$ 随 Cr 掺杂量的变化规律相一致。

3. $Sm_{0.5}Ca_{0.5}Mn_{0.95}Cr_{0.05}O_3$ 的 *M-H* 曲线及变磁相变分析

为了进一步探索样品的磁滞现象,我们详细分析了 $x=0.05$ 的样品的磁滞回

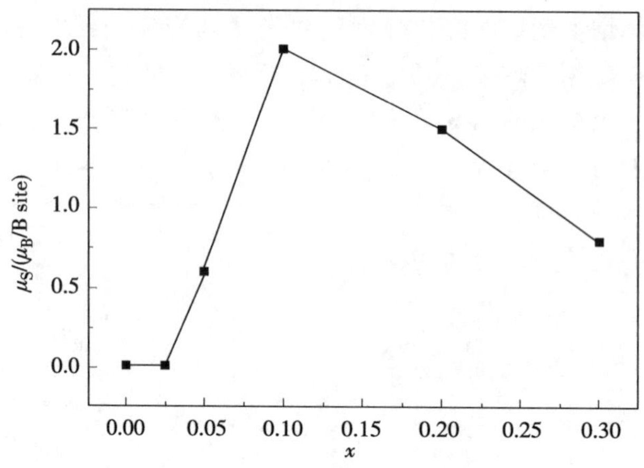

图 6-8　每个分子单元的铁磁成分自发磁化强度 μ_S 随 Cr 离子浓度的升降

线。图 6-9 中的箭头说明了场扫描顺序和方向。在 2K 下，随着外场的增加，磁化强度急剧上升，展示了铁磁性特征。然后，当场扫描到中间区域时，磁化强度成近乎线性的上升。当外场扫描超过 4.7T 时，M 展现出一个快速上升，这说明在发生了变磁相变。在高场到低场的场扫过程中，直到场 H 降至零，M 的值依然保持在很高的数值上，显示出在第一象限内的回线特征。在第三阶段的场扫过程中，扫场方向与外场方向相反，随着 H 的绝对值的增大，M 的值急剧增加到最大。然后在第四象限，H 重新降回到零，这一过程中的 M 值与第三阶段的场扫重合。而第五分支的曲线与第二分支的曲线重合，与第一分支的曲线明显不一致。在温度为 $T=6$K，20K 时，伴随着磁场扫描，系统经历了与 2K 下相似的过程。不同的是，在更高温度的情形下，第五分支的扫场过程中 M 值要比第二分支小，尤其是当温度为 20K 时，这一特征尤为明显，但其值还是要大于第一分支。随着温度上增加到 $T=28$K 时，各异的升场扫描过程开始逐渐接近重合。M-H 变化规律显示出对称的回线形态。在温度大于或等于 120K 时，系统就再没有展现出一个明显的 FM 特征。在低场范围内，随着外场的增加，磁化强度近乎于线性上升，然后展示出一个小的变磁相变现象。在 208K 时，$H\leqslant 9$T 的场扫范围内，系统表现出了顺磁行为。

结合相分离系统，M-H 曲线结果可以被很好地理解。在温度是 2K 时，系统内部是铁磁相和反铁磁相共存的状态。在一些反铁磁区域内的相互作用依然很强。但在其他区域则可能会较弱一些。如果所加的外场是一个很小的场，那么这些较弱的区域会仍然保持反铁磁相。而当大的磁场应用到系统中时，反铁磁的相互作用就会被破坏，随之而产生自旋。因此，当外场小于 4.7T 时，M-H 曲线只表现出了铁磁性特征。当外磁场超过 4.7T 时，在那些弱的反铁磁区域内会出现自旋，并且旋转到与外磁场方向相同的状态，这就会导致磁化强度再次出现明显的上升。事实上，直到外加磁场增大到 9T，曲线也未达到饱和状态。这说明并不是所有的反铁磁成分都发生

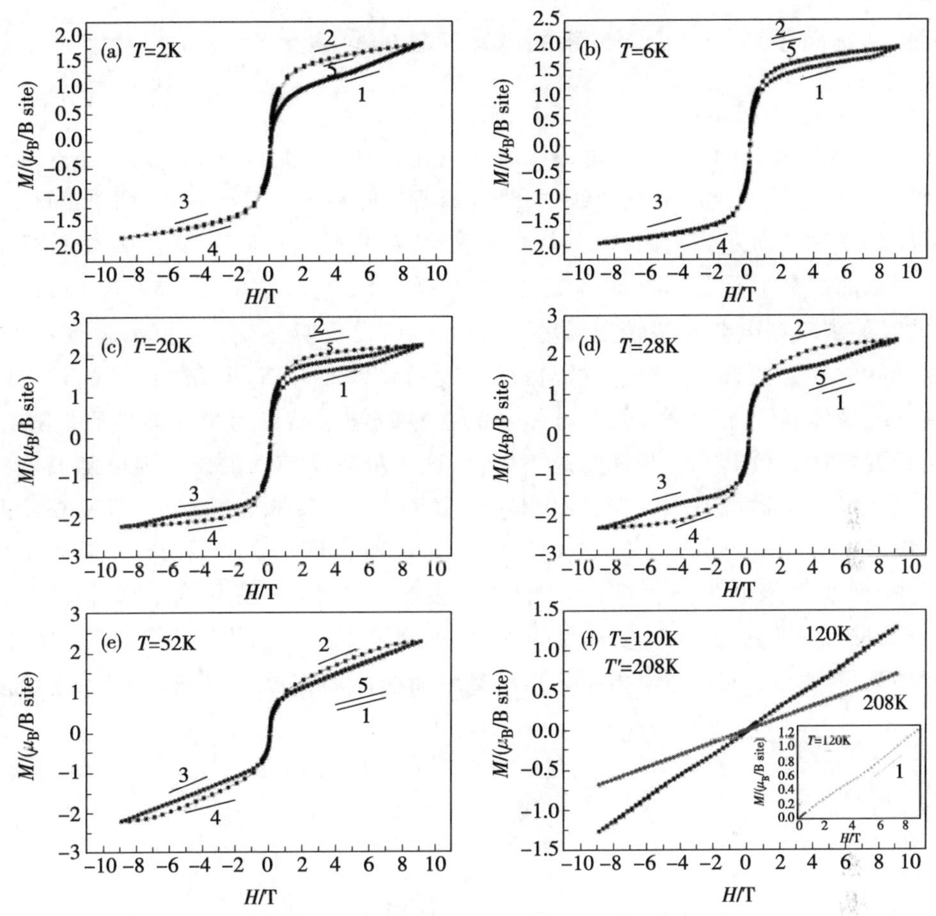

图 6-9 不同温度下 $Sm_{0.5}Ca_{0.5}Mn_{0.95}Cr_{0.05}O_3$样品的 M-H 曲线

图中的数字表明了扫场的顺序

了转变。该体系依然具有强 AFM 成分。伴随着磁场的撤出，那些被场熔化了的饭铁磁成分在系统中的铁磁相互作用下仍保持着铁磁性特征。所以，在接下来的扫场过程中，系统并未发生变磁相变。因此 M-H 曲线呈现出的是电荷有序区域内的重叠的铁磁曲线和一个非对称不可逆的变磁相变曲线构成的磁滞回线。当温度在 $T=$6K，20K 时，外场在达到 9T 后又降回到零的过程中，部分最初的电荷有序成分在高场时转变成铁磁自旋排列，而其他的部分又转变回反铁磁态。继续升温至 $T=28$K，52K 时，M-H 系统中的铁磁互作开始减弱，在没有更大的外场作用下，原有的电荷有序成分的铁磁性自旋排列不能继续保持这一状态。曲线是对称的变磁回线。在 $T\geqslant$120K 时，铁磁排列开始转变成顺磁，低场下的磁化强度呈线性增加。另一方面，短程电荷有序反铁磁成分仍保留在系统中。综上所述，变磁相变发生在高场下。$T\geqslant$208K 时，系统呈顺磁态，M-H 曲线在 9T 条件下是一条直线。

6.2.4 Cr 离子对 SCMCO 体系的电输运性的影响

1. 零场下 SCMCO 体系电阻率随温度变化特征

为了探究 SCMCO 体系在低温区域的电输运性质，我们测试了无外加磁场情况下，材料电阻率随温度的变化曲线，曲线包括所有样品的升降温过程，测量温区为2～350K，如图 6-10 所示。从图 6-10 中可以看到，在升温和降温过程中，每个样品的电阻率变化曲线基本重合。图 6-10(a)中，母相样品 $Sm_{0.5}Ca_{0.5}MnO_3$展示出 CO 转变行为，曲线的斜率在电荷有序转变温度 $T_{CO}=277K$ 发生明显变化。随着温度的降低，母相样品的 ρ-T 曲线在所测试的温区随温度的降低而升高，即 $d\rho/dT<0$，没有出现所谓的绝缘体-金属转变峰，因此母相样品在零磁场时始终为半导体性质。随着 Cr 掺杂量的增加，CO 转变现象越来越不明显，这一现象在前面的磁化强度随温度变化曲线上已经清晰地观察到。图 6-10(b)中，随着 Cr 掺杂量达到 10%，样品在低温部分的电阻率出现了明显的下降，在温度约为 70K 时出现一个明显的峰。温度下降的过程中，样品在该峰处发生典型的 M-I 转变[40]。降温过程中样品 M-I 转变温度 $T_{MI}=75K$，而升温过程中转变温度为 68K，出现了不明显的热滞现象，图 6-10(b)中的插图为 $y=0.10$ 的样品电阻率升温与降温曲线的局部放大图，箭头表示出温度的

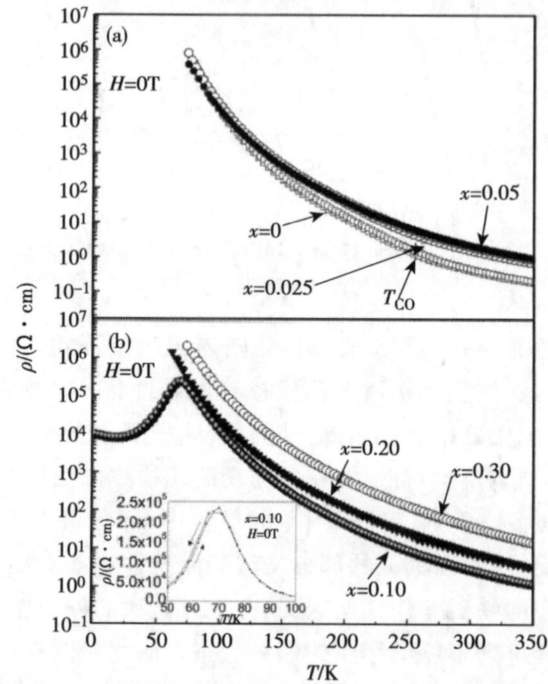

图 6-10 (a)零磁场下材料 $Sm_{0.5}Ca_{0.5}Mn_{1-x}Cr_xO_3$($x=0, 0.025, 0.05$)的 ρ-T 曲线，包括升降温两过程；(b)零磁场下材料 $Sm_{0.5}Ca_{0.5}Mn_{1-x}Cr_xO_3$($x=0.10, 0.20, 0.30$)的 ρ-T 曲线，包括升降温两过程，(b)中的插图为 $x=0.10$ 的材料的 ρ-T 部分温区放大图

变化趋势。从插图中,可以很容易地观察到热滞现象。热滞是电荷有序反铁磁相与FM相共存的典型特征之一[41−43]。由于Cr离子的掺入量逐渐提高,材料显示的电阻率在低温下又继续升高,$y\geqslant0.20$ 的样品展现出绝缘性。

2. 外加磁场 5T 时 SCMCO 体系电阻率随温度变化特征

早期的研究所提供的影响电阻率的因素有晶格缺陷、晶格无序和晶界等。研究人员在以后的研究中发现,电声子的相互耦合作用对半导体的电输运行为和载流子的局域化影响很大。如果锰氧化物材料的温度降低,那么Mn-O结构八面体的微结构畸变程度随之增大,电-声子的耦合作用增强,从而引起载流子局域化。那么,在相分离体系中,影响系列样品电阻率变化的因素还有哪些?为进一步探究这一问题,我们将磁场增加到5T,对样品进行电阻率测量。如图6-11所示,对于未掺杂的 $Sm_{0.5}Ca_{0.5}MnO_3$ 在零场下表现出的绝缘体特征,外磁场达到5T时,仍未发生 *I-M* 转变,零场与有场电阻率的数值无明显变化。然而,当 Cr^{3+} 离子的浓度达到5%时,随着外场的应用,典型的 *M-I* 转变发生在 $Sm_{0.5}Ca_{0.5}Mn_{0.95}Cr_{0.05}O_3$ 样品中,样品从绝缘体转变成金属导体,低温区域电阻率的值相对于无外加磁场情况下的值明显地减小。此现象表明外加磁场可以使材料的某些电输运特性发生变化。实际上,我们还同时测量了 $Sm_{0.5}Ca_{0.5}Mn_{0.95}Cr_{0.05}O_3$ 样品在1T场下的电阻率曲线,并且发现在1T外加磁场下,样品也发生了 *M-I* 转变行为。与5T场下的曲线相比较,随着外加磁场的增大,转变温度 T_{MI} 有所升高,而电阻率的峰值 ρ_{max} 却随之降低;另一方面,升降温过程中,由外加磁场产生的热滞现象随磁场的增大而变小。这一结果说明,Cr掺杂与外磁场大小均对锰氧化物样品的电输运性质有影响,掺杂样品表现出不同于母相样品的电输运特征。

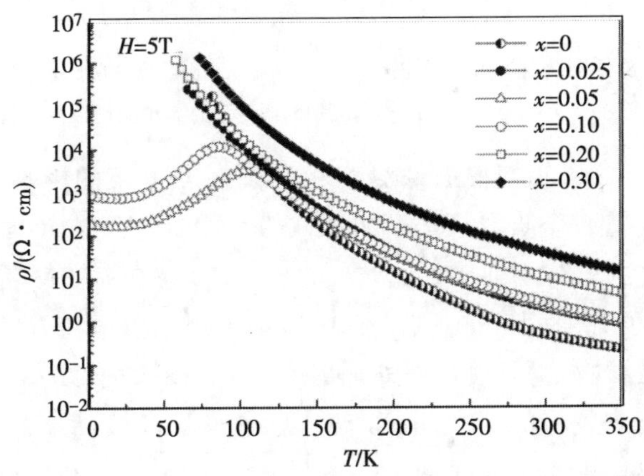

图 6-11 外加磁场 5T 时,测试材料 SCMCO($0\leqslant x\leqslant0.30$)的电阻率随温度的变化曲线

6.2.5 CMR 效应研究

由于样品 $Sm_{0.5}Ca_{0.5}Mn_{0.95}Cr_{0.05}O_3$ 和 $Sm_{0.5}Ca_{0.5}Mn_{0.90}Cr_{0.10}O_3$ 在低温下展现出

M-I 转变行为，为进一步研究样品的磁电输运特性，以及样品所展示的 CMR 效应，我们分别作出样品在外加磁场为 1T 和 5T 时的磁致电阻随温度的变化曲线，如图 6-12 所示。一般地，用电阻率的比值来表征 MR 效应的大小，其数值的大小可以用 $MR=[\rho(0)-\rho(H)]/\rho(H)\times 100\%$ 表达式来计算(采用这一表达式的目的是为了获得数值为正的 MR 值)。公式中，$\rho(0)$ 和 $\rho(H)$ 分别表示无外加磁场和存在外加磁场时的电阻率值。从图 6-12 中可以观察到，外磁场越大，两样品磁致电阻的值越大。甚至在低温部分 5T 场的 MR 值要比 1T 场高出约两个数量级。随着温度的不断降低，磁电阻的值迅速增大，MR 的值逐渐增加至最大值。对 $Sm_{0.5}Ca_{0.5}Mn_{0.95}Cr_{0.05}O_3$ 样品来说，温度对磁电阻的影响十分显著，特别是低温下，磁电阻的值可以与文献报道的值相类比。

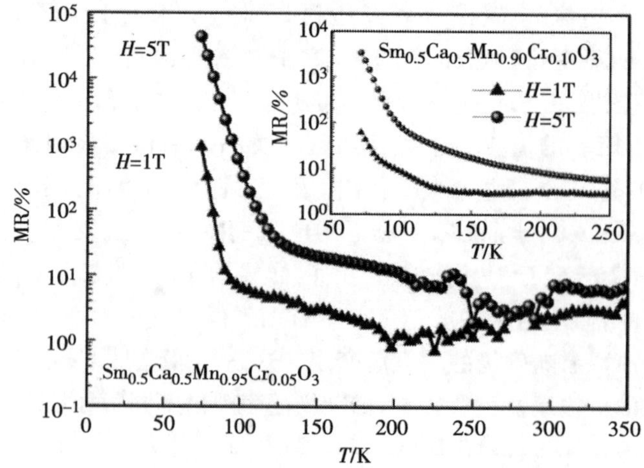

图 6-12　外加磁场分别为 1T、5T 时 $Sm_{0.5}Ca_{0.5}Mn_{0.95}Cr_{0.05}O_3$ 的磁致电阻随温度变化曲线
插图为 $Sm_{0.5}Ca_{0.5}Mn_{0.90}Cr_{0.10}O_3$ 在相同条件下磁致电阻随温度变化曲线

结合上述实验结果，我们根据低温下相分离对磁电阻的影响机制对 CMR 效应作出解释。随着温度的降低，系列样品 $Sm_{0.5}Ca_{0.5}Mn_{1-x}Cr_xO_3$ ($0\leqslant x\leqslant 0.30$) 开始从电荷的无规则排列到电荷规则排列的转变，此类 CO 态包括 FM 有序和 AFM 有序。未掺杂 Cr^{3+} 离子的母相样品 $Sm_{0.5}Ca_{0.5}MnO_3$ 中的反铁磁电荷有序(AFM-CO)很强，样品具有稳定的磁结构，所以很难被外加磁场熔化，掺入的 Cr 离子越来越多，AFM-CO 逐渐减弱，有越来越多的 FM 团簇产生，总的来看，CO 状态随 Cr 离子掺入量的增加而被减弱，母体中比较牢固的 CO 磁结构受到破坏。AFM-CO 相为绝缘相，AFM 环境中的 FM 团簇呈现金属导电性。这种转变与杂质(Cr)的掺杂量密切相关，掺杂量越大，这种转变越容易。反铁磁环境中的铁磁团簇互不连接，相互影响很小，加上外磁场后，所有的铁磁团簇的磁矩方向都沿外场方向排列，因此方向一致。这会使得铁磁团簇周围的一部分反铁磁团簇发生从反铁磁到铁磁的转变，即绝缘相

到金属相的转变。整个体系的电阻值从而减小[44]。当然,外磁场越大,这种效应越明显,即外磁场越大对应的磁电阻的 MR 值越大。对于未掺杂和低掺杂的样品,体系中的铁磁团簇含量少,反铁磁团簇形成的有序态占主导地位,要抑制这种反铁磁有序状态则需要更大的外磁场。所以,直到将磁场增大到 5T,未掺杂和低掺杂样品的 CMR 现象仍不明显。根据以上对实验数据的讨论可以得到这样的结论:CMR 的产生既需要高掺杂,又需要高磁场。

6.3　本章小结

本书系统地研究了双掺杂钙钛矿型锰氧化物 $Sm_{0.5}Ca_{0.5}Mn_{1-x}Cr_xO_3$(SCMCO,$0\leqslant x\leqslant 0.30$)系列样品的磁性质和电输运性质。系列样品采用传统高温固相反应法制备。经 X 射线衍射获得该系列样品的微观结构,结构表征结果显示系列样品为单相多晶正交结构,无多余的衍射峰出现。

在磁性质和电输运性质测试方面,主要采用物理性质测量系统来进行实验和获得实验数据。我们结合磁性和电输运性质的测试数据,系统地分析了 Cr 取代 Mn 位后 $Sm_{0.5}Ca_{0.5}MnO_3$样品有关电荷、磁有序等特征。在低温时,样品的长程电荷有序随 Cr 的掺杂被明显地抑制。在冻结温度处,可观察到磁化强度分叉现象,ZFC 与 FC 曲线在此温度处出现分叉,并呈现出不同的走势。对于 $y=0.20$ 的样品,在低温 12K 时,ZFC 磁化强度出现一个峰值,此峰处的温度对应于低温下被削弱的电荷轨道有序系统中 AFM 自旋团簇的热阻塞温度。对样品铁磁成分自发磁化强度 μ_S的分析得出,其随着随着 Cr 掺入量的增加先增大再减小,这种变化趋势与低温下样品的 $M_{ZFC}(T)$随 Cr 掺杂量的变化规律相一致。对于 $x=0.05$ 的样品的磁滞回线研究,我们结合所测得的数据给出了详细的分析。磁化强度直到 9T 仍未达到饱和。这点说明并不是所有的反铁磁区域都发了转变。系统在低温下出现的渐变型变磁相变意味着系统中出现了铁磁行为。在高温时,系统呈现出顺磁特征,直到外场加到 9T,M-H 曲线仍是一条直线,并未发生弯曲。

在电输运性质方面,在无外加磁场的条件下,低掺杂样品在低温下均表现出绝缘体的性质。随着掺杂量的增加,当浓度为 10%时出现了绝缘体到金属的转变,然而 $y\geqslant 0.20$ 的样品展现出绝缘性。对于母相样品来说当外加磁场为 5T 时仍未出现 I-M 转变。我们主要考察了 $x=0.05, 0.10$ 的样品的 M-I 转变特征。电阻率随温度变化曲线表明了样品中电荷有序特征和 CMR 效应。$x=0.05, 0.10$ 的样品均呈现出 M-I 转变,我们从低温下相分离对磁电阻影响机制的角度对系列样品的 CMR 效应作出解释,转变温度在零场冷却过程中为 $T_{IM}=75K$。同时,它们展现出不同的热滞效应。进一步地说,对于 $x=0.05$ 的样品,如果保持磁场的增加,那么 T_{IM}将会升高而和电阻率则会减小。

参考文献

[1] Jonker G H, Van Santen J H. Ferromagnetic compounds of manganese with perovskite structure. Physica,1950,16(3):337—349

[2] Millis A J, Mueller R, Shraiman B I. Fermi-liquid-to-polaron crossover. I. General results. Phys. Rev. B,1996,54:5389—5404

[3] Lamas D G,Caneiro A,Niebieskikwiat D. J. Magn. Magn. Mater. ,2002,241:207—213

[4] Vladimirova E, Vassiliev V, Nossov A. Synthesis of $La_{1-x}Pb_xMnO_3$ colossal magnetoresistive ceramics from co-precipitated oxalate precursors. J. Mater. Sci. ,2001,36(6):1481—1486

[5] Dezanneau G, Sin A, Roussel H. Synthesis and characterization of $La_{1-x}MnO_{3\pm\delta}$ nanopowders prepared by acrylamide polymerization. Solid State Commun. ,2002,121(2—3):133—137

[6] Liu J B, Wang H, Zhu M K. Synthesis of $La_{0.5}A_{0.5}MnO_3$ (A=Sr,Ba) by a hydrothermal method at low temperature. Mater. Res. Bull. ,2003,38(5):817—822

[7] Aruna S T, Muthuraman M, Patil K C. Combustion synthesis and properties of strontium substituted lanthanum manganites $La_{1-x}Sr_xMnO_3$ ($0\leqslant x\leqslant 0.3$). J. Mater. Chem. ,1997,7(12):2499—2503

[8] Sahu R K, Rao M L, Manoharan S S. Microwave synthesis of magnetoresistive $La_{0.7}Ba_{0.3}MnO_3$ using inorganic precursors. J. Mater. Sci. ,2001,36(17):4099—4102

[9] Li Y, Cheng Q, Su R Z. Effect of Fe doping on magnetic and transport properties in $Pr_{0.75}Na_{0.25}MnO_3$. Status Solidi A,2010,207(1):194—198

[10] Tka E, Cherif K, Dhahri J, et al. Effects of non magnetic aluminum Al doping on the structural, magnetic and transport properties in $La_{0.57}Nd_{0.1}Sr_{0.33}MnO_3$ manganite oxide. J Alloys Compd. ,2011,509(31):8047—8055

[11] Altintas S P, Amira A, Mahamdioua N, et al. Effect of Eu doping on structural and magneto-electrical properties of $La_{0.7}Ca_{0.3}MnO_3$ manganites. J. Alloys Compd. ,2011,509(13):4510—4515

[12] Lampen P, Puri A, Phan M H, et al. Structure magnetic, and magnetocaloric properties of amorphous and crystalline $La_{0.4}Ca_{0.6}MnO_{3+\delta}$ nanoparticles. J. Alloys Compd. ,2012,512(1):94—99

[13] Sacramento P D. Coexistence of antiferromagnetism and superconductivity in the Anderson lattice. Journal of Physics: Condensed Matter, 2003,15(36):6285—6289

[14] Zhang L W, Israel C, Biswas A. Dircct observation of percolation in a manganite thin film. Science,2002,298(5594):805—807

[15] Mahendiran R, Maignan A, Hébert S, et al. 2002. Ultrasharp magnetization steps in perovskite manganites. Phys. Rev. Lett. 89(28):286602—286605.

[16] Van Aken B B, Jurchescu O D, Meetsma A, et al. Orbital-order-induced metal-insulator transition in $La_{1-x}Ga_xMnO_3$. Phys. Rev. Lett. ,2003,90(6):0664031—0664034

[17] Akahoshi D, Uchida M, Tomioka Y, et al. Random potential effect near the bicritical region in perovskite manganites as revealed by comparison with the ordered perovskite analogs. Phys. Rev. Lett., 2003, 90(17): 177203－177206

[18] Banerjee A, Mukherjee K, Kumar K, et al. Ferromagnetic ground state of the robust charge-ordered manganite $Pr_{0.5}Ca_{0.5}MnO_3$ obtained by minimal Al substitution. Phys. Rev. B, 2006, 74(22): 2244451－2244455

[19] Bernabe A, Maignan A, Hervieu M. Extension of colossal magnetoresistance properties to small A-site cations by chromium doping in $La_{0.5}Ca_{0.5}MnO_3$. Appl. Phys. Lett., 1997, 71: 3907

[20] Raveau B, Maignan A, Martin C. Insulator-metal transition induced by Cr and Co doping in $Pr_{0.5}Ca_{0.5}MnO_3$. J. Solid State Chem., 1997, 130: 162－166

[21] Katsufuji T, Cheong S W, Mori S. Impurity effects on the electronic/magnetic ground states of perovskite manganites. J. Phys. Soc. Jpn., 1999, 68: 1090

[22] Kimura T, Tomioka Y, Kumai R. Diffuse phase transition and phase separation in Cr-doped $Nd_{1/2}Ca_{1/2}MnO_3$: a relaxor ferromagnet. Phys. Rev. Lett., 1999, 83(19): 3940－3943

[23] Martinelli A, Ferretti M, Castellano C. Effect of Cr substitution on the crystal and magnetic structure of $(Pr_{0.55}Ca_{0.45})MnO_3$: A neutron powder diffraction investigation. Phys. Rev. B, 2006, 73: 064423

[24] Mori S, Shoji R, Yamamoto N. Microscopic phase separation and ferromagnetic microdomains in Cr-doped $Nd_{0.5}Ca_{0.5}MnO_3$. Phys. Rev. B, 2003, 67: 012403

[25] Xiong C M, Sun J R, Li R W, et al. Structure, magnetic, and transport properties of the perovskites $Bi_{0.5}Ca_{0.5}Mn_{1-x}Cr_xO_3$. J. Appl. Phys., 2004, 95(3): 1336－1342

[26] Barnabé A, Hervieu M, Martin C, et al. Role of the A-site size and oxygen stoichiometry in charge ordering commensurability of $Ln_{0.50}Ca_{0.50}MnO_3$ manganites. J. Appl. Phys., 1998, 84(10): 5506－5514

[27] Hervieu M, Barnabé A, Martin C, et al. Evolution of charge ordering in manganites. Eur. Phys. J. B, 1999, 8: 31－41

[28] Tomioka Y, Okuda T, Okimoto Y, et al. Charge/orbital ordering in perovskite manganites. Alloys Compd., 2001, 326(1－2): 27－35

[29] Chen J T, Tian G S, Lin Z H. A theoretical study on the coexistence of magnetic and charge order in perovskite-type manganite with doping concentration $x=0.5$. Chinese Journal of Low Temperature Physics, 1998, 20: 245 Chinese Journal of Low Temperature Physics, 2001, 20: 245

[30] Goodenough J B. Theory of the role of covalence in the perovskite-type manganites [La, M(Ⅱ)]MnO_3. Phys. Rev., 1955, 100(2): 564－573

[31] 亓淑艳，冯静，侯相钰，等. 钙钛矿 $La_{0.5}Sr_{0.5}Mn_{1-x}Co_xO_3$ 的制备及磁性研究. 材料导报，2008，22(1)，134－136

[32] Wang Q. Charge order and phase separation in $Bi_{0.5}Ca_{0.5}Mn_{1-x}Co_xO_3$ system. Acta Phys. Sin., 2010, 59(9): 6569－6574

[33] Akinoto T, Maruyama Y, Moritomom Y. Antiferromagnetic metallic state in doped manganites. Phys. Rev. B, 1998, 57: R5594

[34] Fisher L M, Kalinov A V, Voloshin I F, et al. $Pr_{1-x}Ca_xMnO_3$ system in the crossover region between different kinds of magnetic ordering. J. Magn. Magn. Mater., 2003, 258－259: 306－308

[35] Satoh T, Kikuchi Y, Miyano K, et al. Irreversible photoinduced insulator-metal transition in the Na-doped manganite $Pr_{0.75}Na_{0.25}MnO_3$. Phys. Rev. B, 2002, 65(12): 125103－125106

[36] Pi L, Cai J W, Zhang Q. Training effect by the applied magnetic field in the double-doped $Pr_{0.5+0.5x}Ca_{0.5-0.5x}Mn_{1-x}Cr_xO_3$ System. Phys. Rev. B, 2005, 71: 134418－134423

[37] Ahn K H, Wu X W, Liu K. Magnetic properties and colossal magnetoresistance of $La(Ca)MnO_3$ materials doped with Fe. Phys. Rev. B, 1996, 54: 15302

[38] Hardy V, Wahl A, Martin C. Low-temperature specific heat in $Pr_{0.63}Ca_{0.37}MnO_3$: phase separation and metamagnetic transition. Phys. Rev. B, 2001, 63: 224403－224410

[39] Xiao G, Mc Niff E J, Gong G Q. Magnetic-field-induced multiple electronic states in $La_{0.5}Ca_{0.5}MnO_{3+\delta}$. Phys. Rev. B, 1996, 54: 6073－6076

[40] 刘宁，郭焕银，彭振生. $La_{0.67-x}Nd_xSr_{0.33}MnO_3$ 体系的磁性和电性. 无机材料学报，2008，23(2): 271－276

[41] Kumar V S, Mahendiran R. Effect of impurity doping at the Mn-site on magnetocaloric effect in $Pr_{0.6}Ca_{0.4}Mn_{0.96}B_{0.04}O_3$ (B＝Al, Fe, Cr, Ni, Co, Ru). J. Appl. Phys., 2011, 109(2): 0239031－0239037

[42] Hirotaka O, Yasushige I, Masao N, et al. Diffuse phase transition and magnetic-domain microstructures in a Cr-doped manganite thin film. Phys. Rev. B, 2001, 63(9): 201－206

[43] Cao G X, Zhang J C, Wang S P, et al. Reentrant spin glass behavior in CE-type AFM $Pr_{0.5}Ca_{0.5}MnO_3$ manganite. J. Magn. Magn. Mater., 2006, 301(1): 147－154

[44] Yu J, Zhang J C, Cao G X, et al. Reentering spin glass behavior and charge ordering in phase separation $Nd_{0.5}Ca_{0.5}MnO_3$ system. Acta Physica Sinica., 2006, 55(4): 1914－1920

第 7 章　$Nd_{0.5}Ca_{0.5}Mn_{1-x}Fe_xO_3$ 的制备、结构表征及磁电性质分析

7.1　样品的制备与测试

7.1.1　实验原料及仪器设备

实验原料如表 7-1 所示。

表 7-1　原料

原料名称	化学式	分子量	级别	纯度
碳酸钙	$CaCO_3$	100.09	GR	99.0%
氧化钕	Nd_2O_3	336.48	3N	99.9%
氧化铁	Fe_2O_3	159.69	AR	99.0%
二氧化锰	MnO_2	86.94	AR	99.9%

实验仪器设备如下所示：

(1) 真空干燥箱；

(2) DY-20 型 20 吨台式电动压片机；

(3) GSL1044X 管式加热炉；

(4) X 射线衍射仪；

(5) PPMS 物理性质测量系统。

7.1.2　制备方法介绍——固相反应法

固相反应法是将按照化学配比称量好的固相物质充分研磨后均匀地混合，在高温下进行热处理，然后再经过几次研磨，再烧结，目的是使混合物充分反应，最后得到目标产物。所以，通常可以把固相反应分为四个步骤，即扩散、反应、成核、生长。由于应用固相反应法不使用溶剂，制备工艺也比较简单，成本低廉，颗粒不发生团聚，温度、气氛和时间等条件均易于控制，并且有利于磁电性质的测试，所以这是应用比较广泛的样品合成方法。然而，采用固相反应法制备样品同时也存在着一些缺陷。例如，能量消耗较大，反应所需时间也相对校长，得到的粉末不是十分精细，在操作过程中还容易引入杂质，烧结过程中需要较高温度，并且一般情况下须进行几次烧结以及多次研磨，最后才可以得到最终产物。

7.1.3 样品的制备与结构分析

1. 样品的制备

本书采用固相反应法制备了单相多晶样品 $Nd_{0.5}Ca_{0.5}Mn_{1-x}Fe_xO_3$（$0\leqslant x\leqslant 0.30$），样品的制备过程如下。

(1) 配料：采用高纯度的 Nd_2O_3（99.9%），$CaCO_3$（99.0%），MnO_2（99.9%）和 Fe_2O_3（99.0%）粉末为原料，按照各名义组分进行配料。在称量之前均将原料进行干燥处理。

(2) 混合：将按名义组分配比称量好的原料置于玛瑙研钵中，通过研磨使原料充分混合，研磨时间根据需要进行调整。研磨时要注意不应引入其他杂质，同时还应注意防止原料的损失。

(3) 压片：将混合充分的粉末置于直径为 25mm 的模具中，用压强为 22MPa 的压力保持一定的时间，就会得到直径为 25mm、厚度为 3mm 左右的圆柱片。压片过程中应该注意压强要适当的调整，成型的圆柱片尽量不分层、无裂纹。

(4) 烧结：将压片成型的样品置于管式炉中加热，在空气的气氛中进行烧结，温度和升温速率可自行设定程序，由管式炉自动控制。为了使样品反应充分，第一次烧结温度为 1100℃，保温时间为 24 小时。

(5) 退火：样品全部烧结过程结束后，样品随炉冷却到室温。较长时间的低温处理，缓慢的降温可以消除样品的部分内应力。

(6) 将退火后的样品再进行研磨，使样品充分混合后将其置于直径为 13mm 的模具中，重新调整压强为 7～8MPa，进行压片，直至得到不分层、无裂纹的样品片。然后在温度为 1300℃的条件下烧结，保温同样为 24 小时，再退火。如此重复上述过程两次，得到最终的高质量样品。

2. 样品的结构分析

由于 X 射线衍射是分析结构的一项基本的技术，本文实验就是通过多晶 X 射线粉末衍射的方法来确定样品的晶体结构的。在原理上，X 射线同样属于电磁波，采用 X 射线照射晶体时，由于 X 射线的波长 λ 较短，其与晶体内部的原子的面间距接近，所以经过晶体的 X 射线将会发生衍射现象。经 X 射线照射后的样品所得到的衍射波，它们之间相互叠加会得到在不同方向上强度不同的衍射条纹。因此，将被测晶体的衍射线叠加，得出和振幅，再通过和振幅即可计算出强度。这样所得到的强度与晶体结构就有着十分密切的关系。作为 X 衍射方法之一的粉末法，利用的是比较容易获得的多晶体，因此应用也较为广泛，我们所采用就是粉末法。X 射线衍射仪的扫描范围是 10°～90°，Cu 靶 K_α 射线，波长为 1.5605981nm。根据所得到的 X 射线衍射图谱，采用分析软件比对 X 射线衍射标准卡片便可以进行物相定性分析，得到材料晶体结构、晶胞参数等样品的结构信息。

图 7-1 展示了 $Nd_{0.5}Ca_{0.5}Mn_{1-x}Fe_xO_3$（$0\leqslant x\leqslant 0.30$）系列样品的室温下的 XRD 图谱。由图可知，整个系列样品的衍射图样上所呈现的衍射峰都十分尖锐，而且图样上没有出现杂峰，这表明样品的成相质量比较高。系列样品衍射峰的位置并没有随着 Fe^{3+} 掺杂浓度的增加而出现明显的变化，晶胞参数 a、b、c 随着 Fe^{3+} 掺杂量的增加几乎不变，如图 7-2 所示。这是因为 Fe^{3+} 和 Mn^{3+} 的半径几乎相等，因此，晶包参数不会发生明显的变化[1~3]。通过与标准的 PDF 卡片进行对比得到，所有的衍射图样都展现出单相正交结构，且属于 Pnma 空间群。

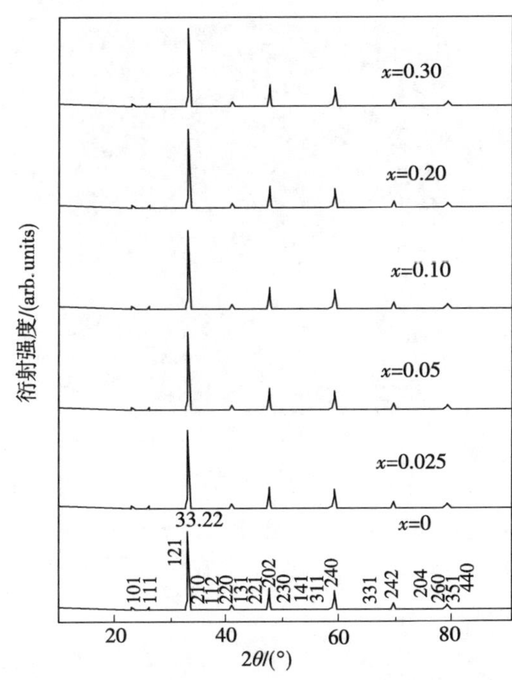

图 7-1　$Nd_{0.5}Ca_{0.5}Mn_{1-x}Fe_xO_3$（$0\leqslant x\leqslant 0.30$）系列样品的 XRD 图谱

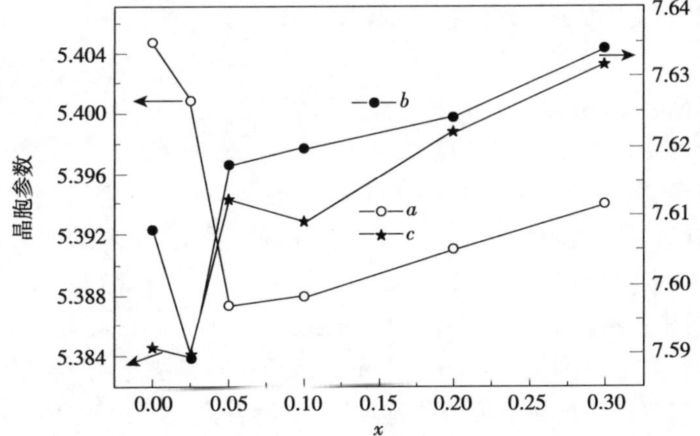

图 7-2　$Nd_{0.5}Ca_{0.5}Mn_{1-x}Fe_xO_3$（$0\leqslant x\leqslant 0.30$）系列样品的晶胞参数随掺杂量 x 值的变化

7.1.4 磁性质和电性质的测试

1. 实验设备简介

采用美国QD公司生产的PPMS对系列样品的磁性质以及电输运性质进行测量，如图7-3所示。测量出系列样品的M(磁化强度)随温度以及磁场的变化关系曲线，样品的ρ(电阻率)随温度以及磁场的变化关系曲线。电输运性质测试采用标准的四引线法。

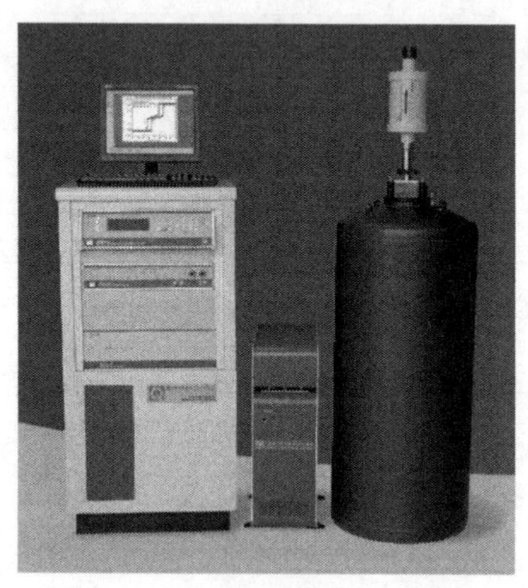

图7-3 物理性质测量系统(PPMS)

(1) PPMS规格与技术指标：测温范围为1.9～400K，变温速率为每分钟0.01K到10K，其稳定性为±0.02%；磁场的变化范围为0.5mT～9T，变场速率为每秒钟0.01～20mT，精度可达0.02mT。

(2) PPMS的应用范围：直、交流电阻测量；伏安特性测量；DC磁化强度测量；热导率测量；AC磁化率测量；HALL效应测量；电阻率测量等。以上测量均可改变温度、改变磁场进行，也可进行连续低温操作。

2. 磁性质测量方法与原理

磁性测量附件是PPMS中用于交流磁化率和直流磁化强度的选件，在其内部的腔体中装有校准线圈配置，因此测量时能在每个设定的数据点进行测量，同时可以消除装置的背景漂移。这一装置还可采用补偿线圈来消除环境噪音对测试的影响。处于线圈绕组内部的集成温度计，它能够十分准确地测量并显示出样品在测量时的温度。对直流磁化强度的测量可显示出某一恒定温度下其随磁场的变化关系，即$M(H)$；以及在某一磁场下M随温度的变化关系，即$M(T)$。在测量磁性时，要求被测样品为长、宽、高分别为3mm、2mm、1mm，然后将样品置于有专门的样品管中，人为加以固定。需要注意的是在测试之前，要将被测样品的质量进行标记，以方便之后的计算。

3. 电输运性质测量原理与方法

电输运性质采用的是标准的四引线法，如图 7-4 所示。将最外侧两根探针接入恒流源，使其产生电流 I，然后测量内侧两根探针之间的电位差 V，由二者即可求出样品的电阻值。标准的四引线法与二引线法相比，此种测量方法可明显的降低由通电引线产生的热电势和接触电阻，因此将影响因素降到最低。研究表明，在被测样品的电阻比较小，而同时电极间引线的电阻和接触电阻比并不是远远小于被测样品电阻的情况下，四引线法可以使电流不经过连接电压表的引线，这样就可以排除电流流过引线时所产生的影响，所测得的电阻即为样品的准确的电阻值。

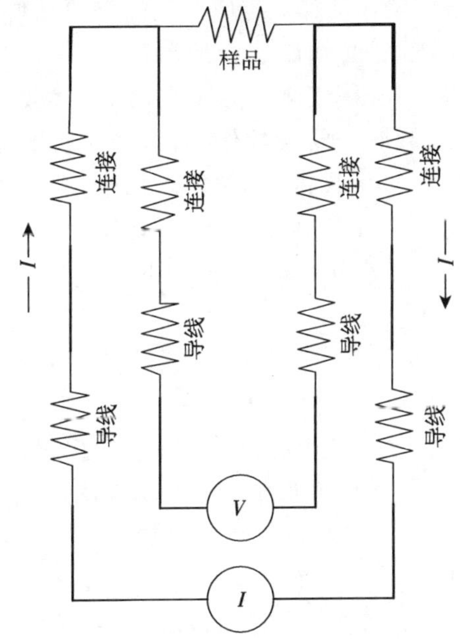

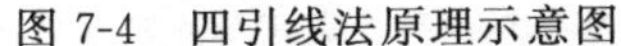
图 7-4　四引线法原理示意图

图 7-5　测量电阻时所用的样品托

测量电阻时，将长、宽、高分别为 6mm、2mm、1mm 的样品置于专门的应用于 PPMS 的样品托上，如图 7-5 所示。根据需要最多可同时测量 1～3 个样品。将样品放在对应于 1、2、3 的中间黄色区域处，然后用铜丝将样品和焊接点连接起来，但要注意焊点要尽可能的小，以免影响精确度。此外，还需确认样品之间要留有一定空隙，并且利用万用表测量样品与焊点之间是否接触良好，防止出现短路的情况，影响测试效果。

7.2　Fe 掺杂对 $Nd_{0.5}Ca_{0.5}Mn_{1-x}Fe_xO_3(0\leqslant x\leqslant 0.30)$的磁电性质的影响

7.2.1　引言

混合价钙钛矿锰氧化物 $R_{1-x}A_xMnO_3$（R＝La，Pr，Nd，Sm；A＝Sr，Ca），由于它

们具有丰富的磁性质和电输运性质[4~6]，例如电荷/轨道有序、相分离、巨磁电阻效应[7,8]。当 Mn^{3+} 和 Mn^{4+} 达到特定的公度比时，电荷有序现象就会发生。对于电荷/轨道有序的 $Pr_{1-x}Ca_xMnO_3$ 和 $Nd_{1-x}Ca_xMnO_3$ 锰氧化物而言，它们对外界磁场的变化比较敏感，导致了这些材料表现出 CMR 效应[9]。因此，电荷有序态的稳定性起到很重要的作用，并且依赖于 Ln^{3+} 的大小和 Mn^{3+} 与 Mn^{4+} 的比例。例如，当 $x=1/2$ 时为 $Ln_{0.5}Ca_{0.5}MnO_3$，这时需要很高的磁场才能使电荷有序态熔化。对于 La^{3+} 需要 20T，对于 Pr^{3+} 需要 30T，但是对于 Sm^{3+} 来说，即使磁场增加到 50T 也没有出现反铁磁态到铁磁态的转变。

对于锰氧化物体系，在 Mn 位掺入三价的阳离子与增加磁场所起到的作用相似，这两种方式都可以削弱或者破坏电荷有序态，同时引起铁磁成分的出现。此外，对 Mn 位进行化学替代可以明显的降低临界场。Raveau 等发现掺入少量的 Cr 就会削弱金属相。B 位掺杂在系统的磁性质和电性质上起到非常大的作用，这些性质同样也依赖于掺杂物质的性质[7]。Kimura 等研究了 Cr 替代的 $Nd_{0.5}Ca_{0.5}Mn_{1-y}Cr_yO_3$ ($0\leqslant y\leqslant 0.10$) 晶体。然而，铁掺杂的锰氧化物 $Nd_{0.5}Ca_{0.5}MnO_3$ 之前没有被报道，因此不同掺杂量的铁替代锰的研究是必要的，以此来了解其结构、磁性和电输运性质之间的关系。

7.2.2 Fe 掺杂对磁性质的影响

图 7-6 为弱场($H=0.01$T)下的 ZFC 和 FC 的 $M(T)$ 曲线，温度范围为 2～350K，所有的 $M(T)$ 曲线都是测量的升温过程。由图可以看出，母相 $Nd_{0.5}Ca_{0.5}MnO_3$ 所展现出的行为与 Machida 报道的结果相似。样品随着温度的降低在 250K 处磁化强度出现了一个极大值，此峰对应的温度为该样品的 T_{CO}，在此温度以上为电荷无序，在此温度以下 Mn^{3+} 和 Mn^{4+} 有序排列。由图 7-6 可知，样品的 ZFC 和 FC 曲线在 $T_{irr}\sim 160$K 时出现分叉现象，根据双交换理论，在 ABO_3 理想的钙钛矿的 A 位掺入 Ca^{2+} 会使体系中出现 Mn^{4+}，这样就会导致 Mn^{3+} 和 Mn^{4+} 之间的双交换反应与 Mn^{3+} 和 Mn^{3+} 之间的超交换反应相互竞争，从而出现铁磁性和反铁磁性不均匀团簇的共存。在零场冷却的过程中，铁磁团簇会被混乱的冻结起来，表现为磁化强度不会有很大的增加。在有场冷却时，磁场可以很容易地使铁磁团簇产生取向排列，在低温下表现为磁化强度的增加。这是铁磁性和反铁磁性出现相分离的典型特征，这种不均匀团簇的共存可能是分叉现象出现的主导因素。此外，在 30K 以下，磁化强度随着温度的进一步降低而不断增加，这种现象是由 Nd^{3+} 的有序引起的[11]。

对于掺杂的样品来说，电荷有序对应的峰随着 Fe 掺杂量的增多而逐渐被抑制，$x=0.025$ 时 $T_{CO}=230$K，$x=0.05$ 时 $T_{CO}=216$K，直到 $x=0.10$ 时消失。这表明，掺杂的元素破坏了 Mn^{3+} 和 Mn^{4+} 之间的电荷有序。对于 $x=0.20$ 的样品表现出了比较奇特的行为，ZFC 和 FC 曲线在 100K 以下出现分叉以后，两条曲线的变化趋势几

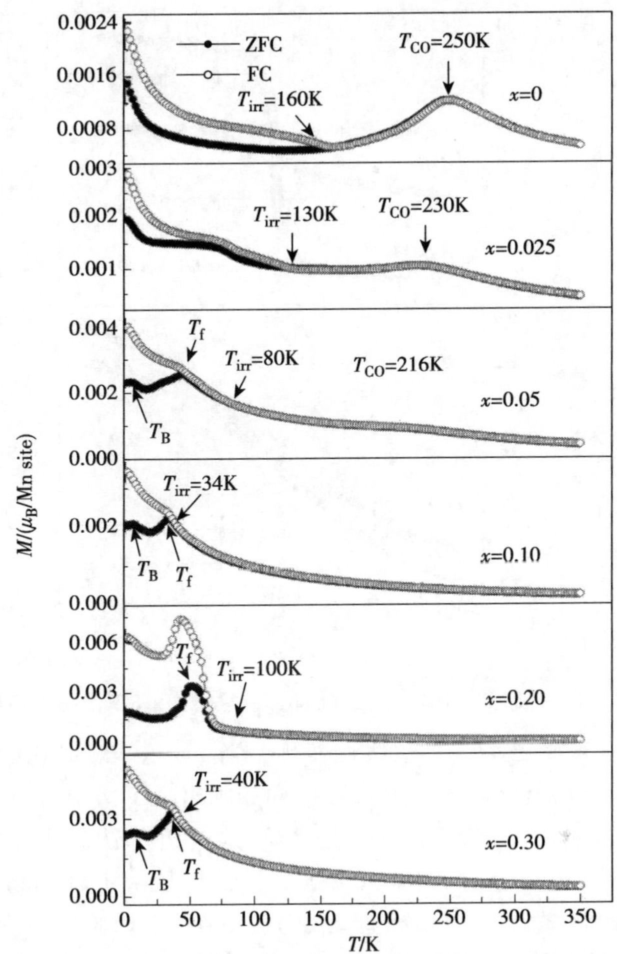

图 7-6　系列样品 $Nd_{0.5}Ca_{0.5}Mn_{1-x}Fe_xO_3$（$0\leqslant x\leqslant 0.30$）在 0.01T 场下的 ZFC 和 FC 磁化强度随温度变化曲线

T_{CO}为电荷有序转变温度；T_{irr}为不可逆温度；T_B为自旋阻塞温度

乎相同，只是磁化强度的数值并不相同。对于 $x\geqslant 0.05$ 的样品，在温度为 60K 附近，分别展现出了一个明显的峰，这些峰对应的特征温度是冻结温度 T_f，冻结温度是自旋玻璃系统的典型特征。当温度继续降低至 6K 左右，$x=0.05,0.10,0.30$ 的样品都出现了一个尖锐的峰，此温度对应于铁磁团簇之间的自旋阻塞温度。这一现象被认为是传统的自旋玻璃材料[12]和相分离材料的特征。

如图 7-7 所示为系列样品在 2K 下的磁滞回线。从图中可以观察到，对于未掺杂的样品来说，没有出现磁化强度的台阶状变磁相变，磁化强度在 9T 磁场下也没有达到饱和。这可能是由于在 $Nd_{0.5}Ca_{0.5}MnO_3$ 中存在强的电荷有序态，即当 Mn^{3+} : Mn^{4+} 为 1:1 时，需要更高的磁场才能使电荷有序态熔化。对于低掺杂的样品来说，

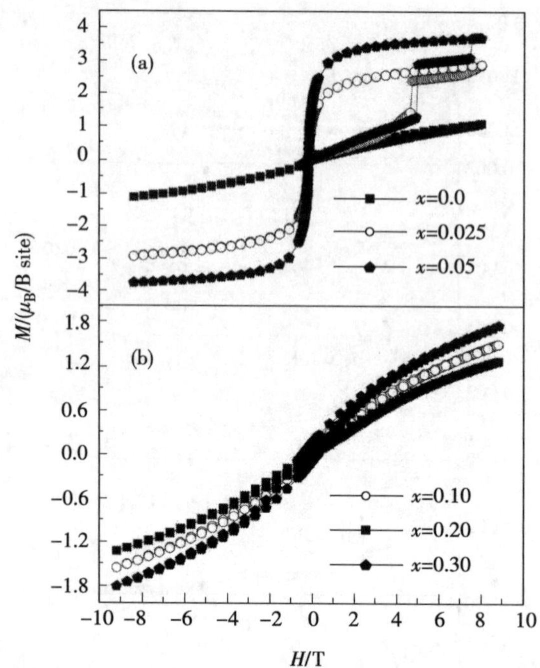

图 7-7 $Nd_{0.5}Ca_{0.5}Mn_{1-x}Fe_xO_3$（$0\leqslant x\leqslant 0.30$）2K 下的磁滞回线

在低磁场下磁化强度随磁场几乎呈线性变化。当 $x=0.025$ 时在磁场为 5.3T 下出现了一个磁化强度台阶，而对于 $x=0.05$ 的样品则出现了两个台阶，分别在 5.6T 和 8.4T。磁化强度在低场时有一个初始的增长，这是由于铁磁成分的贡献。然后在 5.3T出现陡峭的台阶（$x=0.025$），5.6T（$x=0.05$），是由于电荷和轨道有序反铁磁区域转变成了铁磁区域。$x=0.025$ 时，磁化强度在 9T 附近有一个小的增加，然后达到了 $2.95\mu_B$。在之后的磁场从最大值降到零场的过程中，磁化强度展现出了一个均匀的铁磁体的行为。

正如其他的锰氧化物一样，在低温下都是电荷有序态与铁磁态共存的状态。低温下的不均匀态的两相共存已经被 Deac[4] 等证实。在我们的研究中，即为图 7-6 所示的 $M(T)$ 曲线中 ZFC 和 FC 的在不可逆温度 T_{irr} 出现的分叉现象。此外，在 Fe 掺杂的体系中，相分离现象也被不同的人所证实。Kumar 等报道了 $Pr_{0.6}Ca_{0.4}Mn_{0.96}Fe_{0.04}O_3$ 在 10K 下体系是电荷有序区域与铁磁区域共存的态[5]。Li[13] 等通过测量 $Pr_{0.75}Na_{0.25}Mn_{0.90}Fe_{0.10}O_3$ 交流磁化率的实部和虚部，证实该样品的基态是电荷有序相和铁磁团簇共存态。因此，更有理由认为我们所研究的体系在低温下是相分离态。

在相分离系统中，掺杂的元素可以使更加对称的铁磁区域存在于不对称的反铁磁区域中。在我们所研究的体系中，Mn^{3+} 的 Jahn-Teller 扭曲在可以被掺入的 Fe^{3+} 所抵消掉，从而使结构更加对称。这样，对称性的不同可以导致在两相的边界处存在界面效应。在低温的情况下，一些反铁磁区域的反应仍然很强烈。但是在其他的区域也许不是很强烈。在所加的磁场比较小时，这些弱的区域可以保持它们的反铁磁态。但是，随着磁场的增加，反铁磁区域之间的反应将被破坏，自旋都会转向外磁场的方向。因此，铁磁成分开始增加，这就导致了磁化强度的明显的增加，如图 7-7 所示。然而，界面效应的存在，铁磁区域的增加会随着磁场的增加而停止。由于在两相的交界处可能存在强烈的扭曲[14]，因此需要更高的磁场才能克服界面效应。当磁场增加到临界场 H_c(5.3T，x=0.025；5.6T，x=0.05)时，越来越多的反铁磁区域转变为外场的方向。界面效应被彻底的破坏，同时，铁磁成分会出现显著的增长，结果导致了磁化强度台阶的出现。从图 7-7 中可以观察到，x=0.05 的样品在 8.4T 处出现了第二个台阶状变磁相变，这是由于在第一个台阶出现以后，磁能量减少而弹性能量增加，系统会重新达到平衡并且被冻结在另一个亚稳态。在外磁场继续增大时，跳变会在亚稳态之间发生，直接出现磁化强度台阶。

此外，还可以观察到 x=0.05 的样品的临界场要高于 x=0.025 的样品的临界场。我们认为，尽管 x=0.05 的铁磁成分更大一些(3.45μ_B 对应于 x=0.05，2.95μ_B 对应于 x=0.025)，但是随着 Fe 掺杂量的增多结构更加对称，因此增加了界面效应，从而需要更高的磁场来克服增加了的界面效应。

图 7-7(b)是 $x\geqslant$0.10 样品在 2K 下的磁滞回线，这三个样品在 9T 的外磁场下没有出现台阶状变磁相变，磁化强度也没有达到饱和。这可能是由于当越来越多的 Mn^{3+} 被 Fe^{3+} 替代时，我们需要考虑 Fe^{3+} 和 Fe^{3+}，Fe^{3+} 和 Mn^{4+}，Mn^{4+} 和 Mn^{4+} 之间的超交换反应。当大量的 Fe^{3+} 被掺入时，Mn^{3+} 的数量会明显的减少，反铁磁反应会与之前的铁磁反应出现强烈的竞争。因此，反铁磁性会增强，相应的导致铁磁成分减少，结果对于 $x\geqslant$0.10 的样品来说，在它们的 $M(H)$ 曲线上不会出现台阶状变磁相变。

7.2.3　Fe 掺杂电输运性质的影响

1. Fe 掺杂对系列样品电阻率的影响

图 7-8 为 0T 和 1T 场下 $Nd_{0.5}Ca_{0.5}Mn_{1-x}Fe_xO_3$ ($0\leqslant x\leqslant 0.30$)的电阻率随温度的变化曲线。如图 7-8(a)所示，在零场的情况下，所有的样品随着温度的降低电阻率逐渐增大，在温度为 50K 附近电阻率的值已经超出量程，并没有随着 Fe 掺杂浓度的增加而在整个测温范围内出现绝缘体-金属的转变。这与 Kimura[15] 等所报道的不同，他们所研究的 $Nd_{0.5}Ca_{0.5}Mn_{1-y}Cr_yO_3$ 系统，当 Cr 的掺入量为 1%时就出现了绝缘体-金属的转变。对于我们的测量，在 0T 和 1T 磁场下，整个系列样品的电阻率随着温度的降低而增大，直到约 50K 以下，磁场为 1T 时系列样品的电阻率也已超出设备的测量范围，表现出绝缘体的性质。对于母相 $Nd_{0.5}Ca_{0.5}MnO_3$，在温度为 250K 附近电阻率出现了一个明显的变化，这对应于图 7-6 中的 CO 转变温度，当 Fe 掺杂浓度为 2.5%时，样品没有展现出 CO 转变。在外磁场为 1T 时，我们可以观察到，与

0T 时的电阻率变化相比并没有明显的不同，也就是说在 1T 的磁场下，整个系列样品仍然是绝缘态，1T 的磁场还不能改变样品的性质。

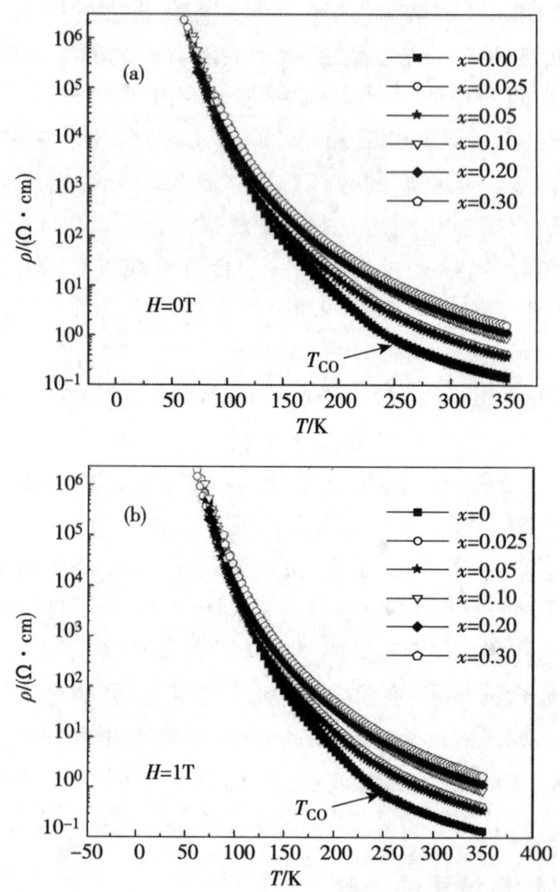

图 7-8　$Nd_{0.5}Ca_{0.5}Mn_{1-x}Fe_xO_3$ ($0 \leqslant x \leqslant 0.30$) 的电阻率随温度变化关系
其中，(a) $H=0T$；(b) $H=1T$

如图 7-9 所示为系列样品在 5T 磁场下的电阻率随温度变化曲线。在 5T 的磁场下，母相样品和低掺杂样品，即 $x \leqslant 0.05$ 时，出现了绝缘体-金属的转变。对于母相样品，如 4.2 中所述，该样品为反铁磁基态上的两相共存态，体系中 Mn^{3+} 和 Mn^{4+} 的比例为 1∶1，这为双交换作用提供了条件。当温度降低到 74K 时，外加强磁场使 Mn^{3+}-O-Mn^{4+} 键的键角趋于 180°[16]，再结合双交换作用，因此体系出现了铁磁性，导致了体系出现绝缘体-金属的转变行为。从图 7-9 中可以观察到低掺杂样品，即 $x \leqslant 0.05$ 的样品，同样出现了绝缘体-金属的转变行为。然而，Fe 掺杂削弱了母相 $Nd_{0.5}Ca_{0.5}MnO_3$ 中的电荷有序反铁磁相，而铁磁相相应的得到增强，所以电阻率在 $x=0.025$ 时要比母相样品的电阻率低。随着 Fe 掺杂量的继续增加，由于 Fe^{3+} 直接

替代 Mn^{3+}，使得 Mn^{3+} 能够跃迁到 Mn^{4+} 的数量减少，这必然会破坏一部分 Mn^{3+}-O-Mn^{4+} 键，而 Fe^{3+} 不能参与双交换作用，因此双交换作用被抑制。此外，由于越来越多的 Mn^{3+} 被 Fe^{3+} 替代，长程铁磁有序以及金属导电性都会受到抑制作用，从而导致电阻率的增加，即 $x=0.05$ 时电阻率增大。同时，当大量的 Fe^{3+} 被掺入时，Mn^{3+} 的数量会明显的减少，我们需要考虑 Fe^{3+} 和 Fe^{3+}，Fe^{3+} 和 Mn^{4+}，Mn^{4+} 和 Mn^{4+} 之间的超交换反应，这样反铁磁反应会与之前的铁磁反应出现强烈的竞争。因此，反铁磁性会增强，而铁磁性受到了削弱，即当 $x \geqslant 0.10$ 的样品在 5T 的磁场下也没有出现绝缘体-金属的转变。

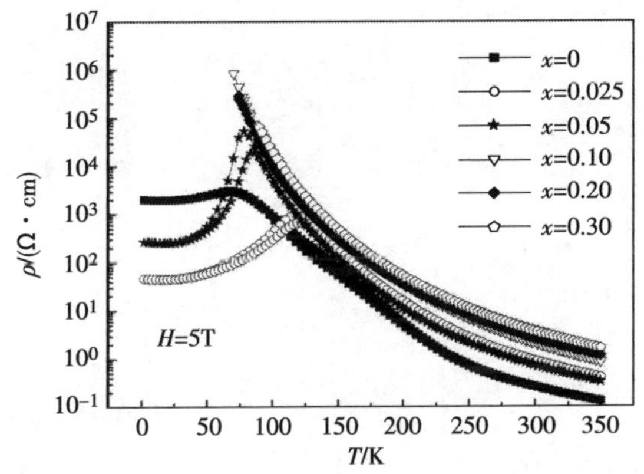

图 7-9 $Nd_{0.5}Ca_{0.5}Mn_{1-x}Fe_xO_3$ ($0 \leqslant x \leqslant 0.30$) 在 5T 磁场下电阻率随温度的变化关系

由图 7-10(a) 的插图可知，$Nd_{0.5}Ca_{0.5}MnO_3$ 母相表现出了热滞效应，但并不十分明显。$x=0.025$ 的样品，如图 7-10(b) 所示，T_{IM}（绝缘体-金属转变温度）由降温时的 118K 变为升温时的 122K；如图 7-10(a) 所示，$x=0.05$ 的样品的 T_{IM} 由降温过程的 78K 变为升温过程中的 86K。这三个样品在降温和升温两个过程中是不可逆的，即降温是的电阻率均高于升温过程的电阻率（在热滞区域），三个样品均存在热滞效应，其中 $x=0.05$ 的样品的热滞效应最为明显。这种热滞现象说明体系在此时发生的相变为一级相变[50]。

2. 系列样品的 CMR 效应

磁电阻效应早已被研究者们发现，也一直受到人们的关注，但是目前对其产生的机理一直没有一个明确的定论，仍然没有确定的解释。因为 Zener 首先提出的双交换作用模型可以来解释发生在锰氧化物体系中的金属-绝缘体转变。这一模型后来被 Anderson 等从数学的角度出发，对其做了进一步的完善。然而，20 世纪 90 年代中期，Millis 等[18] 曾发表了题为 *Double Exchang Alone Does Not Explain the Resistivity of* $La_{1-x}SrMnO_3$ 的论文。他们指出如果仅仅从双交换作用的角度出发，所计算出来的磁转变温度要远远大于实验测量出的值。此外根据理论计算得出的磁阻效应也要比实验测得的值大几个数量级。所以他们得出结论：不能单从双交换作用角度来解

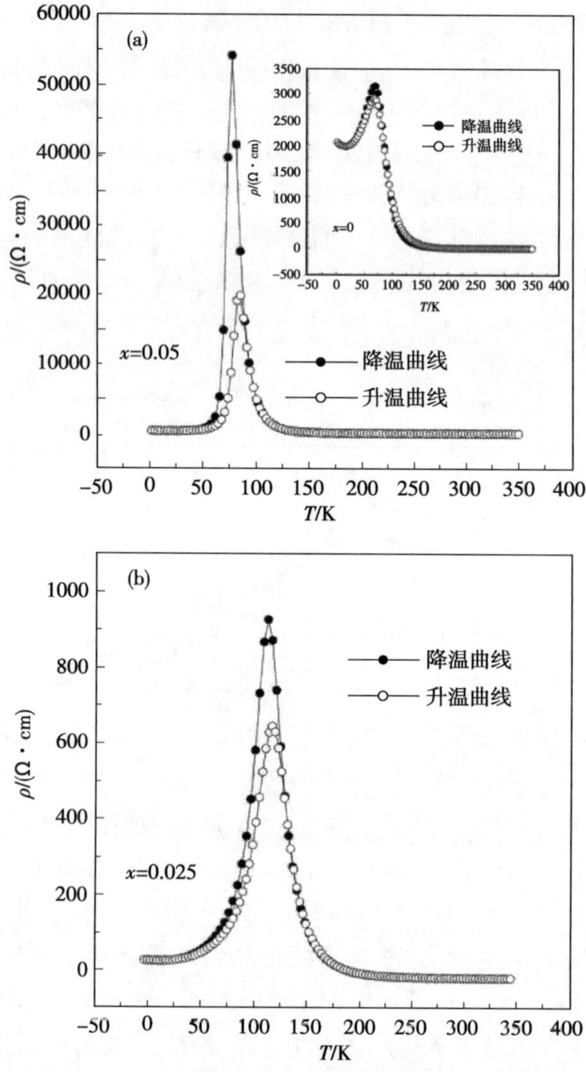

图 7-10　$x \leqslant 0.05$ 的样品在 5T 磁场下电阻率随温度的变化

释锰氧化物中出现的电输运行为，还应该从电-声相互作用而形成的极化子的角度加以解释。事实证明，他们采用这一理论很好地解释了一些实验结果。之后，Riera[19~22] 等考虑到了不同的相互作用。因此采用不同的哈密顿，最终得到了不同维数下的电子相图。其中的部分结果与实验现象相符合，这也使得人们再一次加深了从微观的角度对锰氧化物体系的电输运特性的理解。

综合已有的实验结果和理论研究，研究者们大致从以下几个方面对 CMR 机制进行探讨：①晶体结构；②轨道、电子以及自旋之间的相互作用；③双交换理论模型和 Jahn-Teellr 效应相结合；④磁相转变和电子的局域化角度；⑤相分离机制。

图 7-11 为低掺杂样品的 MR（磁阻）效应，通常采用磁电阻的比值的大小来表示

MR 效应,其表示方式有以下两种

$$MR=[\rho(H)-\rho(0)]/\rho(0)\times 100\%$$

$$MR=[\rho(H)-\rho(0)]/\rho(H)\times 100\%$$

其中,$\rho(0)$和$\rho(H)$分别代表零磁场和有外加磁场存在时的电阻率值。由图 7-8 可知,$\rho(0)$在低温下为绝缘体性质,电阻率超出量程。采用上述第一个式子得到的$\rho(H)$相对于$\rho(0)$的变化很小,因此我们用第二个式子来表示样品的 MR 效应。如图 7-11(a)所示,$x=0.025$ 的样品随着温度的降低 MR 效应越来越大,在接近 50K 时达到最大值约为 27500%。图 7-11(a)中的插图为该样品在 1T 和 5T 磁场下展现出的 MR 效应,可以看出 MR 效应仍然比较明显。与 $x=0.025$ 的样品相比,$x=0.05$样品所表现出的 MR 效应在温度降至接近 50K 时为 220%,比前者小了两个数量级。由图 7-11(b)的插图可以看出,母相样品展现出的 MR 效应与 $x=0.05$ 的样品的数值很接近。

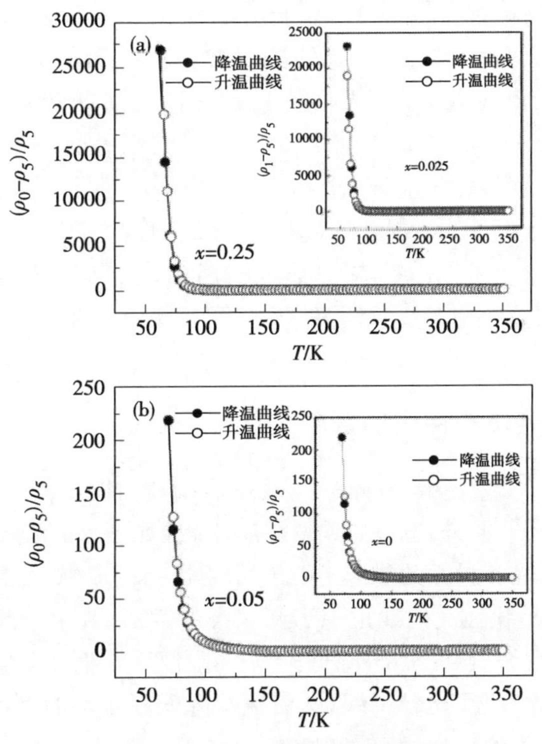

图 7-11 $x\leqslant 0.05$ 样品的磁阻效应

下面我们从两个角度给以解释:①随着温度的降低,MnO_6八面体的晶格畸变也会之增大,同时电-声子相互作用得到增强,这将会导致电子局域化的出现。当有外加强磁场存在的条件下,电子自旋的方向将与外磁场的方向一致,增强了载流子的退局域化程度,使得电阻率显著的下降,相应的磁电阻明显的增大。然而当没有外加磁场以及磁场强度不是很大时,样品内的自旋团簇会随着温度的下降被冻结在随机的方向上,所以电阻率会不断的增加。②如前所述,对于母相而言,在低温下为反铁磁基础上的两相(及以上)共存的基态。在无 Fe^{3+} 掺入时,理论上 Mn^{3+}/Mn^{4+} 为 1,这为双交换作用提供了必须的条件,再加上强磁场的作用,使 Mn^{3+}-O-Mn^{4+} 键的键角趋于 180°,从而样品从半导体性质转变为金属性。而 Fe^{3+} 的掺入与外加强磁场的共同作用使得体系中的铁磁相得到增强,电子的巡游的可能性增大,一部分载流子退局域化,这导致了电阻率的下降,从而使得磁电阻增大。对于高掺杂样品没有出现 CMR 效应,我们在前面的电阻率部分已经给予解释。

7.3　$Nd_{0.5}Ca_{0.5}Mn_{0.95}Fe_{0.05}O_3$的磁滞回线分析

7.3.1　引言

钙钛矿锰氧化物所具有的结构使得系统对外界条件的变化比较敏感,例如温度、压力和磁场等。对于 $Nd_{0.5}Ca_{0.5}MnO_3$ 体系,当外加磁场达到 25T 时,可以破坏 Mn^{3+} 和 Mn^{4+} 离子之间的电荷有序态,从而发生绝缘体-金属的转变[23]。此外,当温度为 5K 和低于 5K 时,在外加磁场的作用下,体系中的变磁性转变现象变的更加明显,即可发生台阶状变磁相变[24]。

通过第 6 章的分析可知,$Nd_{0.5}Ca_{0.5}Mn_{0.95}Fe_{0.05}O_3$ 在低温下为铁磁相与反铁磁相共存的相分离态。对于锰氧化物体系,影响磁滞回线的因素有:样品之间的差异、温度的影响、循环次数的影响、测量过程的影响等。我们将在这一章分析温度、循环次数以及样品之间的差异对磁化强度的影响。

7.3.2　温度对样品磁滞回线的影响

图 7-12 为 2K 下 $x=0.05$ 的样品的磁滞回线。由图可知,磁化强度在 6T 磁场以下几乎为线性增长。此外,与 $x=0$ 的样品比较(如图 7-7 所示),磁化强度值要比后者大,这是因为与母相样品比较,$x=0.025$ 的样品的 COOAF 基态更弱[25]。当外加磁场大于 6T 时,磁化强度曲线出现了两次大的跳跃,其机理我们在第 6 章已给予解释。当磁场达到最大值 9T 后再降低到 0T 的过程中,沿着与第一条曲线不同的路径回到零场,磁化强度曲线比较平缓,然而继续降低到零场的过程却有一个很大的降落,展现了一个软磁体的性质,并且伴随着 $0.82\mu_B$/f. u. 的剩磁。这种现象在相分离的锰氧化物材料中会被普遍地观察到,原因在于一级相变中电荷有序反铁磁相的动力学抑制[24]。

在图 7-13 中,每一个磁滞回线都是从室温经过零场冷却到达目标温度的。如图 7-13(a)所示,当温度为 5K、外加磁场较小时,磁化强度随着磁场的增加几乎接近线性的增长。当磁场大于 5T 以后,磁化强度增长迅速,出现了一个变磁性转变现象。

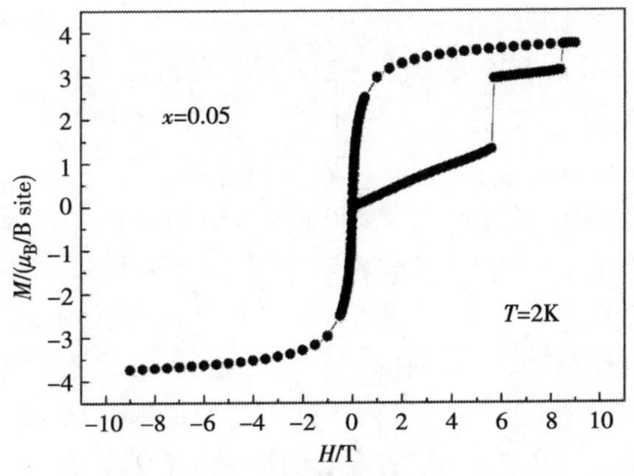

图 7-12　2K 温度下样品的磁滞回线

当磁场达到 9T 后，磁化强度沿着不同路径回到零场。在负磁场区域，第三个过程和第四个过程两条磁滞回线重合，而第五条与第二条重合。在图 7-13(b)中，曲线的变化趋势与 $T=5$K 时相似，不同的是 $T=16$K 时，变磁性转变的临界场比前者小，约为 3T。如图 7-13(c)所示，随着温度的继续升高，当 $T=44$K 时，第五条磁滞回线比第二条低，但比第一条高。当温度继续升高，到达 166K 以后，三个样品的磁化强度随

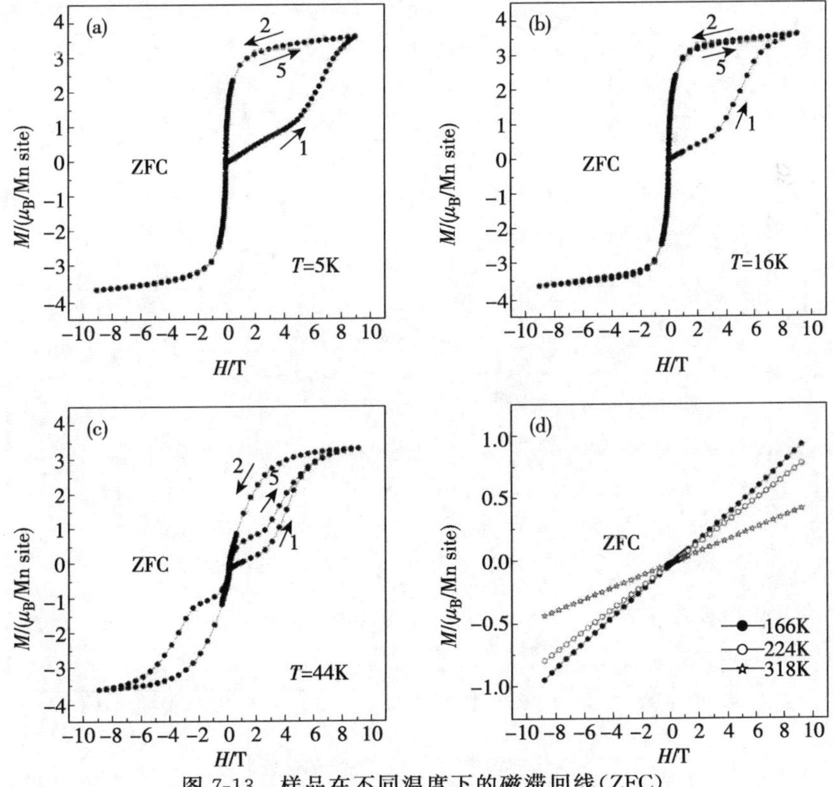

图 7-13　样品在不同温度下的磁滞回线(ZFC)

着磁场的增加完全呈线性增长。

当 $T=5K$ 时，系统是 FM(铁磁相)与 AFM(反铁磁相)/CO 区域的共存态，其中的反铁磁区域中的相互作用有着强和弱的区分。当外加磁场比较小时，系统中的反铁磁会受到破坏，自旋的方向开始翻转，因此在低磁场下(即在 5T 以下)磁化强度随着磁场的增加逐渐增大。当磁场大于 5T 以后，弱相互作用的反铁磁区域的磁矩开始反转并与外磁场的方向一致。结果表现为磁化强度出现了明显的增加。$T=16K$ 和 $T=44K$ 时，当磁场从最大值 9T 降低到零场后，从高磁场获得的原来的 CO 区域的一部分保持它们的铁磁序，而其他的部分又转变为 AFM 态[17]。如图 7-13(c)所示，$T=44K$ 时，在磁场从最大值($H=9T$)减小到零场的过程中，从磁滞回线的变化可以看到体系表现出软铁磁体行为，并且伴随着不明显的剩磁和矫顽力。如图 7-13(d)所示，在 $T=166K$，224K，318K 时，直到磁场为 9T 磁化强度曲线呈直线，这是由于系统在上述温度下处于顺磁态。

图 7-14 为图 7-12 中所测样品在测试 2K 下磁滞回线以后对其继续进行不同温度的测量的，每一次测量都是在上一次测量后将磁场降为零场，然后直接升温到目标温度而测得的磁滞回线。由图 7-14(a)可知，磁化强度随着磁场的增加迅速增大，不

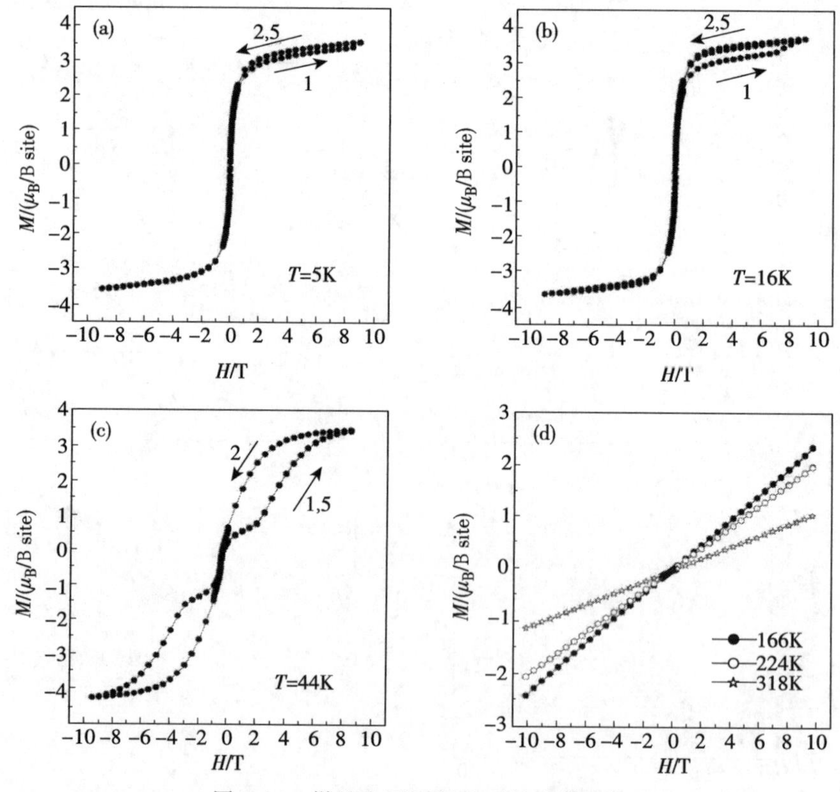

图 7-14 样品在不同温度下的磁滞回线

需要变磁性转变即可达到接近饱和的状态，表现出纯的铁磁体的性质。图 7-14(b)中，$T=16K$ 的情况与前者相似。对于 $T=44K$ 的情况来说，系统出现了变磁性的转变。这种在磁场诱发下体系发生的变磁性转变是由于部分的电荷有序反铁磁相转变为铁磁相引起的。随着磁场的增加铁磁相增加而反铁磁相减少，并且正是由铁磁相与反铁磁相共存导致了在此温度下当磁场从最大值降到零场时出现剩磁。在图 7-14(d)中的三个温度下，磁化强度随磁场的增大呈线性增长。

与图 7-13 相比，在零场冷却和非零场冷却的条件下测得的磁滞回线所表现出的性质是不同的。在非零场冷却的条件下，每一次测量都是在前一次测量的基础上进行的，虽然在磁场减小到 1T 后采用了共振降场的方式，但我们从测量结果中可以看到，磁场在重复测量中对样品产生了一定的影响。

图 7-15 为 A 样品在温度为 2K 时重复测得的零场冷却后的磁化强度随磁场的变化曲线的第一分支。如图所示，第二次测量磁化强度台阶的数量由两个减少到一个，并且，后者的临界场大小介于前者的两个临界场值之间。然而，第三次测量的结果显示样品发生磁性转变的临界场与第二次测量比较有明显的降低，此外样品的台阶状变磁相变直到 9T 仍然没有出现。最后一次测量的曲线变得十分平滑，磁性转变的临界场又有所降低。

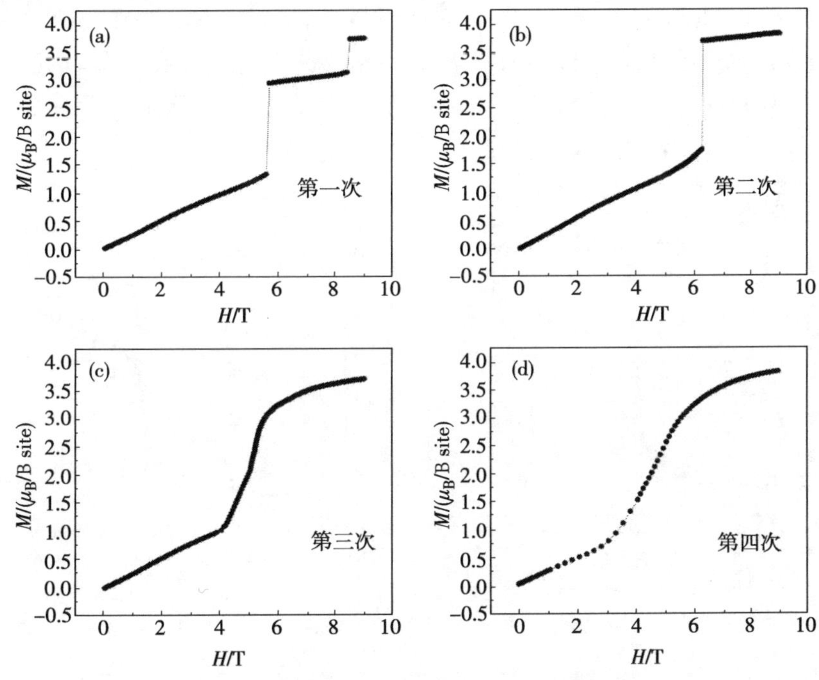

图 7-15　A 样品在 2K 下四次重复测量的磁滞回线(ZFC)

我们知道，对于钙钛矿锰氧化物 $RE_{1-x}AE_xMnO_3$ 而言，当 x 的值为 0.5 时样品的电荷有序态最强。经过研究证实，要改变这种有序态有两种方法，分别是在环境中加入强磁场或者是对样品进行掺杂，这两种方式均可使电荷有序态熔化，达到同样的目的。对于我们的重复测量结果而言，多次测量使得样品的状态发生变化，这种变化与对同一个样品进行不同温度（温度由低到高）的测量结果有着相似的效果。Hardy等测量了 $Pr_{0.5}Ca_{0.5}Mn_{0.95}Ga_{0.05}O_3$ 在5K、7.5K和10K下的磁滞回线，结果显示磁化强度台阶由5K时的两个变为7.5K时的一个，而在10K下没有展现出台阶状变磁相变，并且曲线变得平滑。值得注意的是，在我们的实验中，四次磁化强度的最大值依次为 $3.74\mu_B$、$3.42\mu_B$、$3.52\mu_B$ 和 $3.58\mu_B$。这与Hardy等和Pi等报道的随着循环次数的增多磁化强度的最大值逐渐减少的结果有所差别，我们的实验结果并没有出现这种现象。但以上测量结果都表明这种重复测量对样品所产生的影响是不可逆的。对于本实验所展现出的异常情况，其产生的原因还不是十分明确，需要进一步的研究。

如图7-16所示，A样品第一次测量出现两个磁化强度的台阶，而B样品是与A样品在相同条件下同一次烧结的另一块样品。B样品在2K下的测试程序与A样品完全相同，但我们看到磁滞回线在第一象限只出现了一个磁化强度台阶，但是这两个样品在台阶出现之前的两条曲线基本重合，这证明样品内部的阳离子均匀性较好。由图可知，两个样品所表现出的性质还是有区别的。然而Hardy[25]等对同一批的四个样品进行测量，得到的四个样品的磁滞回线中每个样品均出现三个大的磁化强度台阶，只是出现台阶的临界场根据样品的不同而不同，但总体上它们之间的差别并不大。然而我们的两个不同的样品所表现出来的是磁化强度台阶由两个变成一个，对于我们的实验结果所产生的机理还需要进行更深入的研究，但是可以肯定的是对于同一掺杂浓度的样品中不同样品块之间是存在差异的。

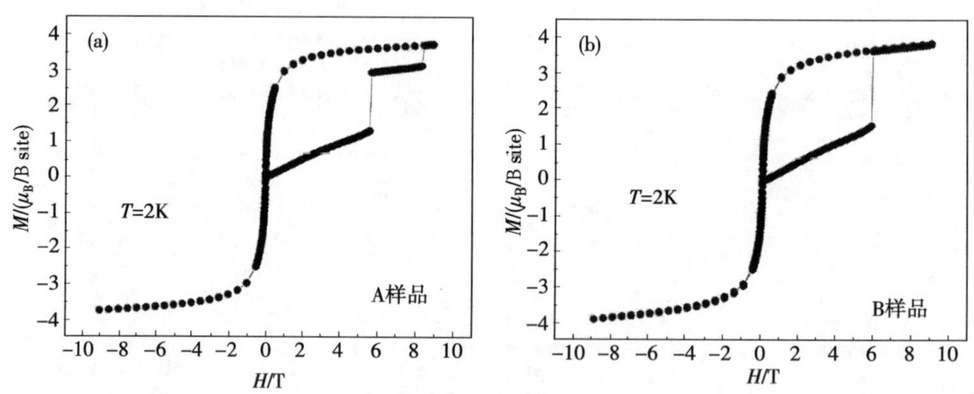

图7-16 A样品和B样品2K下的磁滞回线

7.4 本章小结

本书采用固相反应合成了 $Nd_{0.5}Ca_{0.5}Mn_{1-x}Fe_xO_3$ $(0\leqslant x\leqslant 0.30)$ 系列多晶样品。

X 射线衍射图样显示，该系列样品都是单相正交结构，并且衍射峰的位置随 Fe 掺杂量的增加无明显变化，这是因为 Fe^{3+} 和 Mn^{3+} 的半径几乎相等。对 M-T 的测试结果显示，电荷有序对应的峰随掺杂量的增加越来越不明显，到 $x=0.10$ 时几乎完全消失，这表明 Fe 的掺入破坏了 Mn^{3+} 和 Mn^{4+} 之间的有序排列。母相样品在较低温度时磁化强度展现出一个快速的增长，这种现象是由 Nd^{3+} 的有序引起的。当温度继续降低至 6K 左右，$x\geqslant0.05$($x=0.20$ 除外)时均出现了一个尖锐的峰，此温度对应于铁磁团簇之间的自旋阻塞温度，这一现象是传统的自旋玻璃材料和相分离材料的特征。

对系列样品进行 2K 下的磁滞回线测量表明，母相样品在 9T 的磁场下没有出现台阶状变磁相变，磁化强度也没有达到饱和，这表明该样品存在着很强的电荷有序态。在 $x=0.025$ 和 $x=0.05$ 的样品中观察到了台阶状变磁相变，由于低温下样品处于相分离态在，在外磁场增加的条件下反铁磁相转变为铁磁相，当磁场增加到临界场 H_C时界面效应被破坏，铁磁成分显著增加，出现了磁化强度的台阶状变磁相变。此外，$x=0.05$ 的样品的临界场要高于 $x=0.025$ 的样品的临界场，我们认为随着 Fe 掺杂量的增多结构更加对称，增加了界面效应，因此需要更高的磁场来克服增加了的界面效应。当 $x\geqslant0.10$ 时，所有样品没有出现变性变现象，说明在低温下掺杂浓度较高可能完全抑制短程电荷/轨道有序，使铁磁性减弱而反铁磁性增强。

通过测试 $Nd_{0.5}Ca_{0.5}Mn_{0.95}Fe_{0.05}O_3$样品在不同温度下的磁滞回线，5K 时已经观察不到台阶状变磁相变，但是 5K 下系统仍然是铁磁相与反铁磁相共存态。此外，磁化强度在接近 9T 时增长，并且在 9T 磁场下仍然没有达到饱和表明不是所有的反铁磁相都转变成为铁磁相。温度为 16K 的情况与 5K 的情况相似。当温度升到 44K 时，出现了比较明显的磁滞现象。当温度继续升高到 166K 以上时，该样品的磁化强度随磁场呈线性关系，这表明样品处于顺磁态。此外，在同一温度对样品进行多次循环测量使样品的状态发生改变，磁化强度并不像前人所报道的随着循环次数的增加而最大值减少，同时体现出不可逆性。实验数据还表明同一掺杂量的不同样品块也表现出了差异性。

对电阻率的研究表明，在无外加磁场时系列样品在 50K 以下都处于绝缘态，在整个温度测量范围内没有出现绝缘体-金属的转变。在磁场为 5T 时，未掺杂样品以及低掺杂样品出现了绝缘体-金属的转变。这是由于强磁场使 Mn^{3+}-O-Mn^{4+} 键的键角趋于 180°，并结合双交换作用，体系出现了绝缘体-金属的转变行为。随着 Fe 掺入量的增多，Fe^{3+} 和 Fe^{3+}，Fe^{3+} 和 Mn^{4+}，Mn^{4+} 和 Mn^{4+} 之间的超交换作用应起到关键作用，所以反铁磁相得到加强，而铁磁相得到削弱，则没有出现绝缘体-金属的转变。低掺杂样品还表现出比较明显的热滞效应。$0\leqslant x\leqslant0.05$ 的样品均展现出明显的 CMR 效应，而对于高掺杂样品并没有观察到 CMR 效应。

参 考 文 献

[1] Ahn K H, Wu X W, Liu K, et al. Magnetic properties and colossal magnetoresistance of La(Ca)MnO_3 materials doped with Fe. Physical Review B, 1996, 54(21): 15299－15302

[2] Kundaliya D C, Vij R, Kulkarni R G, et al. Structural, magnetic and magnetotransport properties of the $La_{0.67}Ca_{0.33}Mn_{0.9}Fe_{0.1}O_3$ perovskite. Journal of Magnetism and Magnetic Materials, 2003, 264: 62－69

[3] Cai J W, Wang O, Shen B G, et al. Colossal magnetoresisstance of spin-glass perovskite $La_{0.67}Ca_{0.33}Mn_{0.9}Fe_{0.1}O_3$. Applied Physics Letters, 1997, 71(12): 17271729

[4] Hejtmanek J, Jirak Z, Sebek J, et al. Magnetic phase diagram of the charge ordered manganite $Pr_{0.8}Na_{0.2}MnO_3$. Journal of Applied Physics, 2001, 89(11): 7413－7415

[5] Schiffer P, Ramirez A P, Bao W, et al. Low temperature magnetoresistance and the magnetic phase diagram of $La_{1-x}Ca_xMnO_3$. Physical Review Letters, 1995, 75(18)3336－3339

[6] Mahato N R, Sethupathi K, et al. Co-existence of giant magnetoresistance and large magnetocaloric effect near room temperature nanocrystalline $La_{0.7}Te_{0.3}MnO_3$. Journal of Magnetism and Magnetic Materials, 2010, 322(17): 2537－2540

[7] Barnabe A, Maignan A, Hervieu M, et al. Extension of colossal magnetoresistance properties to small A site cations by chromium doping in $Ln_{0.5}Ca_{0.5}MnO_3$ manganites. Applied Physics Letters, 1997, 71(26): 3907－3909

[8] Moritomo Y, Tomioka Y, Asamitsu A, et al. Magnetic and electronic properties in hole-doped manganese oxides with layered structures: $La_{1-x}Sr_{1+x}MnO_4$. Physical Review B, 1995, 51(5): 3297－3300

[9] Yaicle C, Raveau B, Maignan A, et al. Effect of trivalent cation substitution for manganese upon ferromagnetism in $Ln_{0.57}Ca_{0.43}MnO_3$ (Ln＝Pr, Nd). Solid State Communications, 2004, 132(7): 487－492

[10] Raveau B, Maignan A, Martin C. Insulator-metal transition induced by Cr and Co doping in $Pr_{0.5}Ca_{0.5}MnO_3$. Journal of Solid State Chemistry, 1997, 130(1): 162－166

[11] Karmakar S, Bose E, Taran S, et al. Magnetocaloric effect in charge ordered $Nd_{0.5}Ca_{0.5}MnO_3$ manganite. Journal of Applied Physics, 2008, 103: 023901

[12] Fisher L M, Kalinov A V, Voloshin I F. $Pr_{1-x}Ca_xMnO_3$ system in the crossover region between different kinds of magnetic ordering. Journal of Magnetism and Magnetic Materials, 2003, 258－259: 306－308

[13] Li Y, Miao J P, Sui Y, et al. Phase separation, low-field magnetic and transport properties of $Pr_{0.75}Na_{0.25}Mn_{0.9}Fe_{0.1}O_3$. Journal of Magnetism and Magnetic Materials, 2006, 305: 247－252

[14] Verwey E J W. Electronic conduction of magnetite(Fe_3O_4) and its transition point at low temperatures. Nature, 1939, 144(3642): 327－328

[15] Kimura T, Kumai R, Okimoto Y, et al. Variation of charge-orbital correlation with Cr doping in

manganites. Physical Review B,2000,62(22):15021－15025

[16] 俞坚,张金仓,曹桂新,等. 相分离 $Nd_{0.5}Ca_{0.5}MnO_3$体系的再入型自旋玻璃行为和电荷有序. 低温物理学报,2006,55(4):1914－1920

[17] Pi L,Cai J W,Zhang Q,et al. Training effect by the applied magnetic field in the double-doped $Pr_{0.5+0.5x}Ca_{0.5-0.5x}Mn_{1-x}Cr_xO_3$. Physical Review B,2005,71:134418－(1－6)

[18] Millis A J,Littlewood P B,Shraiman B I. Double exchange alone does not explain the resistivity of $La_{1-x}Sr_xMnO_3$. Physical Review Letters,1995,74:5144－5150

[19] Riera J,Hallerg K,Dagotto E. Phase diagram of electronic models for transition metal oxides in one dimension Physical Review Letters,1997,79:713

[20] Yunoki S,Moreo A. Static and dynamical properties of the ferromagnetic Kondo model with direct antiferromagnetic coupling between the localized t_{2g} electrons. Physical Review B,1998,58:6403

[21] Calderon M J,Brey L. Monte Carlo simulations for the magnetic phase diagram of the double-exchange Hamiltonian. Physical Review B,1998,58:3286

[22] Dagotto E,Yunoki S,Malvezzi A L,et al. Ferromagnetic Kondo model for manganites:Phase diagram, charge segregation, and influence of quantum localized spins. Physical Review B,1998,58:6414

[23] 朱德亮,曹培江,柳文军,等. $Nd_{1-x}Ca_xMnO_3$中 A 位替代导致的铁磁性及磁化强度跳变. 深圳大学学报,2007,24(1):18－23

[24] 鲁毅,赵建军,邢茹,等. 钙钛矿锰氧化物 $Pr_{1-x}Ca_xMnO_3$ ($0.3 \leqslant x \leqslant 0.5$)的磁跳变现象. 稀土,2009,30(1):18－21

[25] Hardy V,Hebert S,Maignan A,et al. Staircase effect in metamagnetic transitions of charge and orbitally ordered manganites. Journal of Magnetism and Magnetic Materials,2003,264:183－191

[26] Kumar V S,Mahendiran R. Effect of impurity doping at the Mn-site on magnetocaloric effect in $Pr_{0.6}Ca_{0.4}Mn_{0.96}B_{0.04}O_3$ (B=Al,Fe,Cr,Ni,Co,Ru). Journal of Applied Physics,2011,109:023903－7

第8章　$Nd_{0.5}Ca_{0.5}Mn_{1-x}Ga_xO_3$的制备、结构表征及磁电性质分析

8.1　$Nd_{0.5}Ca_{0.5}Mn_{1-x}Ga_xO_3$($0\leqslant x\leqslant 0.15$)的制备与结构表征

8.1.1　引言

本章主要介绍掺杂钕元素和镓元素的钙钛矿型锰氧化物的单相多晶的系列样品$Nd_{0.5}Ca_{0.5}Mn_{1-x}Ga_xO_3$($0\leqslant x\leqslant 0.15$)的制备与结构表征过程。镓元素的掺杂量用$x$表示。其中有镓掺杂比例$x=0,0.01,0.02,0.03,0.04,0.05,0.07,0.10,0.15$共9个样品。制备方法采用上述的高温固相反应法,结构表征采用X射线衍射仪进行测量。

8.1.2　制备所需原料及仪器设备

1.实验原料

表8-1为制备$Nd_{0.5}Ca_{0.5}Mn_{1-x}Ga_xO_3$($0\leqslant x\leqslant 0.15$)系列样品所需要的原料。

表8-1　原料

原料名称	化学式	分子量	级别	纯度
碳酸钙	$CaCO_3$	100.09	GR	99.0%
氧化钕	Nd_2O_3	336.48	3N	99.9%
氧化镓	Ga_2O_3	139.45	4N	99.99%
二氧化锰	MnO_2	86.94	AR	99.9%

2.实验仪器设备

(1) DHG-9145A型真空干燥箱:用于干燥实验仪器、实验原料及样品(图8-1)。

图8-1　DHG-9145A型真空干燥箱

(2) DY-20 型 20 吨台式电动压片机：用于将研磨混合后的原料压片(图 8-2)。

图 8-2 DY-20 型 20 吨台式电动压片机

图 8-3 GSL1400X 管式加热炉

(3) GSL1400X 管式加热炉：最高加热至 1400℃，用于烧结样品(图 8-3)。

(4) 电子天平：精度 10^{-5} g，用于精确称量实验原料。

(5) 玛瑙研钵、刚玉垫片用于研磨及承载样品。

(6) X 射线衍射仪。

(7) PPMS 物理性质测量系统。

8.1.3 高温固相反应法制备 $Nd_{0.5}Ca_{0.5}Mn_{1-x}Ga_xO_3$ $(0\leqslant x\leqslant 0.15)$

本书制备 $Nd_{0.5}Ca_{0.5}Mn_{1-x}Ga_xO_3$ $(0\leqslant x\leqslant 0.15)$ 主要采用高温固相反应法，所制备出的是单相多晶样品，制备样品的过程如下所述(流程图如图 8-4 所示)。

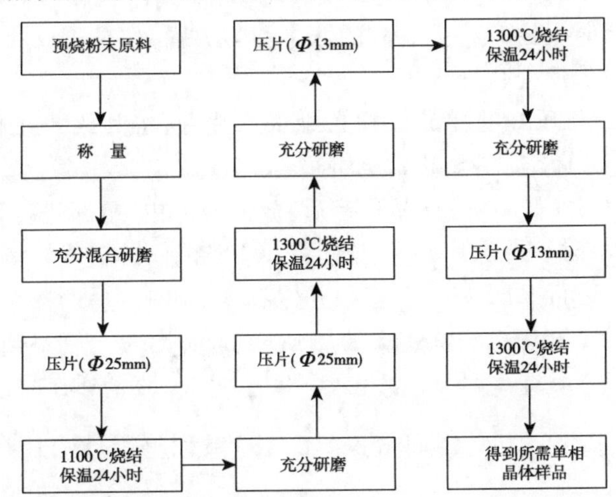

图 8-4 高温固相反应法合成 $Nd_{0.5}Ca_{0.5}Mn_{1-x}Ga_xO_3$ $(0\leqslant x\leqslant 0.15)$ 的流程图

(1) 原料：制备原料采用高纯度微米级粉末的 Nd_2O_3(99.9%)、$CaCO_3$(99.0%)、MnO_2(99.9%)和 Ga_2O_3(99.99%)。先经过预烧处理，MnO_2 在 200℃下预烧 3 小时，$CaCO_3$ 在 400℃下预烧 3 小时，Ga_2O_3 在 800℃下预烧 3 小时。预烧的目的在于去除原料中的水分，以使实验结果精确。称量时采用高精度电子天平。每个样品制作 1/30mol 的摩尔的量。根据摩尔质量计算每个样品的原料所需质量，如表 8-2 所示。

表 8-2　原料所需质量(单位:g)

x	氧化钕	碳酸钙	二氧化锰	氧化镓
0	2.8040	1.6681	2.8979	0
0.01	2.8040	1.6681	2.8689	0.0312
0.02	2.8040	1.6681	2.8399	0.0625
0.03	2.8040	1.6681	2.8110	0.0937
0.04	2.8040	1.6681	2.7820	0.1250
0.05	2.8040	1.6681	2.7530	0.1562
0.07	2.8040	1.6681	2.6950	0.2187
0.10	2.8040	1.6681	2.6081	0.3124
0.15	2.8040	1.6681	2.4632	0.4686

(2) 混合研磨：将称量好的各种原料倒入玛瑙研钵中，用药匙将其尽量均匀混合，进行半小时左右的用力研磨。这主要是为了破坏原料结晶形成的大颗粒，让原料之间能够充分接触。在研磨的过程中一定要注意原料的损失，因为研磨过程中原料发生损失会影响样品原料的混合比例，导致样品合成失败。

(3) 压片成型：原料在充分混合和研磨之后要利用压片机进行压片，以便使原料颗粒之间充分接触，增加原料颗粒之间的接触面积，提高反应速率和反应完全度。压片模具采用 25mm 的圆形压片模具，压片机的工作压力调整为 20MPa 左右，并设置保压一分钟。压片时要注意将模具内的原料均匀放置，如果压成的片有裂痕或分层，将影响烧结时原料的反应。

(4) 高温烧结：将压好的样品放置在刚玉垫片上，将其放置在高温管式炉中，在空气氛围内加热至 1100℃并保温 24 小时。

(5) 重新研磨压片烧结：待样品冷却后，放入研钵中，重新进行研磨，使样品成为极细颗粒后(约 1 小时)，再次压片后进行 1300℃烧结，在空气氛围下保温 24 小时。重复以上步骤一共进行 3 次 1300℃烧结并保温 24 小时。后两次 1300℃的烧结需要放入 13mm 的模具中利用 7～10MPa 的压强进行压片，每个样品压成 6 个小片。如此便制成了所需的 $Nd_{0.5}Ca_{0.5}Mn_{1-x}Ga_xO_3$ $(0\leqslant x\leqslant 0.15)$系列样品。

8.1.4 $Nd_{0.5}Ca_{0.5}Mn_{1-x}Ga_xO_3$ $(0\leqslant x\leqslant 0.15)$系列样品 XRD 结构表征

当制作好样品后需要对样品进行 XRD 结构表征，并与标准 PDF 数据库卡片进行比对，以确定是否合成了所需样品，并判断样品的质量。本实验采用粉末法，先需要将被测样品研磨成粉末状态，再放入 XRD 仪器中进行测量。本实验应用的 XRD 设备的入射角从 10°到 90°连续扫描，测量的步长是 0.02°，停留的时间为 6s。X 射线的入射波长 λ 为 15.605981Å，产生 X 射线的光源为 Cu 靶 K_α 射线。测量结束后通过软件合成得到 XRD 衍射图谱，应用 Jade5 分析软件与标准 XRD 衍射 PDF 卡片进行对比进行物相定性分析，即可取得晶体结构以及晶胞参数等样品的结构信息(表 8-3)。

表 8-3　$Nd_{0.5}Ca_{0.5}Mn_{1-x}Ga_xO_3$ ($0\leqslant x\leqslant 0.15$) 系列样品的晶胞参数

掺杂量	a/Å	b/Å	c/Å	V/Å³
x=0.00	5.39939	7.59105	5.37662	220.37
x=0.01	5.39969	7.58693	5.38203	220.49
x=0.02	5.40141	7.58352	5.38147	220.43
x=0.03	5.39590	7.59351	5.37667	220.30
x=0.04	5.39692	7.59850	5.38104	220.67
x=0.05	5.39719	7.60868	5.37939	220.91
x=0.07	5.39746	7.60357	5.38181	220.87
x=0.10	5.39519	7.59525	5.37584	220.29
x=0.15	5.39272	7.59777	5.38176	220.50

图 8-5 为 $Nd_{0.5}Ca_{0.5}Mn_{1-x}Ga_xO_3$ ($0\leqslant x\leqslant 0.15$) 系列样品($x$=0，0.01，0.02，0.03，0.04，0.05，0.07，0.10，0.15)的室温粉末 XRD 谱图。根据标准 PDF 卡片比对，所测的 $Nd_{0.5}Ca_{0.5}Mn_{1-x}Ga_xO_3$ ($0\leqslant x\leqslant 0.15$) 样品均为单相的正交结构，每个衍射峰的形状都比较尖锐且没有明显的杂峰出现，这证明样品合成的质量较高。图中每个峰值都没有根据 x 值的变化而发生改变，33.30°处为主峰，随 Ga^{3+} 离子掺杂量的增加，该峰的出现并无明显的规律。用软件进行计算，发现随着 Ga 掺杂量的增加，系列样品的晶胞参数跟 x=0 的母相样品相比，并没有明显的变化。由于 Mn^{3+} 与 Ga^{3+} 的离子半径基本一样，Mn^{3+} 低自旋的离子半径为 58pm，Ga^{3+} 的离子半径 62pm，所以晶胞参数基本没有变化。可以证明 Ga^{3+} 离子的掺杂没有对其母相样品 $Nd_{0.5}Ca_{0.5}MnO_3$ 的晶体结构产生影

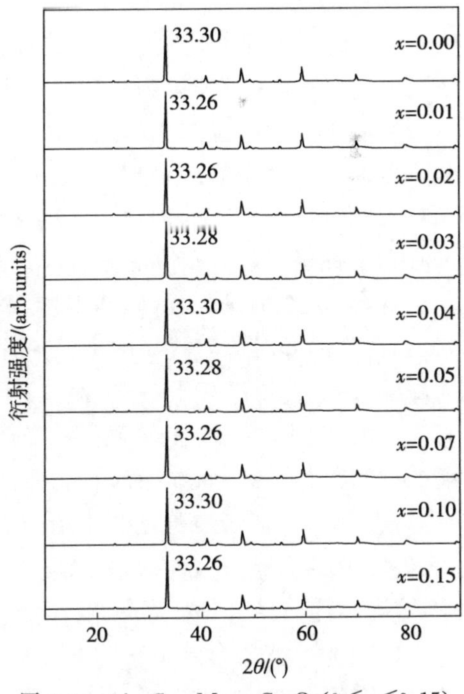

图 8-5　$Nd_{0.5}Ca_{0.5}Mn_{1-x}Ga_xO_3$ ($0\leqslant x\leqslant 0.15$) 系列样品的 XRD 谱图

响。通过以上结论证明样品晶体空间群为Pnma。

8.2 Ga掺杂对$Nd_{0.5}Ca_{0.5}Mn_{1-x}Ga_xO_3(0\leqslant x\leqslant 0.15)$系列样品磁性质的影响

8.2.1 引言

磁性是物质放在不均匀的磁场中受到的磁力作用,这适用于任何物质。从宏观角度讲,物体的磁性分为:铁磁性、反铁磁性、亚铁磁性、顺磁性和抗磁性。这些宏观磁性的产生的微观机理各不相同。本章主要采用物理性质测量系统所附带的ACMS磁性测量选件来研究$Nd_{0.5}Ca_{0.5}Mn_{1-x}Ga_xO_3(0\leqslant x\leqslant 0.15)$系列样品的磁性质,主要分析Ga掺杂量、温度以及外磁场强度对样品的磁化强度、磁滞回线以及交流磁化率的影响。利用的实验仪器为PPMS,可达到极端的测量条件,最高磁场为±9T,最低温度可达1.9K,最高测量温度为400K。

8.2.2 Ga掺杂对系列样品的磁化强度的影响

图8-6是系列样品$Nd_{0.5}Ca_{0.5}Mn_{1-x}Ga_xO_3(0\leqslant x\leqslant 0.15)$在2～350K的磁化强度随温度的变化关系(即$M$-$T$曲线)。该曲线的测量过程是由室温(300K)降温至2K,加上磁场大小为100Oe的外磁场。然后升温至350K,同时测量样品的磁化强度,测量步长为2K,即得到样品的零场冷却曲线磁化强度曲线。样品在有100Oe的外场环境下再次降温到2K,在升温过程中进行测量,即得到样品的有场冷却曲线磁化强度曲线。由于Ga掺杂引起Mn^{3+}离子变化成的Mn^{4+}离子会随机的分布在样品之中,因此由载流子引起的铁磁成分也会随机产生。体系在低温下既存在铁磁团簇,又存在反铁磁团簇,两种成分共存,也互相竞争。

观察$x=0$的母相样品,当温度降低至248K左右,磁化强度曲线出现了一个最大值,此处的峰对应着样品的电荷有序温度T_{CO},高于此温度的时候,电荷应该处于无序状态,在此温度以下,三价锰离子和四价锰离子变得按照一定的序列排列。电荷有序温度T_{CO}随着Ga掺杂而发生降低,这表明随着Ga的掺杂,电荷有序现象被逐渐的抑制[1]。在$x=0.04$时,$T_{CO}=215K$,当$x\geqslant 0.05$时,T_{CO}的峰消失不见了。这表示Ga的掺杂破坏了三价锰离子和四价锰离子的电荷有序。当温度降低至8K左右,$x\geqslant 0.07$的样品的FC曲线出现了一个尖锐的峰,这是铁磁团簇之间的自旋阻塞温度,这表示样品具有相分离材料[2]和自旋玻璃材料[3]的特征。

图中$x=0.02$的样品在50K左右ZFC曲线和FC曲线均出现了分叉现象,FC曲线的磁化强度随温度降低而继续升高,而ZFC曲线则发生了下降的趋势。这是因为在有场冷却中,由于有外磁场的存在,样品中的电子就会沿着外磁场的方向进行排

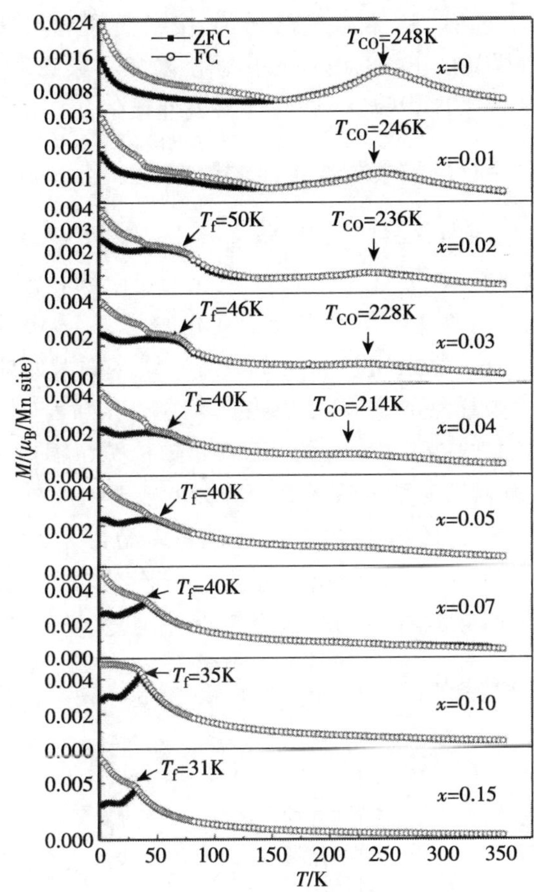

图 8-6　$Nd_{0.5}Ca_{0.5}Mn_{1-x}Ga_xO_3$($0\leqslant x\leqslant 0.15$)系列样品在 $H=0.01T$ 的外磁场下 ZFC 和 FC 的温度与磁感应强度(M-T)曲线。其中,T_{CO}为电荷有序温度;T_f为冻结温度

列,从而具有整体的方向性,尤其在低温下有铁磁团簇存在下。由于电子的自旋可以产生出一个小的磁场,由于外磁场的作用,电子自旋沿着一个方向,宏观上就会产生一个外磁场,磁场保持着一个磁有序的现象。当外界的温度不断下降的过程中,电子的运动就会变慢,产生出冻结的效应,对应的是磁有序的冻结。所以样品的磁化强度便不会降低,从而反映出样品具有一定的铁磁性。但是,在 ZFC 过程中,磁性离子是随机的排列,方向也是随机的混乱的,所以没有宏观的方向。图中的 50K 即冻结温度,用 T_f表示。$x\geqslant 0.02$ 的样品在图中均有标示。

从图 8-6 中也可以看出,系列样品的 ZFC 与 FC 曲线在 T_f温度以上基本重合,但是在冻结温度以下,ZFC 曲线随着温度的降低而出现下降的趋势,FC 曲线随着温度的下降也出现上升的趋势,即使到 2K 下,FC 磁化强度也没有减小。Ga^{3+} 离子为非磁性离子,它能够抵消一部分三价锰离子产生的 Jahn-Teller 畸变,使得晶体的结构具有更好的对称性[4]。随着 Ga 掺杂量的增加，电荷有序和反铁磁有序被强烈的抑制。在 2K 的温度下，样品的 FC 曲线的磁化强度随着掺杂量的增大而变大，这表明 Ga 掺杂可以抑制反铁磁有序，从而使样品的铁磁性增强。

8.2.3 Ga 掺杂对系列样品的磁滞回线的影响

当铁磁质达到磁饱和的状态后，如果减少外磁场强度 H，样品的磁化强度 M 并不会随着起始的磁化曲线减小，这表示 M 的变化总是会明显落后于 H 的变化，这种现象被称做磁滞现象。当磁化磁场作周期的变化时，铁磁体中的磁感应强度与磁场强度的关系是一条闭合线，这条闭合线叫做磁滞回线。磁滞回线是磁性材料的一个重要的特征，它可以反映样品的饱和磁化强度、剩余磁化强度(剩磁)、矫顽力等信息。

测量样品的磁滞回线应用 PPMS 的 ACMS 选件，测量温度为 2K，测量外磁场从 −9T 至 9T。图 8-7 中表示的是测量的系列样品的磁滞回线。

从图 8-7 中可以明显的看到磁滞现象，这说明样品在 2K 的温度下具有铁磁性。明显可以看出在 $x=0$ 时，曲线接近线性，这说明未掺杂 Ga 元素的样品的铁磁性很弱。随着掺杂量的增加，系列样品的外磁场强度一定时，样品的磁感应强度 M 也明

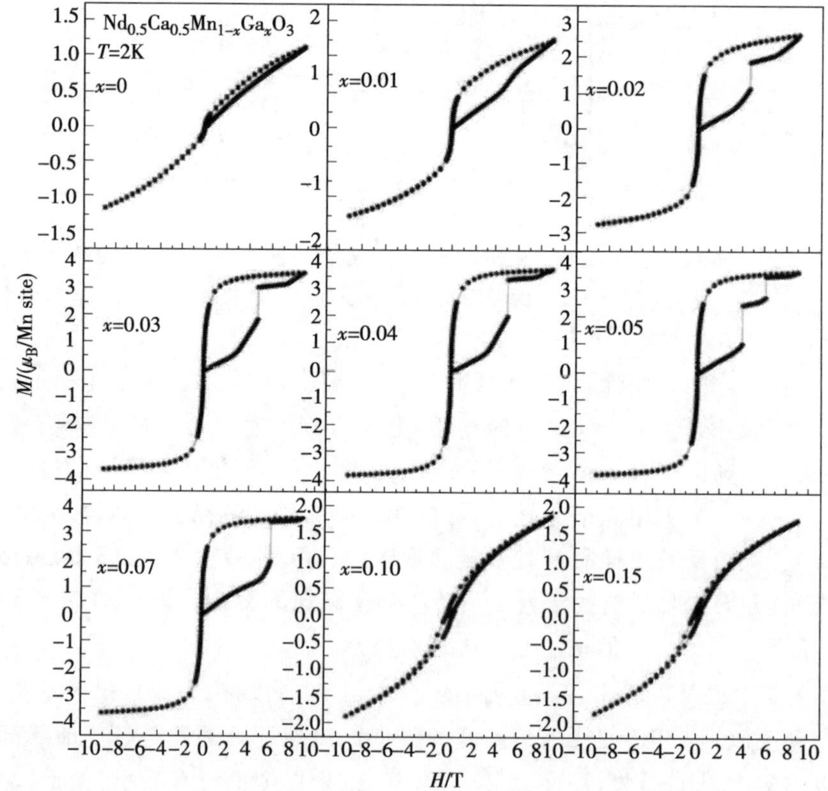

图 8-7 $Nd_{0.5}Ca_{0.5}Mn_{1-x}Ga_xO_3$($0\leqslant x\leqslant 0.15$)系列样品在 2K 温度下的 M-H 曲线

显增大，这表明样品的铁磁性逐渐增强。对于未掺杂的 $x=0$ 的样品在 H 最大为 9T 的情况下也并没有出现磁饱和，这说明样品还没有完全变为铁磁性，样品体系中反铁磁团簇和铁磁团簇共存，这是团簇玻璃态的一个特征。

观察图 8-7 及图 8-8 可以明显发现，上述 5 个样品（$x=0.02,0.03,0.04,0.05,0.07$）均发生磁化强度台阶。从 Ga 掺杂为 $x=0.02$ 的样品在外磁场为 4.6T 时 M-H 曲线可以明显的观察到有一个类似台阶的磁化强度的跳跃。对于 $x=0.05$ 的样品，当外磁场为 4T 和 6.1T 时则分别有台阶状的跃变，即出现了两个台阶。在外场强度低于 4T 的时候可以观察到一个基本成线性的增长，这是铁磁成分的贡献。然后当外磁场继续升高，上述 5 个样品均发生了台阶状变磁相变，然后迅速达到饱和。我们认为这是由电荷和轨道有序里面的反铁磁成分转变成了铁磁成分造成的。在之后从 9T 降场到 −9T 的过程中，样品的磁滞回线表现出类似铁磁体的性质。

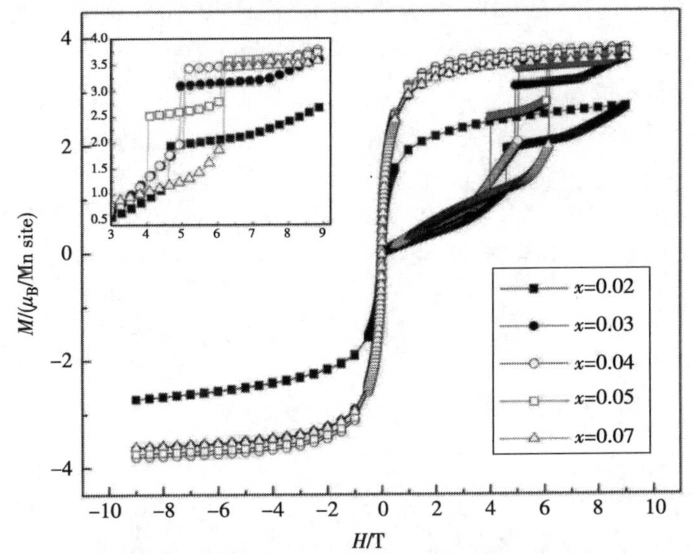

图 8-8　系列样品 $Nd_{0.5}Ca_{0.5}Mn_{1-x}Ga_xO_3$（$x=0.02,0.03,0.04,0.05,0.07$）在 2K 下的台阶状变磁相变曲线图

之前也有许多学者认为钙钛矿型锰氧化物在低温下是电荷有序态和铁磁态共存[5]。Kumar 等[6]的研究表明 $Pr_{0.6}Ca_{0.4}Mn_{0.96}Fe_{0.04}O_3$ 在 10K 下 FM 与 CO 相共存于体系当中。Li 等[7]测量了 $Pr_{0.75}Na_{0.25}Mn_{0.90}Fe_{0.10}O_3$ 的交流磁化率，通过对样品的交流磁化率的实部与虚部的分析证实了 FM 与 CO 相共存于体系当中。我们所研究的样品 $Nd_{0.5}Ca_{0.5}Mn_{1-x}Ga_xO_3$（$x=0.02,0.03,0.04,0.05,0.07$）所产生的现象与上述所报道的现象基本一致，所以认为也存在这样一种相分离机制。

在我们研究的相分离体系中，反铁磁态和铁磁态共存。当外加磁场比较弱的时候，反铁磁和铁磁继续共存，但伴随着外磁场的增加，反铁磁态被破坏，反铁磁团簇迅速的转变为了外磁场的方向，变成了铁磁成分，所以使得样品的磁化强度剧烈的增加，从而显示出了台阶状的曲线(如图 8-8 所示)。由于掺杂 Ga 元素，Ga^{3+} 占据了一些 Mn^{3+} 的位置，导致晶体的对称性发生了变化，产生了界面效应。因此被外磁场熔化的那部分反铁磁团簇也没有再变回反铁磁态，只能继续保持铁磁态。所以从 9T 降场至－9T，样品的磁滞回线均表现出铁磁体的特征。图像为非对称的磁滞回线，表现出了不可逆的现象。观察 $x=0.02$ 和 $x=0.03$ 的曲线可以发现，当外磁场在 7T 左右的时候磁化强度又一次发生了急剧的增大，这说明并不是全部的反铁磁团簇转变成了铁磁性团簇。即使外磁场达到 9T 的时候，也没有发生磁饱和，说明还有许多反铁磁团簇的存在。

图 8-9 是 $Nd_{0.5}Ca_{0.5}Mn_{1-x}Ga_xO_3$($x=0,0.01,0.10,0.15$)在 2K 下的磁滞回线。上述的三个样品在最大外磁场达到 9T 的情况下，*M-H* 曲线也均没有出现台阶，没有台阶状变磁相变。可以观察到磁化强度也没有达到饱和。在我们研究的体系中，对于 $x=0.10,0.15$ 的样品，由于大量的 Mn^{3+} 离子被 Ga^{3+} 离子替代，根据 Ga^{3+} 和 Ga^{3+}，Ga^{3+} 和 Mn^{4+}，Mn^{4+} 和 Mn^{4+} 之间的超交换反应的结果，掺杂大量的 Ga^{3+}，Mn^{3+} 的数量会明显的减少，AFM 会与之前的 FM 更多。所以，AFM 会增强，所以没有出现上述的台阶状变磁相变。然而当 $x=0,0.01$ 时也是一样，Mn^{3+} 离子的数量更多，也会增加反铁磁团簇。所以在 $x=0$ 和 $x=0.01$ 的两个样品中，也没有观察到台阶状变磁相变。

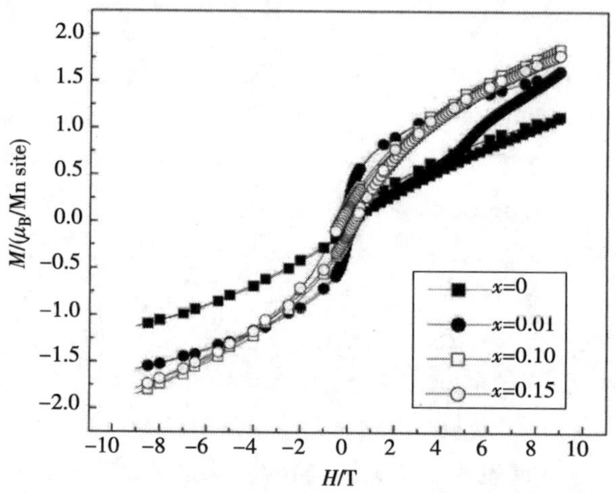

图 8-9 系列样品 $Nd_{0.5}Ca_{0.5}Mn_{1-x}Ga_xO_3$($x=0,0.01,0.10,0.15$)在 2K 温度下的磁滞回线

8.2.4 温度对于 $Nd_{0.5}Ca_{0.5}Mn_{0.95}Ga_{0.05}O_3$ 的磁滞回线的影响

众所周知，外部温度、磁场、压力等因素的变化对钙钛矿型锰氧化物的结构及各项性质均有较大影响。例如 $Nd_{0.5}Ca_{0.5}Mn_{0.95}Ga_{0.05}O_3$，在 2K 的低温下，当外加磁场达到 4T 时，会破坏样品的反铁磁成分和铁磁成分的比例。因此发生台阶状变磁相变。

由以上的分析可知，$Nd_{0.5}Ca_{0.5}Mn_{0.95}Ga_{0.05}O_3$在 2K 的温度下 FM 与 AFM 共存于样品之中。但是对于样品的磁滞回线来讲，温度也是很大的影响因素。

图 8-10 是 $T=2K$ 下的 $Nd_{0.5}Ca_{0.5}Mn_{0.95}Ga_{0.05}O_3$ 的磁滞回线。从图中可以看出，样品在低磁场下磁化强度几乎是线性增长的。单当外磁场加到 4T 的时候，磁化强度出现了一个台阶状的跳跃，当磁场达到 6.1T 时，又一次发生了台阶状的变磁相变。而后继续磁化强度继续上升，当磁场达到 9T 的时候也没有达到饱和。当外磁场从 9T 向 0T 降低的时候，与第一分支的曲线已经截然不同了。并且磁化强度下降的比较缓慢。但当外磁场接近 0T 的时候，可以观察到磁化强度急剧下降，样品表现出了软磁体物质的性质，并伴随有少量的剩磁。之前在钙钛矿锰氧化物的相分离体系中也普遍观察到。

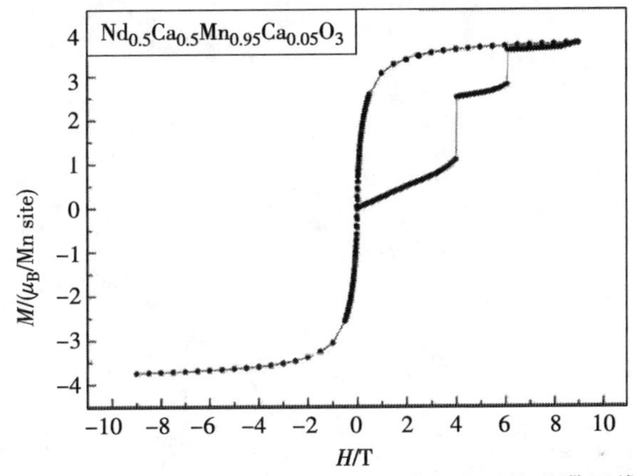

图 8-10　$Nd_{0.5}Ca_{0.5}Mn_{0.95}Ga_{0.05}O_3$在 2K 下的磁滞回线

图 8-11 中的磁滞回线，每一次的测量都是在前一次的测量后降场至零场，温度进行直接升温至目标温度进行的。观察 4.5K 可以看出，样品表现出铁磁性的性质，并且没有发生变磁相变。在温度为 16.5K 和 36.5K 也与 4.5K 的磁滞回线情况相类似。当温度增加到 44.5K 的时候发生了一个奇特的现象，第一分支与第五分支基本重合，然后第三分支与第一分支基本对称，在外磁场为±2.5T 以下时磁化强度均保持着缓慢的增长，但是当外磁场超过/低于±2.5T 的时候，磁化强度开始快速增大。我们分析这种情况应该属于渐变型变磁相变，但是为什么第三分支没有与第二分支对称，反而与第一分支对称，这是一个非常奇特的现象。我们初步分析该情况应该是由于磁场的诱发，导致部分少量的反铁磁成分转化为铁磁成分，从而削弱了反铁磁态，增强了铁磁态，从而使磁化强度急剧增加。然而温度为 44.5K 时，大约正好高于冻结温度，所以有部分反铁磁团簇随着外磁场下降为 0T，又从铁磁态转变回了反铁磁态，可以观测到第二分支与铁磁态的磁滞回线相类似。而后经过第三分支，磁场从 0T 降场至−9T，反铁磁成分再次由于诱导外磁场的存，转变成为铁磁成分，所以发生了第三分支的变磁相变，曲线与第一分支基本类似。第四分之与第五分支同第

二分支与第三分支的情况相类似。当 $T=82\mathrm{K}$ 的时候，这种现象更为明显，当外磁场为 0T 的时候，基本可以观察到没有剩磁的存在。在低磁场的情况下，样品基本表现出顺磁性。当外磁场高于 4T 的时候，才发生了渐变性的变磁相变。同时，当第二分支的外磁场接近 0T 的时候，基本与 44.5K 的磁滞回线的情况一致，第三分支与第一分支和第五分支对称。

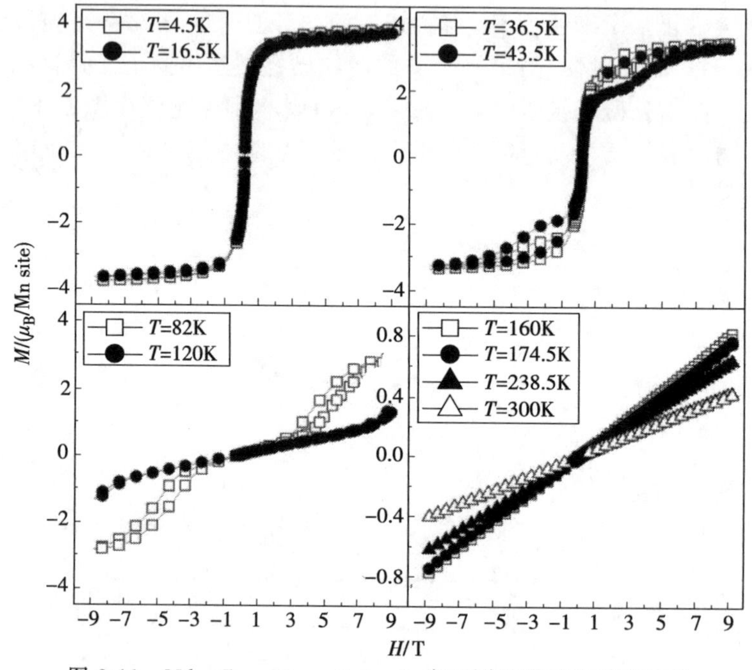

图 8-11　$Nd_{0.5}Ca_{0.5}Mn_{0.95}Ga_{0.05}O_3$ 在不同温度下的磁滞回线

当温度达到 120K 的时候，基本可以观察到仅有当外磁场达到 8T 以上的时，才能观察到磁化强度的一个转变。这说明温度对于反铁磁团簇转变为铁磁性团簇有着很大的影响。

在 $T=160\mathrm{K}$，174.5K，238.5K，300K 的 4 个温度下，磁化强度随着外磁场的增大而增大，基本成正比例的线性关系。直至外磁场升高至 9T，曲线还是呈直线。因为没有实验条件，无法判断更大的磁场是否会诱发在这个温度下的变磁相变。可以观察到我们研究的 $Nd_{0.5}Ca_{0.5}Mn_{0.95}Ga_{0.05}O_3$ 在上述的温度下处于顺磁态。

8.3　Ga 掺杂对 $Nd_{0.5}Ca_{0.5}Mn_{1-x}Ga_xO_3(0\leqslant x\leqslant 0.15)$ 系列样品电输运性质影响的研究

8.3.1　CMR 效应及产生机制

在一般情况下，钙钛矿型锰氧化物 $LnMnO_3$ 为绝缘体的同时也具有反铁磁性。

将二价的碱金属元素用特殊的制备手段掺杂进 $LnMnO_3$，部分代替镧系的稀土元素的晶格位置便形成了掺杂的钙钛矿稀土锰氧化物 $Ln_{1-x}A_xMnO_3$。Jonker 和 Van Santen 在 1950 年时分别发现了在低温的时候，当 $0.2 \leqslant x \leqslant 0.05$ 时，这类 A 位掺杂的钙钛矿型锰氧化物具有导体性的电阻率和铁磁性。1951 年，Zener 用 DE 模型定性成功解释了掺杂前的反铁磁性转变为铁磁性的原因，同时也说明了由绝缘性转变成了金属性等现象[8]。自 20 世纪 80 年代，物理学界先后报道了类似的掺杂的钙钛矿结构的稀土锰氧化物具有巨磁电阻效应[9]和庞磁电阻效应[10]。1997 年 IBM 公司利用 GMR 效应制成了第一个大规模商用的数据读取磁头并投放市场，得益于这类技术，现在电脑的硬盘体积越来越小，数据空间越来越大。对于掺杂的钙钛矿型稀土锰氧化物的 CMR 效应的解释借鉴了双交换模型，随着研究的不断发展，Millis 等指出，Jahn-Teller 效应所引起的电-声子耦合、电荷有序等的影响是除了双交换模型以外还需要考虑的因素[11]。CMR 效应十分复杂，还有待继续探索。

1. 双交换作用

Zener 等在 1951 年为了解释钙钛矿型稀土锰氧化物中存在的复杂的磁性质和电性质，提出了双交换模型。但是当时理论还不十分成熟。在后来双交换理论被渐渐的完善。图 8-12 表示了双交换作用的物理机制。如果是未掺杂的钙钛矿型锰氧化物中，Mn 元素以 Mn^{3+} 离子的形式存在，Mn^{3+} 的 d 层有四个电子。根据洪德规则，有三个电子应该填充在 t_{2g}位置，有一个电子处于 e_g态，且电子之间的库仑力比较大，所以 e_g很难在 Mn^{3+} 和 Mn^{3+} 之间进行转移，此时会表现出反铁磁性和绝缘性。对于 $NdMnO_3$ 来说，在 A 位掺杂二价碱土 Ca 元素会使得 Nd 的位置被替代，Nd^{3+} 离子会变为 Ca^{2+} 离子，这时需要一个电子，便从 Mn 位借来一个电子，使得 Mn^{3+} 离子变成了 Mn^{4+} 离子，从而使得 e_g 态的电子变为巡游电子。由于 Mn^{3+} 与 Mn^{4+} 的共存，使得出现了空的 e_g的轨道。使得 O^{2-} 上的 2p 轨道上面的电子很容易跃迁到邻近的 Mn^{4+} 的空的 e_g轨道。从而 O^{2-} 离子也产生了一个空的轨道，使得 Mn^{3+} 离子 e_g态的电子也容易跃迁到 O^{2-} 离子的 2p 轨道上面。这种跃迁是不会产生系统能量的变化的，但是却为电荷的输运提供了可能。另外，根据洪德规则，Mn^{3+} 离子的 e_g电子的跃迁至 Mn^{4+} 离子后的自旋方向与 t_{2g}局域态的电子的自旋方向平行。所以微观上的磁场方向应该为同一个方向，宏观上表现出铁磁态。当外加磁场的时候，外磁场使得在 t_{2g}局域的电子的自旋取向有序，促进了双交换作用，从而使电子跃迁变的更容易，降低了电阻率，从而引发了负的 CMR 效应。

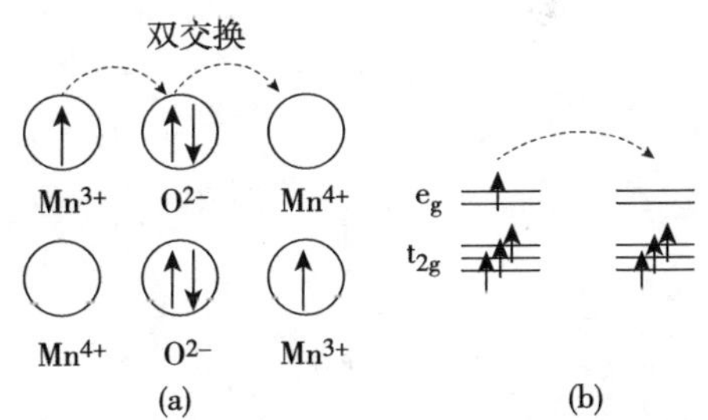

图 8-12　Mn^{3+} 和 Mn^{4+} 之间双交换作用示意图

2. Jahn-Teller 效应

在钙钛矿型稀土锰氧化物的结构中，氧离子构成一个八面体，其中心是锰离子。根据晶体场理论，五重简并的锰离子中的 3d 轨道将会在晶体场的作用下发生劈裂，使得其退简并为能量很高的两重简并的 e_g 态和能量很低的三重简并的 t_{2g} 态。Mn^{4+} 离子的 3d 轨道上存在 3 个电子，都占据 t_{2g} 轨道。但如上所述，Mn^{3+} 离子有 4 个电子在 2d 轨道，并且有一个电子处于能量较高的 e_g 态。根据能量最小原理，在晶体场的作用下，e_g 轨道将发生能级的劈裂，从而使得整体系统的能量减少，从而出现 Jahn-Teller 畸变，如图 8-13 所示。这说明氧离子的八面体也发生了 Jahn-Teller 畸变，使得 e_g 轨道被劈裂为两个能级。

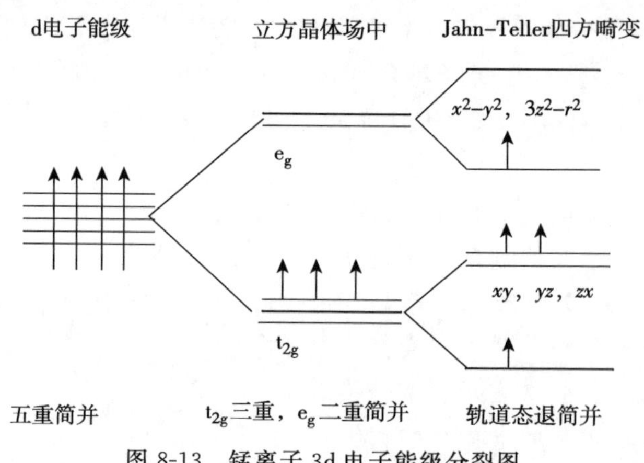

图 8-13 锰离子 3d 电子能级分裂图

对于 $Nd_{0.5}Ca_{0.5}Mn_{1-x}Ga_xO_3(0\leqslant x\leqslant 0.15)$，在 A 位上的 Nd^{3+} 离子与 Ca^{2+} 离子存在差异，同样的 Mn^{3+} 离子与 Mn^{4+} 离子在 B 位上也存在着差异，所以在 Mn^{3+} 离子周围会发生严重的 Jahn-Teller 畸变，电子的移动能力会受到巨大的影响。

3. 极化子效应

由于双交换模型对钙钛矿型稀土锰氧化物的电输运性质的机理并没有完全解释清楚，在 20 世纪 90 年代，有学者在实验中发现实际所测量的样品的电阻率与根据双交换模型所进行的理论计算的电阻率要小一个数量级。此外还有其他很多实际值与理论计算值不符合。所以 Millis 等提出了除了要考虑双交换作用之外，也要考虑锰离子外层二重简并的 d 壳层轨道上的 J-T 畸变造成的劈裂，以及导致的非常强的电子-声子耦合的作用也应纳入考虑的范围[12,13]。

晶格的畸变导致电子的周围会产生一个极化场，与电子本身成为一个整体，叫做极化子。极化子的产生，降低了双交换作用，使 e_g 态的电子的巡游性趋于局域化，增加了电子跃迁的难度。当温度降低的时候，体系内会发生很强的电子-声子耦合，从而增加了极化率的极化率，从而是 e_g 态的电子难于移动。所以当钙钛矿型锰氧化物在降温的过程中，会发生金属-绝缘体的转变，产生 CMR 效应[14~16]。

8.3.2 Ga 掺杂对 $Nd_{0.5}Ca_{0.5}Mn_{1-x}Ga_xO_3$ $(0 \leqslant x \leqslant 0.15)$系列样品电阻率的影响

利用 PPMS 系统的直流电输运性质(dc resistivity)选件来测量 $Nd_{0.5}Ca_{0.5}Mn_{1-x}Ga_xO_3$ $(0 \leqslant x \leqslant 0.15)$系列样品的电阻率。温度测量范围为 1.9～400K,磁场最大测量范围为－9～9T。测量电阻的方法采用四引线法。

1. 外加磁场为 0T 和 1T 时系列样品的电阻率随温度变化特征

图 8-14 代表的是 $Nd_{0.5}Ca_{0.5}Mn_{1-x}Ga_xO_3$ $(0 \leqslant x \leqslant 0.15)$系列样品在外磁场为零场的时候从 350K 降温到 2K 再升温至 350K 的电阻率-温度的 ρ-T 曲线,纵坐标 ρ 采用的是对数的显示形式。从图中可以观察到,在温度低于 50K 之后,电阻率太大,超过了测量量程。样品的电阻率随着温度的降低而逐渐的增大,即 $d\rho/dT \leqslant 0$。在测量的范围之内并没有出现绝缘体-金属转变峰。这与 Kimura[17] 等所报道的不同,他们所研究的 $Nd_{0.5}Ca_{0.5}Mn_{1-y}Cr_yO_3$ 系统,当 Cr 的掺入量为 1%时就出现了绝缘体-金属

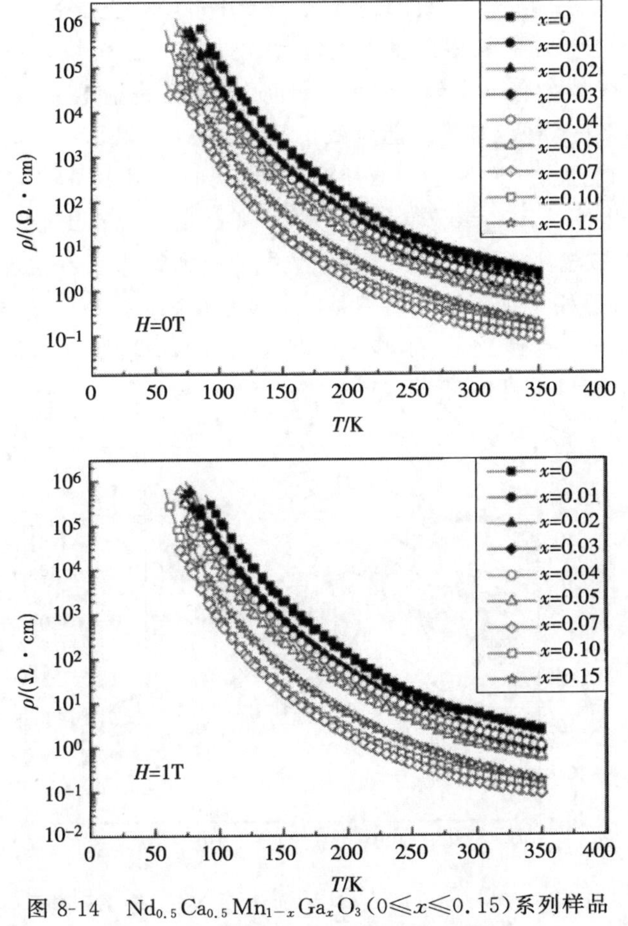

图 8-14　$Nd_{0.5}Ca_{0.5}Mn_{1-x}Ga_xO_3$ $(0 \leqslant x \leqslant 0.15)$系列样品在 $H=0T$ 与 $H=1T$ 时的电阻率-温度的变化曲线(即 ρ-T 曲线)

的转变。在外磁场为 $H=1T$ 的 ρ-T 曲线中也没有发现绝缘体-金属的转变峰。电阻率与 $H=0T$ 时相比也没有太明显的变化，说明 1T 的磁场还不足以使样品发生绝缘体-金属转变，不足以改变样品的性质。整个系列样品均呈现绝缘态。不过这种材料与一般的材料也有区别，很多材料在温度降低时电阻会表现的越来越小，甚至形成超导体。而该材料的电阻率性质与本征半导体相类似，可以考虑作为低温下的绝缘体材料。在低温生物物理学方面也有研究的价值。

2. 外加磁场 5T 时系列样品的电阻率随温度变化特征

图 8-15 为 $Nd_{0.5}Ca_{0.5}Mn_{1-x}Ga_xO_3$（$0\leqslant x\leqslant 0.15$）系列样品在外磁场 $H=5T$ 下的 ρ-T 曲线。观察图中曲线可以看出，样品除了 $x=0.10$，0.15 外均发生了绝缘体-金属转变。分别在 130K 以下发生了转变，随着温度的降低，电阻率发生了降低的现象。

图 8-16 为 $x\leqslant 0.07$ 的样品在 0～200K 之间的 ρ-T 曲线，图中为了显示清晰，没有标出所有的点，图中只表现出了降温过程的 ρ-T 曲线。从图中可以观察到在 $x=0$ 和 $x=0.01$ 曲线上，在 140K 左右的地方有一个小的峰，这个峰便是电荷有序的 CO 峰，对应的温度即为 T_{CO}。从掺杂量增大之后，便没有了这个峰。图中可以清晰的看到每个样品的曲线都会有一个峰，这个峰如前面所说，是绝缘体-金属转变峰。这是由于样品随着温度的降低，电子的能量减小，从而增加电阻率。然后在外磁场的作用下，降低至一定的温度，从而发生了双交换作用，从而使得电子从 e_g 态的电子发生游离。从而降低了电阻率。$x=0.01$ 和 $x=0.02$ 样品可以观察到最高电阻率比其母相 $x=0$ 低一到两个数量级，这主要是由于样品中的电荷有序反铁磁相因为 Ga 的掺杂而被削弱，从而铁磁相得到了增强。但是随着样品中 Ga 掺杂的量的增加，Ga^{3+} 离子直接占位 Mn^{3+} 离子，使得 Mn^{3+} 能够跃迁至 Mn^{4+} 的数量减少，从而抑制了双交换作用，所以样品的金属导电性降低，电阻率增加。

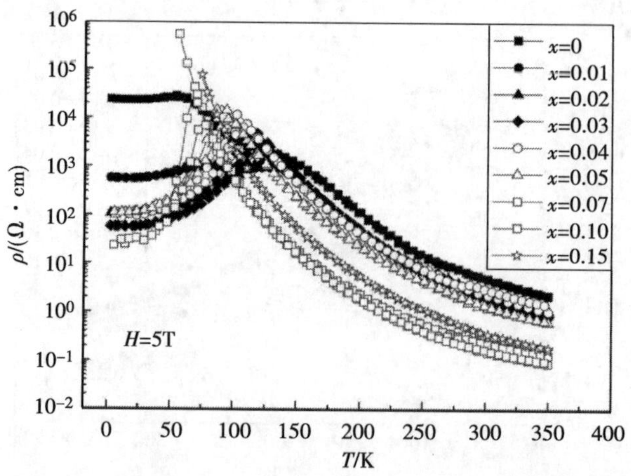

图 8-15 $Nd_{0.5}Ca_{0.5}Mn_{1-x}Ga_xO_3$（$0\leqslant x\leqslant 0.15$）系列样品在 $H=5T$ 时的电阻率-温度的变化曲线（即 ρ-T 曲线）

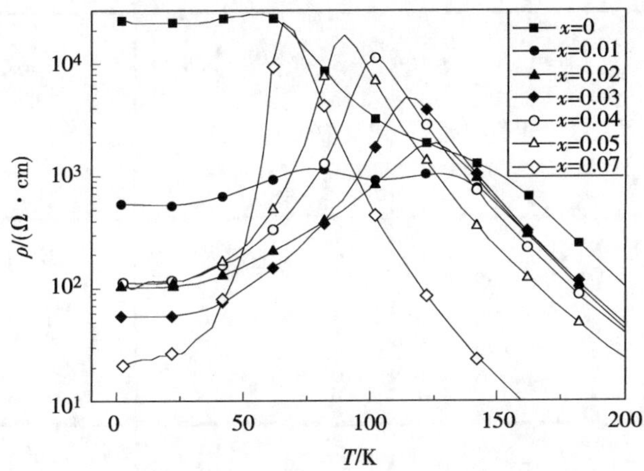

图 8-16　$Nd_{0.5}Ca_{0.5}Mn_{1-x}Ga_xO_3$ 系列样品（x=0，0.01，0.02，0.03，0.04，0.05，0.07）的 ρ-T 曲线
为了清楚显示各曲线的趋势，采用 10 个点显示为一个的方式作图

8.3.3　$Nd_{0.5}Ca_{0.5}Mn_{1-x}Ga_xO_3$ ($0 \leqslant x \leqslant 0.15$) 系列样品的 CMR 效应

庞磁电阻效应是磁电阻效应中的一种，当对样品外加一个磁场，样品的电阻率会发生一定的变化，我们称这种特殊的现象为磁致电阻效应，简称 MR 效应。一般来讲，磁电阻的变化率很小，只有百分之几，当磁电阻率的变化率超过 10%即称为巨磁电阻效应，而最早由 Jin 等在 $La_{0.67}Ca_{0.33}MnO_3$ 系上观察到当 $T \approx 77K$ 时，样品的电阻率大约下降了 105%，这比多层膜的 GMR 效应还要高 3 个数量级，所以称为庞磁阻效应 CMR。

磁电阻的比率的数值用来表征磁电阻效应的大小，其数值用下面两种方式表达。

$$MR = |\rho(H) - \rho(0)| / \rho(0) \times 100\%$$

$$MR = |\rho(H) - \rho(0)| / \rho(H) \times 100\%$$

其中，$\rho(H)$ 代表有外磁场的电阻率值；$\rho(0)$ 代表无外磁场的电阻率值。根据公式可以看出，MR 的值有正也有负，所以本文为了表述方便，采用 MR 的绝对值来表达。上述第一个公式中由于在低温范围内 $\rho(0)$ 超出量程，我们暂且考虑它很大，所以 $\rho(H)$ 与 $\rho(0)$ 相比很小，无法准确表达出相对变化，所以采用第二个公式来计算 MR 值。

如图 8-17 所示，$Nd_{0.5}Ca_{0.5}Mn_{1-x}Ga_xO_3$ ($0 \leqslant x \leqslant 0.15$) 系列样品的 MR 均在 50K 至 100K 左右达到最大。在未掺杂的样品中，MR 值最大是在 86K 时出现的，约为 10500%。然而可以看出，当 Ga 元素掺杂量为 3%时，CMR 效应达到最大，其值约为 326143%。在图中可以看出约 50K 以下的温度内，都没有 MR 的值，这是因为在零场的时候电阻率过大，以至于超过量程。如果量程无限大，可以肯定在 $x \leqslant 0.07$ 中，MR 的值在低温下还是要远远大约现在的值。

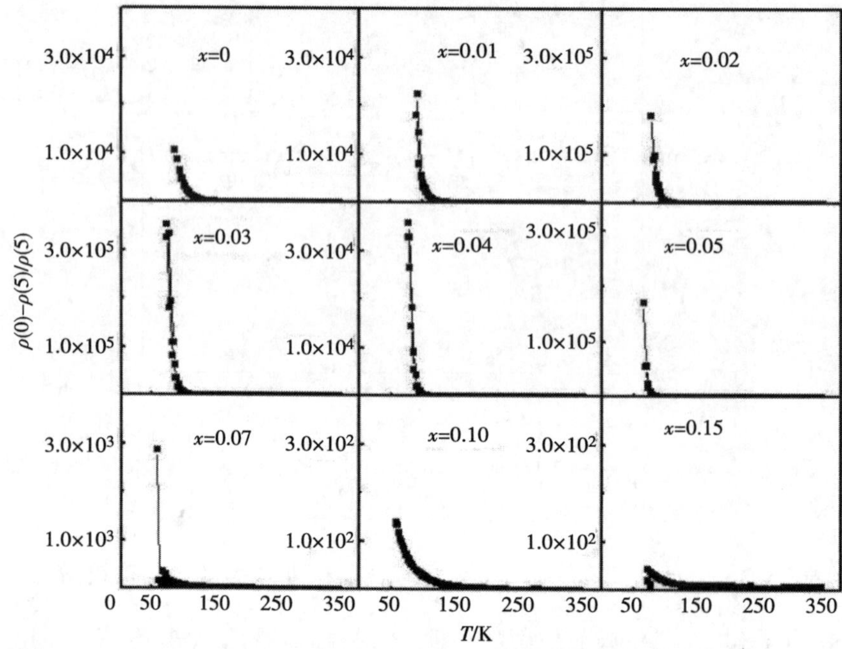

图 8-17 $Nd_{0.5}Ca_{0.5}Mn_{1-x}Ga_xO_3$($0\leqslant x\leqslant 0.15$)系列样品的 CMR 效应的 MR 值与温度 T 的变化曲线(MR 的单位为%)

从图中可以观察到,本系列样品的 MR 的值随着温度的下降开始逐渐增大,有十分显著的磁电阻。尤其在低温环境下,由于温度的降低而导致了晶格的振动能力下降,这样致使电子的转移能力下降,电阻率提高。但是在外场为 5T 的环境下,电子的自旋方向会按照外磁场的方向顺序排列,这样可以使得游离的 e_g 态的电子变得更加容易在样品中转移,从而使得电阻率产生显著的下降,所以磁电阻 MR 的值会非常大。在降温过程中发生了 AFM 转变为 FM 的现象。e_g 态的样品会变得更加容易移动,所以 MR 会发生剧烈的改变。另外,在掺杂 Ga 的情况下,也使得晶格内部发生了 Jahn-Teller 畸变,也促进了电子的退局域化。可以解释为什么掺杂的样品 MR 值会比未掺杂的值大很多。然而,当 $x=0.10$,0.15 时没有出现 CMR 效应,前面已经给过解释。

8.4 本章小结

本书制备了 Ga 掺杂的稀土钙钛矿型锰氧化物 $Nd_{0.5}Ca_{0.5}Mn_{1-x}Ga_xO_3$($0\leqslant x\leqslant 0.15$)系列样品,并研究了样品的结构、磁性质以及电输运性质。

采用高温固相反应法合成了 $Nd_{0.5}Ca_{0.5}Mn_{1-x}Ga_xO_3$($0\leqslant x\leqslant 0.15$)的 9 个单相多晶样品,对样品的制备过程进行了详细的描述. 通过 X 射线衍射仪对样品的结构进行了表征,XRD 图像显示 9 个样品的衍射峰主峰的位置大约在 33.30°。样品均为单相正交的结构，并且随着 Ga 元素掺杂量的增加，衍射峰的位置没有发生明显的改变。

样品的磁化强度-温度（M-T 曲线）的结果显示，Ga 掺杂对样品的磁化强度产生了明显的影响。对于未掺杂 Ga 元素的母相样品 $Nd_{0.5}Ca_{0.5}MnO_3$ 来说，电荷有序温度为 T_{CO}＝248K，ZFC 曲线上没有出现冻结温度峰。随着 Ga 掺杂量的增加，x＝0.02的样品可以在温度约为 50K 时找到 ZFC 曲线上有一个明显的峰，这个峰所对应的温度即为冻结温度 T_f。随着掺杂量的增加，电荷有序温度对应的峰 T_{CO} 越来越不明显，到 Ga 掺杂量为 5％的时候，T_{CO} 几乎完全消失，这表明 Ga 的掺杂破坏了 Mn^{3+} 与 Mn^{4+} 之间的排列。

系列样品在 2K 下的磁滞回线表明，在 x＝0 的母相样品和 x＝0.01 的样品中，在最高为 9T 的磁场中没有发生台阶状变磁相变，磁化强度没有达到饱和。当 Ga 掺杂的含量为 0.02～0.07 的 5 个样品中，磁滞回线的第一分支均发生了台阶状变磁相变，尤其 x＝0.05 的样品出现了两个台阶。通过分析得出，在零场状态下反铁磁团簇与铁磁团簇共存。然而外加磁场使得反铁磁成分内部的电子自旋会沿着磁场的方向顺序排列，从而转变为铁磁成分。但当磁场达到 9T 时磁化强度也没有达到饱和，仍有部分的反铁磁团簇没有转变为铁磁团簇。本书同时探索了一下温度对样品的磁滞回线的影响。测量 x＝0.05 的样品在不同温度下的磁滞回线显示出，当温度高于 160K 时，样品基本表现为顺磁性。当温度低于 120K 时，也可以发现有渐变型的变磁相变。但条件随着温度的升高而变的苛刻。分析得出温度对于反铁磁团簇发生变磁相变会产生很大的影响。随着温度的升高，反铁磁成分需要很难的条件才能转化为铁磁性成分。

最后研究了系列样品的电输运性质。通过分析样品的电阻率-温度（ρ-T 曲线），发现所有样品在外磁场为 0T 与 1T 时，电阻率显示出了半导体的性质，温度降低，电阻变大。在低温下没有出现绝缘体-金属转变峰。当外磁场升高到 5T 时，$x \leqslant 0.07$ 的 7 个样品随着温度的降低均出现了绝缘体-金属转变峰。在整个降温过程中发生了金属-绝缘体-金属的转变。通过分析给出了 CMR 效应的 MR 值，MR 值最大可达到 326000％，是由 x＝0.03 的样品在 5T 的磁场下得到的。在高掺杂的样品中并没有发生 CMR 效应。

参考文献

[1] Karmakar S, Bose E, Taran S, et al. Magnetocaloric effect in charge ordered $Nd_{0.5}Ca_{0.5}MnO_3$. Journal of Applied Physics, 2008, 103(2): 023901－023905

[2] Deac I G, Mitchell J F, Schiffer P. Phase separation and low-field bulk magnetic properties of $Pr_{0.7}Ca_{0.3}MnO_3$. Physical Review B, 2001, 63(17): 172408－172412

[3] Fisher L M, Kalinov A V, Voloshin I F. $Pr_{1-x}Ca_xMnO_3$ system in the crossover region between different kinds of magnetic ordering. Journal of Magnetism and Magnetic Materials, 2003: 258—259

[4] Nam D N H, Jonason K, Nordblad P, et al. Coexistence of ferromagnetic and glassy behavior in the $La_{0.5}Sr_{0.5}CoO_3$ perovskite compound. Physical Review B, 1999, 59(6): 4189—4194

[5] Li Y, Cheng Q, Su R Z, et al. Effects of Fe doping on magnetic and transport properties in $Pr_{0.75}Na_{0.25}MnO_3$. Phys. Status Solidi A, 2010, 207: 194—198

[6] Kumar V S, Mahendiran R. Effect of impurity doping at the Mn-site on magnetocaloric effect in $Pr_{0.6}Ca_{0.4}Mn_{0.96}B_{0.44}O_3$ (B=Al, Fe, Cr, Ni, Co, Ru). Journal of Applied Physics, 2011, 109(2): 023903—023912

[7] Li Y, Miao J P, Sui Y, et al. Phase separation. low-field magnetic and transport properties of $Pr_{0.75}Na_{0.25}Mn_{0.9}Fe_{0.1}O_3$. Journal of Magnetism and Magnetic Materials, 2006, 305(1): 247—252

[8] Uehara M, Moil S, Chen C H, et al. Percolative phase separation underlies colossal magnetoresistance in mixed-valent manganites. Nature, 1999, 399(6736): 560—563

[9] Moritomo Y, Tomioka Y, Asamitsu A, et al. Magnetic and electronic properties in hole-deped manganese oxides with layered structures: $La_{1-x}Sr_{1+x}MnO_4$. Physical Review B, 1995, 51(5): 3297—3300

[10] Fäth M, Freisem S, Menovsky A A, et al. Spatially inhomogeneous metal-insulator transition in doped manganites. Science, 1999, 285(5433): 1540—1542

[11] Mills A J, Littlewood P B, Shraiman B I. Double exchange alone does not explain the resistivity of $La_{1-x}Sr_xMnO_3$. Phys. Rev. Lett., 1995, 74: 5144—5147

[12] Jonker G H, Van Santen J H. Ferromagnetic compounds of manganese with perovskite structure. Physica, 1950, 16(3): 337—349

[13] Koubaa W C, Koubaa M, Cheikhrouhou A. The effect of strontium deficiency in $Pr_{0.6}$ · $Sr_{0.4}MnO_3$ perovskite manganites. Journal of Alloys and Compounds, 2011, 509: 4363—4366

[14] Hundley M F, Hawley M, Heffner R H, et al. Transport-magnetism correlations in the ferromagnetic oxide $La_{0.7}Ca_{0.3}MnO_3$. Applied Physics Letters, 1995, 67(6): 860—862

[15] Zhou J S, Goodenough J B, Asamitsu A, et al. Pressure-induced polaronic to itinerant electronic transition in $La_{1-x}Sr_xMnO_3$ crystals. Physical Review Letters, 1997, 79(17): 3234—3237

[16] Zhou J S, Goodenough J B. Phonon-assisted double exchange in perovskite manganites. Physical Review Letters, 1998, 80(12): 2665—266.

[17] Kimura T, Kumai R, Okimoto Y, et al. Variation of charge-orbital correlation with Cr doping in manganites. Physical Review B, 2000, 62(22): 15021—15025

第9章　$Sm_{0.5}Ca_{0.5}Mn_{1-x}Co_xO_3$的结构及磁基态研究

9.1　$Sm_{0.5}Ca_{0.5}Mn_{1-x}Co_xO_3$ 的制备与结构表征

9.1.1　引言

ABO_3钙钛矿型锰氧化物是具有立方晶体结构的化合物，众所周知，单晶样品是研究材料性质的最佳选择，然而单晶样品的合成十分困难，成功率低，且成本昂贵。综合考虑本研究的目的以及目前所具有的实验设备，本书选择合成方法较为简单、成功率高的多晶样品作为研究对象。多晶样品的合成方法有很多，常用的主要有以下几种：固相反应法、溶胶凝胶法和共沉淀法。根据反应物和产物的性质选择不同的方法。其中固相反应法的反应物和产物都应是在高温下（>600℃）不易挥发或分解的固体，反应所得的产物通常是坚硬的块体陶瓷多晶。溶胶凝胶法的反应物均为溶液，在一定条件下发生反应形成溶胶，继而形成凝胶，最后加热凝胶使之形成晶体。溶胶凝胶法的反应温度低，产物的均匀度达到原子级别，因此适用于合成含有易挥发元素的材料或者薄膜材料。共沉淀法是将含有金属阳离子的溶液混合，然后加入沉淀剂，得到的产物通常是粉体材料。此外还有燃烧法、水热法和微波法等特殊的合成方法。

根据磁性质测量的需要，本文采用易得到块体材料的高温固相法成功制备出含有不同浓度Co离子的单相钙钛矿型锰氧化物 $Sm_{0.5}Ca_{0.5}Mn_{1-x}Co_xO_3$系列样品，其中 $x=0,0.025,0.05,0.075,0.10,0.15,0.20$，通过粉末X射线衍射仪和傅里叶变换红外光谱仪对系列样品的结构进行了表征与分析。

9.1.2　样品制备

1. 高温固相法原理

固相反应法的反应物均为固体，想要生成新的产物首先要使反应物原子间的化学键断开，这需要很高的温度，固相反应通常是在高温下进行的，因此又称为高温固相法。与单晶生长类似，高温固相法也分为成核与生长两个阶段。在成核的过程中，反应物的原子排列顺序需要做出调整，因此反应物和产物的晶格结构差别越大，原子需要做出的调整就越大，甚至重新排列才能转化为产物的结构，成核也就越困难，有时甚至温度接近反应物的分解温度点仍无法满足反应所需条件。

由于反应物均为固体，因此反应都是在固体颗粒的表面发生的。产物的生长是依靠反应物的扩散来进行的，这种扩散过程可能通过晶体内部、表面、晶界、位错或裂缝进行。随着反应的进行，生成物逐渐堆积在固体颗粒的接触面，当产物达到一定的厚度后，反应物越来越难以通过产物层扩散，反应速率也随之越来越慢，直至无法继续发生反应。另外，高温固相反应通常伴有重结晶现象，即反应物和产物的小晶粒各自逐渐生长成大晶粒，这种现象同样会抑制反应物原子间的扩散，影响反应的进行。为使反应充分进行，需要对烧结后的样品进行充分研磨，打碎较大的晶粒以利于反应物原子的扩散；然后把研磨后的粉末压成小片，使固体颗粒的表面充分接触。

2. 实验设备

(1) 电子天平的精度为 0.01mg；玛瑙研钵、陶瓷坩埚、刚玉垫片等。

(2) 箱式炉。

(3) 电热鼓风干燥箱。

(4) 电动/手动压片机。

(5) 管式加热炉。

3. 制备流程

多晶 $Sm_{0.5}Ca_{0.5}Mn_{1-x}Co_xO_3$ 样品的制备流程如图 9-1 所示，具体过程如下。

(1) 准备原料：将高纯度(>99.9%)的氧化物粉末 Sm_2O_3、$CaCO_3$、MnO_2 和 Co_3O_4 分别放入坩埚，在箱式炉中预烧以除去原料中的水分，Sm_2O_3、$CaCO_3$ 和 Co_3O_4 预烧温度为 400℃，MnO_2 预烧温度为 200℃，保温时间均为 3 小时，把预烧后的坩埚放入真空干燥箱冷却。

(2) 称量：按照样品的化学计量比计算出制备 1/30mol 的样品所需各原料的质量，用电子天平分别称量出所需原料。

(3) 混合研磨：将称量好的原料倒入玛瑙研钵，混合后研磨半小时，使原料各组分充分混合。

(4) 压片：把混合好的粉末倒入压片模具(直径 $\Phi=25$mm)，压片机压强设置为 20MPa，达到目标压强后保压 1min。

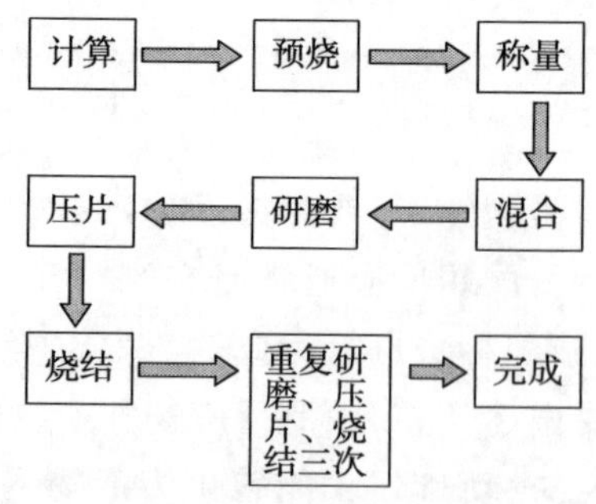

图 9-1 系列样品的制备流程图

(5) 高温烧结：将压好的片放在刚玉垫片上，再将其放入管式炉中，缓慢升温至 1100℃，在空气中保温 24 小时。

(6) 重复研磨压片烧结：待管式炉温度冷却至室温，取出样品放入研钵磨成粉末，研磨时间约为 1 小时，再次压片、烧结，烧结温度为 1300℃，重复 3 次。后两次压片用 Φ=13mm 的模具压成 6 个小片，压强为 7～10MPa，保压 1min。

9.1.3　$Sm_{0.5}Ca_{0.5}Mn_{1-x}Co_xO_3$系列样品的结构表征与分析

1. $Sm_{0.5}Ca_{0.5}Mn_{1-x}Co_xO_3$的 XRD 表征

X 射线衍射技术是现代材料结构分析手段中最常用也是最有效的方法之一，随着实验技术的发展，现在已有变温 XRD、微区 XRD、小角度 XRD 和高压 XRD 等可以在各种极端条件下分析材料结构的 X 射线衍射技术。在原理上，使用一定波长的 X 射线照射待测材料，材料的原子排布决定了散射波的振幅和相位，通过将全部的相干散射波强度叠加求出合振幅，合振幅的平方即为衍射强度。想要获得相干的散射波，入射波的波长 λ、入射角 θ 和衍射面间距 d 必须满足 Bragg 定律 $2d\sin\theta=n\lambda$，其中 n 为衍射级数(任意正整数)。因此在衍射实验中通常改变 λ 和 θ，减小 θ 步进间距，使更多角度的入射 X 射线满足 Bragg 方程，进而得到更多与材料结构相关的衍射信息。根据实验中 λ 和 θ 的不同以及样品几何结构的不同，X 射线衍射方法主要分为三种：劳厄法、德拜法和粉末法。本文采用应用最广泛的粉末 X 射线衍射法来测量 $Sm_{0.5}Ca_{0.5}Mn_{1-x}Co_xO_3$系列样品的结构，衍射仪(Rigaku D/max 2550 PC)使用 Cu 靶 K_α射线，扫描范围为 $10°\leqslant 2\theta\leqslant 90°$，步长 0.02°。

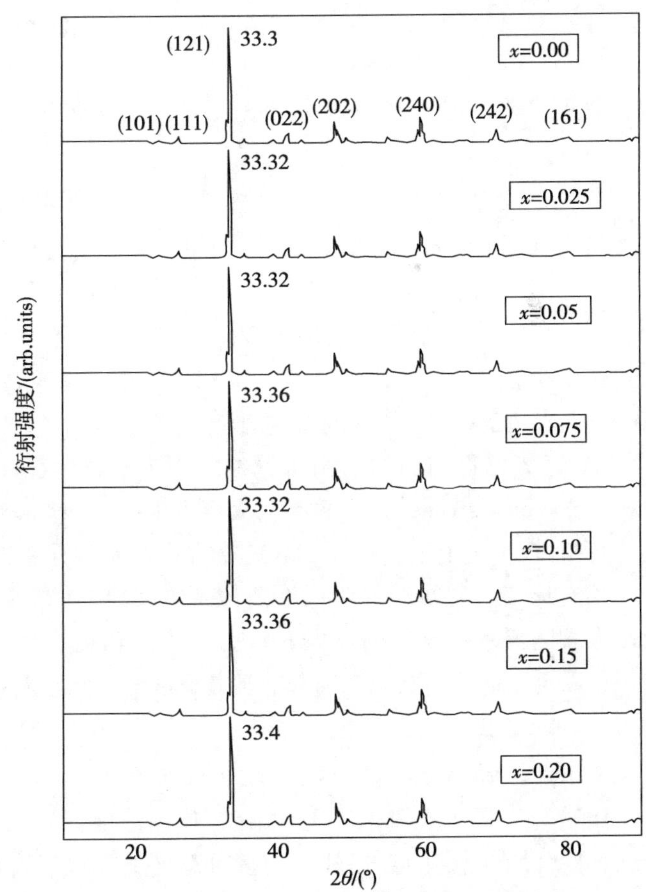

图 9-2　$Sm_{0.5}Ca_{0.5}Mn_{1-x}Co_xO_3$在室温下的粉末 X 射线衍射图

取每个样品的一小块儿磨成粉末进行 XRD 测试，结果如图 9-2 所示，$Sm_{0.5}Ca_{0.5}Mn_{1-x}Co_xO_3$系列样品室温下的 XRD 图案显示出尖锐的衍射峰，使用 Jade 6.5 对所有可分辨的衍射峰进行空间指标化，结果显示这些峰都能通过 Pnma 空间群指标化，全库(PDF2-2004)物相检索结果显示每个样品都是单相的正交钙钛矿结构，峰位随 x 的增加没有明显的变化，不同浓度的 Co^{3+} 并没有导致其他相的形成。使用 Jade 软件把 XRD 数据的 K_α 射线背景扣除，对曲线做一次平滑处理以消除衍射仪的背景噪音形成的毛刺峰，然后对全谱进行一次拟合计算，经过最小二乘法精修后得到系列样品的晶胞参数，样品的正交形变量(orthorhombic deformation) D 通过方程(9-1)计算得到，结果如表 9-1 所示。

$$D=\frac{1}{3}\sum|(a_j-\bar{a})/\bar{a}|,\quad a_1=a,\quad a_2=b/\sqrt{2},\quad a_3=c,\bar{a}=(abc/\sqrt{2})^{1/3} \tag{9-1}$$

表 9-1　$Sm_{0.5}Ca_{0.5}Mn_{1-x}Co_xO_3$ 的晶胞参数和正交形变量

x	a/Å	b/Å	c/Å	V/Å^3	D
0	5.4312	7.55235	5.3778	220.59	0.59%
0.025	5.42698	7.5509	5.37664	220.33	0.57%
0.05	5.42346	7.56776	5.36452	220.18	0.54%
0.075	5.41594	7.56196	5.35839	219.45	0.52%
0.10	5.41442	7.55319	5.37612	219.86	0.46%
0.15	5.40759	7.56625	5.35193	218.98	0.47%
0.20	5.39565	7.57086	5.35673	218.82	0.34%

从表 9-1 中可看出，晶胞体积 V 和正交形变量 D 均随着 Co^{3+} 掺杂量的增加而减小，在 $x=0.10$ 的样品处有些异常，这意味着 $x=0.10$ 的样品的晶体结构有些异常。随着 Co 的掺杂，晶胞体积发生了变化，V 随 Co^{3+} 浓度的增大而减小，原因主要是掺杂离子的半径比 Mn^{3+} 的半径小。文献研究[1-3]表明，ABO_3 锰氧化物的结构不仅与 Mn 位掺杂元素有关，与 A 位离子半径也有着密切的关系，根据 A 位掺杂离子半径的大小，锰氧化物的晶体结构可以被分为正交结构(orthorhombic structure)和六方结构(hexagonal structure)。含有较大离子半径(A=La,Gd)的化合物通常具有正交结构，而含有较小离子半径(A=Ho,Y)的化合物则倾向于形成具有六方结构的晶体。

正交形变量的减小说明低掺杂样品比高掺杂样品的结构更加对称，换句话说，D 值越大意味着系统越扭曲，也就是说，离子的轨道自由度更高。因此，电荷局域化效应很弱以至于电荷和磁矩方向都能随着温度的变化重新排列。这种行为和文献[4]中报道的 CAFM 态以及后面要讨论的低掺杂样品中电荷有序温度点(T_{CO})的出现相一致。

2. $Sm_{0.5}Ca_{0.5}Mn_{1-x}Co_xO_3$ 的红外吸收谱分析

1800 年英国天文学家 Herschel 在使用温度计测量太阳光谱不同部分的温度时发现，温度计在光谱的红端外侧测量时温度上升得最高，从而发现了红外辐射。人们对红外辐射的认识在发现之后的很长时间内都没有太多进展，直到 20 世纪，科学家发现化合物不同的官能团能吸收特定频段的红外辐射，红外光谱作为一种检测手段才逐渐受到人们的重视。傅里叶变换红外光谱仪是 1970 年后出现的一种测量分子吸收光谱的技术，用于研究分子结构与化学键。分子中原子的振动有三种类型，分别为伸缩振动、弯曲振动和变形振动。不同类型的分子结构对应不同的振动模式，同一分子架构下原子所处化学环境的不同也会使振动方式发生细微变化，使用连续频率的红外光照射样品，分子会吸收其中某些频段的红外光，使得基态振动能级跃迁至激发态，从而造成该频段的红外光透射强度减弱，值得注意的是有些振动是不能产生可观测的红外吸收谱，只有原子间偶极矩发生变化的分子振动才引起红外吸收，人们称之为具有红外活性的振动。

图 9-3 为氧原子与六个 B 位原子组成的八面体分子的六种简正振动模式，其中具有红外活性的是 υ_3 和 υ_4 两种振动模式，υ_1、υ_2 和 υ_5 三种是具有拉曼活性的振动模式，υ_6 则是通过合频和倍频带的理论分析推导出来的一种振动模式，既不具有红外活性也不具有拉曼活性。对于钙钛矿结构中的 BO_6 氧八面体，υ_3 对应氧离子沿 B-O-B 轴向的伸缩振动模式，υ_4 对应氧离子沿垂直于 B-O-B 轴向的弯曲振动模式。一般来说，B-O 键伸缩振动的特征吸收谱带位于高频区，而 B-O 键的弯曲振动吸收谱带则位于低频区。

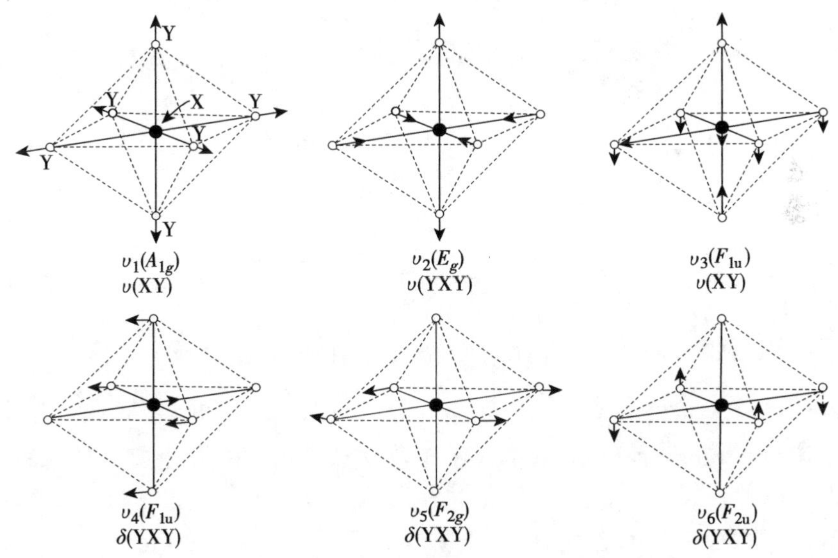

图 9-3　八面体分子 XY_6 的简正振动模式

将待测样品与光谱纯的 KBr 粉末按照 1∶100 的质量比混合均匀，研磨后压成直径为 13mm 的透明小圆片，使用傅里叶变换红外光谱仪对系列样品进行红外吸收谱测量，扫描范围为中红外波段（400～4000cm^{-1}），分辨率为 64cm^{-1}。与 B-O 键振动相关的特征吸收峰在 400～1000cm^{-1} 范围内，测试结果如图 9-4 所示，系列样品在 600cm^{-1} 左右出现了一个明显的红外吸收峰，该峰对应于 B-O 键的伸缩振动，化学键的伸缩振动对红外的吸收可用谐振子模型来定性的解释。

$$\upsilon = \frac{1}{2c\pi}\sqrt{\frac{k}{M_N}} \tag{9-2}$$

其中，$M_N = (M_B \times M_O)/(M_B + M_O)$定义为折合质量；$k$ 是化学键力常数；c 是光速。因此影响 B-O 键伸缩振动波数的因素有两个：折合质量的大小和化学键强度大小。对于 $Sm_{0.5}Ca_{0.5}Mn_{1-x}Co_xO_3$ 系列样品，Co 的掺杂量随着 x 的增大而增大，从而导致折合质量变大，假设 k 值不变，则波数应减小，然而图中伸缩振动峰的波数随着掺杂量增大而增大，说明 Co-O 键的强度远远比 Mn-O 键的强度大，对波数的影响大于折合质量对波数的影响。

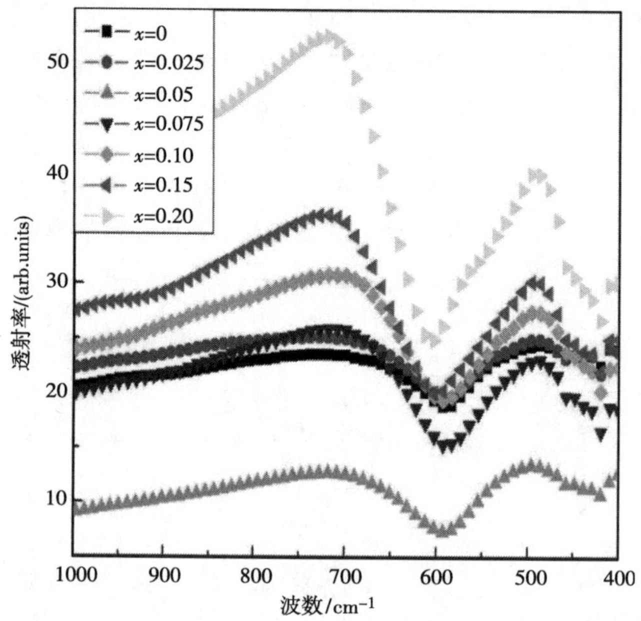

图 9-4　$Sm_{0.5}Ca_{0.5}Mn_{1-x}Co_xO_3$ 系列样品的红外吸收光谱

系列样品在 $420cm^{-1}$ 处有一个与 B-O 键弯曲振动对应的尖锐小峰，弯曲振动峰对 B-O-B 键角的变化非常敏感，键角的微小改变就会改变红外吸收峰的波数。图 9-4 中弯曲振动峰的位置随掺杂量的变化并没有发生明显移动，这说明 Co 的掺杂对于 BO_6 氧八面体中的 B-O-B 键角几乎没有影响。

9.2　Co 掺杂对 $Sm_{0.5}Ca_{0.5}MnO_3$ 磁基态的影响

9.2.1　引言

钙钛矿结构的稀土锰氧化物 $RMnO_3$（R 为稀土元素）因为具有多变的性质和前

景广阔的潜在应用而引起人们的极大兴趣，例如近年来的研究热点庞磁阻效应[5,6]和巨磁热效应(large magnetocaloric effect, MCE)[7-9]。总所周知，这些氧化物的自旋、轨道、电荷、和晶格自由度这些参量之间有强烈的耦合关系；此外，它们的物理性质与掺杂元素的离子半径、空穴浓度等也有密切的关系[1-3]。这些化合物通常显示出电荷有序与磁有序共存的状态，并且能被磁场或电场调控。

然而，大部分具有 $RMnO_3$ 这一类化学式的锰氧化物的磁基态是对外磁场不敏感的 AFM 态，因此，为了将来能够实际应用这些材料，提高这类锰氧化物中的 FM 成分是一个行之有效手段。掺杂则是一个最常用的获得 FM 成分的方法，无论是部分掺杂($R_{1-x}AeMnO_3$ 或 $RMn_{1-x}Tm_xO_3$，Ae 为碱土元素，例如 Ca、Sr 或 Ba，Tm 为过渡金属元素，例如 Fe、Co 或 Cr)还是双掺杂($R_{1-x}AeMn_{1-y}Tm_yO_3$)。在 A 位部分掺杂情况下，随着低价元素的掺入，化合物为了保持电中性，一部分 Mn^{3+} 转变为具有一个空 e_g 电子轨道的 Mn^{4+}，Mn^{3+} 和 Mn^{4+} 之间的双交换作用是 $R_{1-x}AMnO_3$ 这类化合物中 FM 成分的起源已经被人们所广泛接受。然而，B 位掺杂引起的 FM 成分的起因还不完全清楚，不同研究者之间还未达到统一认识的程度，一些研究者声称锰离子和掺入的过渡金属离子之间的双交换作用导致了 FM 成分的出现[10]，但是另一些研究者认为有些 FM 行为是由磁矩倾斜的 AFM 相(CAFM 相)引起的[11]，第三种观点是 Mn^{3+} 之间的各向异性铁磁超交换作用与 Mn^{3+} 和掺杂离子的有序排列是这些化合物中 FM 成分的来源[12]。就这一点来说，研究 Mn 位掺杂对磁基态的影响对于理解这些化合物离子间的交换机制至关重要。

9.2.2　磁性质测量仪器与方法

1. PPMS 简介

本书中关于 $Sm_{0.5}Ca_{0.5}Mn_{1-x}Co_xO_3$ 系列样品的直流和交流磁性数据是通过 PPMS(如图 9-5 所示)获得的。通过改变外场强度和温度分别测得了系列样品在不同外场下磁化强度随温度变化的曲线(M-T 曲线)和不同温度下磁化强度随磁场变化的曲线(M-H 曲线)，通过改变交流磁场频率测得了不同频率下交流磁化率随温度变化的曲线(χ-T 曲线)。PPMS 是由美国 Quantum Design 公司生产的精密测量仪器，主要分为控制全系统的主机、放置待测样品的液氦杜瓦罐和液氦回收系统，实验人员在测试样品性质的时候只需要把样品加工成合适的尺寸，安装好待测性质的选件，通过主机设定好测量参数，系统就可以自动采集记录数据，另外只需更换不同的选件就可以快速测量不同的性质，大大节省了重新搭建实验平台的时间，因而受到全世界研究者的欢迎。

实验中所用的 PPMS-9 提供的磁场强度测量范围是 0.5mT～9T，磁场正负方向可变，变场速率为 0.01～20mT/s，磁场强度绝对值小于 1T 时，最小分辨率为 0.02mT，绝对值大于 1T 时，最小分辨率为 0.2mT，以振荡模式降场可使剩磁小于 5Oe；

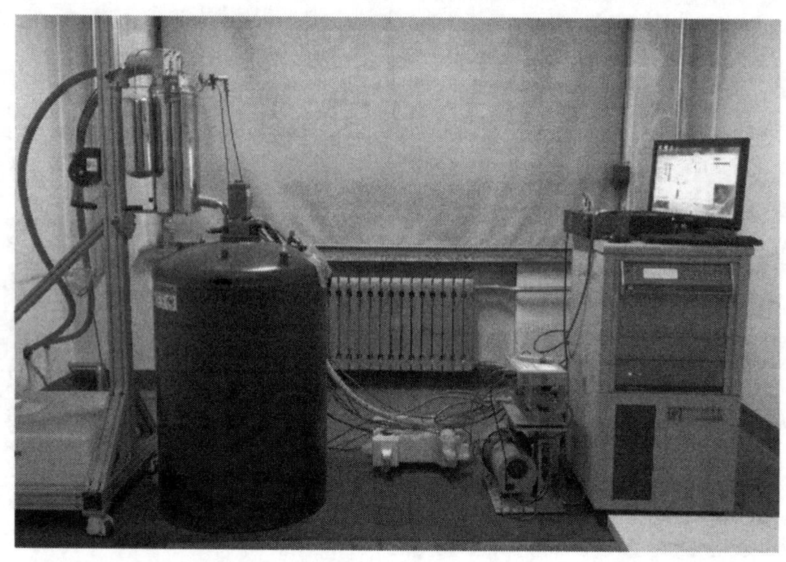

图 9-5 物理性质测量系统(PPMS)

PPMS-9 所提供的温度测量范围为 1.9～400K,变温速率为 0.01～10K/min。本实验的磁性数据均通过交流磁性测量系统(ac measurement system,ACMS)获得,该系统为一小型插件,既可以测量交流磁性质,又能施加直流磁场测量直流磁性质。ACMS样品腔独特的设计方式使得测量精度大大提高,校准线圈采用五点测量模式,能够逐点测量并且消除背景相漂移,补偿线圈可以有效地消除环境噪声,集成在线圈内部的温度计能够准确实时地测量样品温度。

2. 测量方法

受 ACMS 样品腔尺寸的限制,测量磁性质前需要将样品磨成圆柱体(底面直径约 1.5mm,高约 3mm)或长方体(长宽高约为 3mm×2mm×1mm),质量为 30～80mg。磨好后称量出样品的质量并记录,用生料带包好样品,以防碎屑掉入样品腔,然后用低温胶带将其固定在无磁塑料管内,把塑料管粘到样品杆上放入样品腔中,盖上 ACMS 顶盖。打开主机的测量程序,按顺序输入各项参数以及样品的质量,调控温度为 300K,升场到 100Oe,对样品定心,定心距离越小越好,如果定心结果不够理想,可升场至 200Oe 再次定心,定心距离不能超过 4mm,否则需要将样品取出重新包裹。定心后根据所需测量的性质设定不同的温度和磁场变化条件开始测量。

9.2.3 Co 掺杂对 $Sm_{0.5}Ca_{0.5}MnO_3$ 电荷有序和磁有序的影响

为了更好的理解系列样品中磁性相的演化过程,本实验周密设计了直流和交流的测量方法。由于样品中反映非均匀磁系统的内禀信号可能被较大的磁场掩盖,因此本书集中在低场(M-T 测量中,静磁场设定为 0.01T)测量以求尽可能地分辨出样品的磁基态。图 9-6 为系列样品的 M-T 曲线,温度从 300K 降至 2K,然后加上大小为 0.01T 的外磁场升温并记录数据，测得样品的零场冷却磁化强度曲线，待温度升到 340K 后样品在 0.01T 的外磁场中再次降温至 2K，升温并记录数据，测得有场冷却磁化强度曲线。

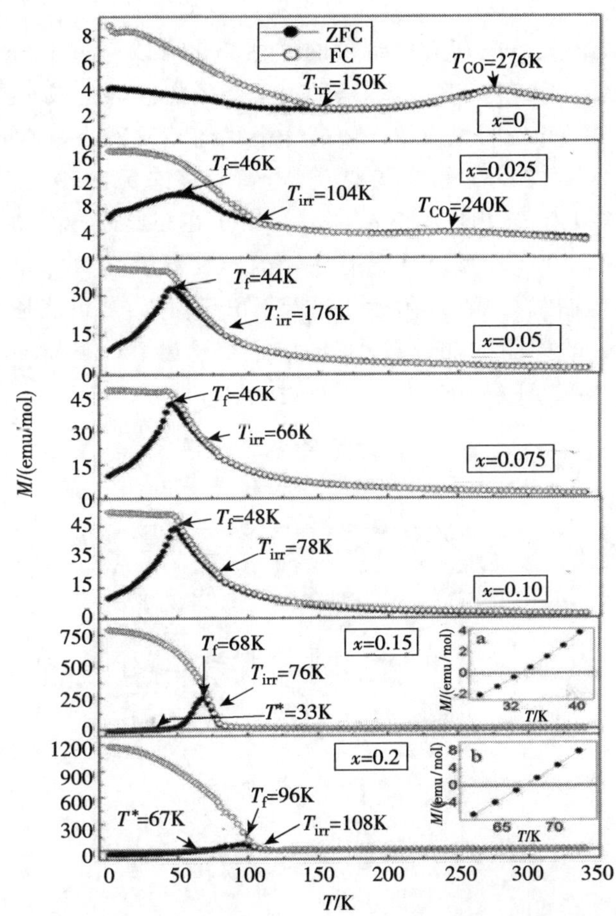

图 9-6 升温过程中 $Sm_{0.5}Ca_{0.5}Mn_{1-x}Co_xO_3$ 在 0.01T 下 ZFC 和 FC 磁化强度随温度变化曲线；内置图为 ZFC 曲线在 T^* 处的放大图(直线代表 $M=0$)

在讨论测量结果之前，需要首先做出一项说明。众所周知，对于一套 PPMS，由于超导线圈中的剩磁作用，M-T 测量中的 ZFC 曲线有可能不是被测样品本身的特征反映[13]。因此，我们在每次测量前都把磁场从 0.01T 线性降场至 0T(因为共振降场会引起一个负的剩磁场)，保证线圈中的剩磁场是正的以确保测得的负的磁化强度是由于亚铁磁效应引起的，而不是人工造成的假象。

$x=0$ 的样品在 $T\sim276$K 处出现明显的鼓包与 CO/OO 现象有关，CO/OO 现象通常伴随着 CE 型的反铁磁自旋有序[14-17]，如图 9-7 所示。尽管相似的电荷自旋有序在 3d 电子过渡金属中很常见[18]，但是锰氧化物中最显著的特征是 CO/OO 态会被外加磁场熔化，表现出磁场诱导的反铁磁绝缘态到铁磁金属态的相变[5]。随着体系中 Co^{3+} 浓度的增加，电荷有序被强烈抑制，$x=0.025$ 的样品中在 $T=240K$ 附近观察到与之对应的微弱凸起，$x=0.05$ 及之后的样品中电荷有序现象完全消失，这说明电荷有序态对 Mn^{3+} 和 Mn^{4+} 离子数的比例异常敏感，2.5%的比例误差就使得电荷有序态几乎完全消失。电荷有序现象的这种变化可以通过 Jahn-Teller 效应简要解释，Mn^{3+} 的半径比 Mn^{4+} 的半径大，这种离子半径的差异造成了晶格结构的畸变，半径较小的 Co^{3+} 对 Mn^{3+} 的置换掺入使离子半径的差异减小，局部晶格结构更加对称，从而在微观层面上平衡了晶格畸变[19]，电荷有序态无法建立。根据 Hassen[4]、López[20]等的研究报道，母相样品 $Sm_{0.5}Ca_{0.5}MnO_3$ 在 T=170K 左右有一个较小的凸起鼓包对应着顺磁相到 CE 型反铁磁有序相的转变温度 T_N(Neel temperature)，然而我们测得的 ZFC 曲线在 170K 附近几乎看不出任何鼓包，可能是由于峰太弱了，还有一种可能是合成的样品的晶粒较小，形成了超顺磁(superparamagnetism，SPM)相，这一点将在后续的 *M-H* 分析部分进行讨论。

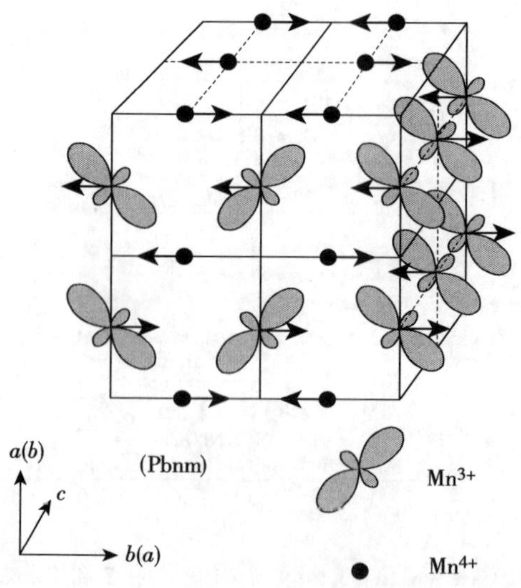

图 9-7 在大多数 $x=0.5$ 的锰氧化物中观察到的 CE 型自旋、电荷和 e_g 轨道有序示意图

ZFC 曲线和 FC 曲线在 $T<T_f$ 的温度范围内表现出均匀系统(homogeneous system)和非均匀系统(inhomogeneous system)的共同特征[21]，在这里，均匀系统是指那些不含有团簇或者分离相的系统。很明显，除了图 9-6 中所示的 $x=0.15$，0.20 两个样品的不可逆温度 T_{irr}(irreversibility temperature)离 T_f 很近，其他的样品则观察到这两个温度间有较大的距离。T_{irr} 的出现意味着样品在不同条件下的磁化强度曲线具有很强的历史依赖性，这种行为，作为一种无序系统的一般性特征，已经在大量的不同性质的系统中观察到，例如 SPM、SG 以及 CG(cluster spin glass)。据报道[22]，对于一个典型的 SG 系统，T_{irr} 不会出现在离 T_f 很远的温区内。对于全部样

品，它们的 FC 曲线在高于 T_{irr} 的温区内与 ZFC 曲线重合在一起，曲线随着温度的升高持续降低，行为一致，除了由于 CO 现象引起的异常之外。在低于 T_f 的温区中，样品的 FC 曲线行为表现得不太一致，$x=0$，0.025，0.15，0.20 的样品的 FC 磁化强度随温度的降低持续增加，而在一个典型的 SG 系统中，$T<T_f$ 的温区内 FC 曲线几乎不随温度变化[22]，就像 $x=0.05$，0.075，0.10 这几个样品表现出的那种行为。

对于母相样品（$x=0$），ZFC 曲线在低于 100K 的温区内表现出的线性行为更类似于 SPM 特征而不是 AFM 特征。然而，图 9-8(a)所示的母相样品在 2K 下的 M-H 曲线显示出轻微的磁滞现象，这意味着样品中确存在 FM 成分，FC 和 ZFC 曲线的分离也证实了这点。此外，SPM 的实验判据有两点[23]：①M-H 曲线不能有一点磁滞现象；②不同温度下的 M-H 曲线重合在一起。我们测量了不同条件下的 M-H 曲线来验证这样的猜想，图 9-8 内置图为剩磁随温度变化的关系。不同温度下 M-H 曲线的不重合以及 117K 以下存在的剩磁都说明母相样品 $Sm_{0.5}Ca_{0.5}MnO_3$ 中不存在 SPM 态。温度高于 150K 时剩磁的量值非常小且几乎保持不变，以致于无法把它归结为样品本身的内禀属性，随后，当温度低于 117K 后剩磁开始逐渐增大，温度接近 2K 时增长速度非常快。这意味着 FM 成分出现在 117K 附近，且温度越低铁磁耦合强度越大。M-H 曲线的轻微弯曲和磁化强度的小量值说明 $x=0$ 的样品很可能存在着倾斜反铁磁（canted antiferromagnetic，CAFM）相[4]，但是目前尚无法确定母相样品中只存在 CAFM 相还是 AFM 背景中含有少量的 FM 团簇。

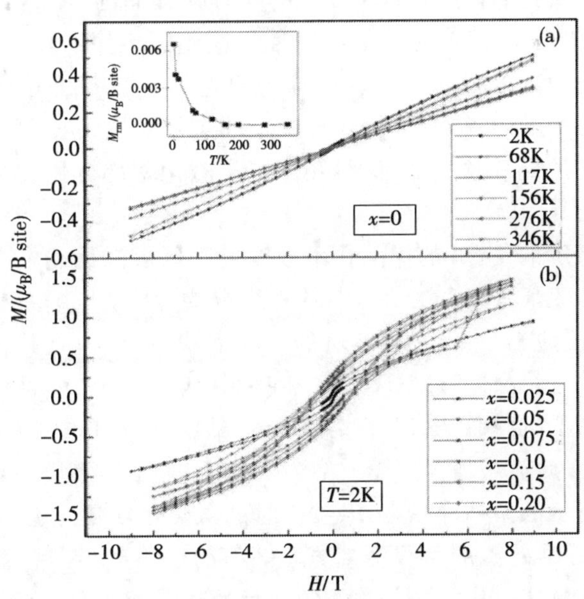

图 9-8　(a)$Sm_{0.5}Ca_{0.5}MnO_3$ 在不同温度下磁化强度随外磁场的变化图，内置图为 $Sm_{0.5}Ca_{0.5}MnO_3$ 剩磁与温度的关系；(b)$Sm_{0.5}Ca_{0.5}Mn_{1-x}Co_xO_3$（$0.025\leqslant x\leqslant 0.20$）系列样品在 2K 下的磁滞回线

$Sm_{0.5}Ca_{0.5}MnO_3$ 的 ZFC 曲线在 6K 附近还存在一个微弱的小峰，随着 Co^{3+} 掺杂浓度的增大逐渐减弱，直到 $x=0.075$ 完全消失；曲线拐点温度也随着 x 的增大向高温方向移动。根据 Nair 等的报道[22]，这可能是与 AFM 团簇之间的热阻塞(thermal blocking)现象有关，这种现象通常存在于电荷轨道耦合作用较弱系统中。母相样品 FC 曲线在 14K 附近的峰可能也与热阻塞现象有关，这个问题需要进一步的研究。

这些 ZFC 曲线的另一个异常之处是 $x=0.15$，0.20 的两个样品在低于 T_f 温区内的磁化强度随温度的降低持续减小，直到变成负值，我们把 ZFC 曲线与 $M=0$ 交点处的温度标记为 T^*，这两个样品内部不同方向排列的磁矩似乎在 T^* 处达到一种平衡态，大小相等，方向相反，总体表现出的磁化强度为零，它们在 2K 下的磁滞回线如图 9-8(b) 所示。这种行为通常存在于混价的多铁三元合金(ferro-ferrimagnetic ternary alloy)和石榴石(garnet)亚铁磁材料中，对于前一种材料，在某些特定的自旋浓度范围内甚至会出现两个 T^* 点[24]，T^* 在亚铁磁材料中被称为补偿温度(compensation temperature)。之前我们做出了关于测量手段的一些说明，由于共振降场可能造成负的剩磁场，每次测量前都使用线性降场手段把磁场从一个磁化强度较小的正磁场降到零，以确保超导线圈实际残留的剩磁场为正向，因此，这里测得的负的磁化强度的确是样品的内禀属性，排除了测量手段不完善可能造成的人为假象。综合考虑上述分析，我们认为 $x=0.15$，0.20 的两个样品属于亚铁磁材料。

对于 $x=0.025$，0.05，0.075，0.10 这几个样品，T_f 和 T_{irr} 的出现意味着样品内部存在玻璃态或相分离态；除了 $x=0.025$ 之外，其他样品的 FC 曲线的行为符合典型 SG 的特征，然而 T_f 和 T_{irr} 之间过大的差距说明这些样品并不属于典型的 SG[22]。所有关于磁化强度随温度变化曲线的分析均为定性的分析，我们通过 M-T 曲线的行为特征初步判断出样品的磁基态，但并无法最终确认。交流磁化率是研究未知磁性系统和磁结构相变的最有效手段，我们将在交流磁化率部分通过定量计算来研究系列样品的磁基态。

如图 9-8(a)所示的 $x=0$ 的样品在不同温度下的磁滞回线在高场下测得的磁化强度随温度的升高逐渐减小，$T=276$K 时曲线有些异常，当温度为 276K 时，样品处于顺磁态，磁滞回线应当与 $T=345$K 时的磁滞回线重合，但是其在高场下的磁化强度甚至比 $T=68$K 时的磁化强度还要高。我们认为，“多余”的磁化强度是由重新有序化排列的磁性离子(也就是电荷有序态)所贡献的。一旦电荷有序化，磁矩也随之有序化，总体磁化强度显著增大。

如图 9-8(b)所示的系列样品在 $T=2$K 时的磁化强度随外磁场的变化关系，所有 M-H 曲线均采用标准的磁滞回线测量方法，样品放入样品腔后定心，然后零场冷却至 2K，再开始加场测量。其中 $x=0.10$ 的样品的磁滞回线在高场下的磁化强度是所有样品中最大的，这与 FC 曲线中 $x=0.15$，0.20 两个样品的磁化强度比 $x=0.10$ 的样品的磁化强度高一到两个数量级的事实不符合。高浓度 Co^{3+} 掺杂所引起的相分离(phase separation,PS)态应当是这种异常现象的主要原因,PS 系统的弛豫时间远远大于 SG 系统,M-H 曲线测量时短暂的磁场停留无法使 PS 系统中全部磁矩转向,过低的温度也使得一些磁矩没有足够的能量转动;而 FC 曲线在测量时样品已经经历了长时间的磁场停留,且施加外磁场的同时经过了升温和降温过程,样品中的磁矩在升温过程中有充分能量扭转方向,在有场冷却过程中这些磁矩的方向被冻结,因而表现出上述的反常现象。有关 PS 的问题我们将在交流磁化率部分予以详细讨论。

此外,在 $x=0.05$ 的样品的磁滞回线的第一象限部分发现了另外一个异常现象,磁化强度曲线发生了非平滑的突变,这种行为与很多锰氧化物[19]中观察到的台阶状变磁相变(step-like transition)类似,这种变磁相变的台阶十分陡峭,临界场宽度甚至比 2×10^{-4}T 更小[25],然而由于我们测量磁滞回线这一部分时的步长较大,因此需要进一步的精确测量来确认其是否属于台阶变磁相变。

9.3　$Sm_{0.5}Ca_{0.5}Mn_{1-x}Co_xO_3$的交流磁化率分析

9.3.1　引言

磁场是在一定空间区域内连续分布的矢量场,磁力线从 N 极出发进入 S 极,静磁场的磁极恒定不变,而交变磁场的磁极和磁场强度都随时间交替变化。铁磁物质的磁性质在交变磁场作用下与在静磁场作用下有很大的不同。首先,在静磁场中,它的磁导率是一实数。但是在交变磁场中,由于存在畴壁共振、涡流效应、磁滞效应和磁后效等,铁磁物质的磁感应强度比外加的交变磁场落后一个相位,因此其磁导率为一复数。其次,铁磁性物质的复数磁导率不仅随外加磁场的幅值和频率变化,而且决定复数磁导率的物理机制在不同的频段也是很不相同。

直流磁化测量的是样品在不同外加直流磁场作用下的磁矩 m,最终得到的直流磁化曲线就是由这些离散磁矩的数值组成的。而在交流磁化设备的测量中,首先测量到的是样品磁矩的改变值 Δm,交流磁化率曲线对应的是磁化曲线上各点的斜率 $\chi=\mathrm{d}m/\mathrm{d}H$,这是直流和交流测量最基本的差别。正因为如此,交流磁化率的测量对研究未知的、非线性的磁性体系和磁结构转变,尤其是结构相变是非常有用的。

磁性物质具有自发性的磁偶极(magnetic dipole),在外加磁场下,物质中的磁偶极方向会因外界磁场作用而倾向沿着外加磁场方向。而当外加磁场是交变磁场且交流频率不太高时(一般在微波频率以下),磁偶极的方向可随着此外加交变磁场做来回周期性振荡,此即交流磁化率的物理原因。

磁偶极的振荡频率与外加交变磁场频率一致,但瞬间磁偶极方向并不一定与外加磁场方向相同,其间的差异可用磁偶极相对外加交变磁场的周期性振荡相位差来代表。因此,一个材料的交流磁化率 χ_{ac} 可以表示成 $\chi_0 e^{-i\theta}$,其中 χ_0 代表材料的磁导率强度，而 θ 就是材料磁偶极相对外加交变磁场的周期性振荡相位差。当某一瞬间时间点，外加交变磁场 H 达到最大值，但样品磁偶极 m 却尚未达到最大值，而是在该瞬间点一段时间 Δt 后才达到最大值。这样的现象即称为磁偶极与外加交变磁场间的相位差。

除了以磁导率强度 χ_0 及相位差 θ 来表示材料的交流磁导率 χ_{ac} 外，若将 $\chi_0 e^{-i\theta}$ 展开成复数形式 $\chi_0\cos\theta - i\chi_0\sin\theta$，$\chi_{ac}$ 可表示为 $\chi' - i\chi''$，$\chi' = \chi_0\cos\theta$ 被称为交流磁化率实部(real part)，而 $\chi'' = \chi_0\sin\theta$ 被称为交流磁化率虚部(imaginary part)。所以，材料的交流磁化率 χ_{ac} 亦可用 χ' 及 χ'' 来表示。而交流磁化率测量仪就是在测量 χ' 及 χ''。其中值得注意的是交流磁化率实部和虚部所代表的物理意义，交流磁化率实部代表该磁性材料对外加交变磁场能量的吸收，χ' 越大，表示消耗一定能量的外磁场对材料磁矩的改变结果越大，所做的有用功越多；交流磁化率虚部则代表磁性材料对外加交变磁场能量的耗散，χ'' 越大，表示消耗一定能量的外磁场对材料磁矩的改变结果越小，所做的无用功越多。

9.3.2　$Sm_{0.5}Ca_{0.5}Mn_{1-x}Co_xO_3$ 的交流磁化率实部分析

基于以上原理，我们对系列样品实施了交流磁化率测量，将样品包好放入样品腔中，设定好各项参数，运行程序，降温至 2K，开始测量不同频率下样品的交流磁化率。PPMS 可使用的频率测量范围为 1～10000Hz，考虑到仪器使用的交流电频率为 50Hz，在选取测量频率时避开 50 的倍数以尽可能的排除外界电磁波对测量结果可能造成的干扰，最终我们从低到高选择了 11Hz、52Hz、101Hz、202Hz、701Hz、1501Hz、4001Hz 和 9901Hz 这 8 个频率的交变磁场。图 9-9 显示的是交流磁化率实部随温度变化关系 $\chi'(T)$ 的测量结果。对于 $x=0$ 的样品，只在大约 6K 处观察到一个小峰，这与母相样品在 ZFC 曲线中观察到的自旋阻塞现象有关。除了母相样品之外，其余样品的 $\chi'(T)$ 曲线均在冻结温度 T_f 附近观察到一些非常明显的峰。对于 $x=0.025, 0.05, 0.075, 0.10$ 这几个样品，它们的峰随着频率的增大向高温方向移动，这是玻璃态的一个典型行为。与此同时，$x=0.15, 0.20$ 两个样品的峰没有随频

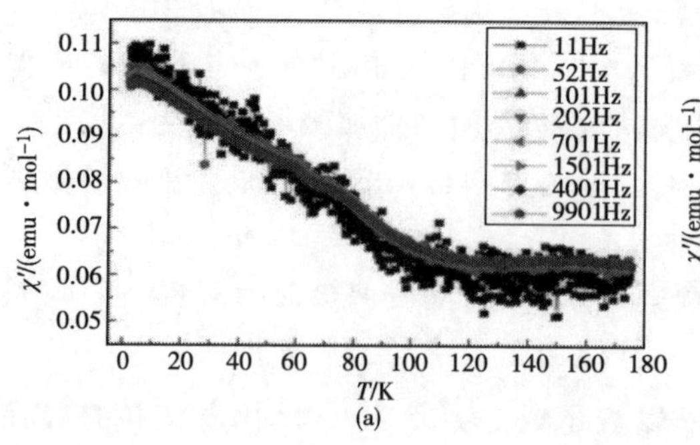

(a)

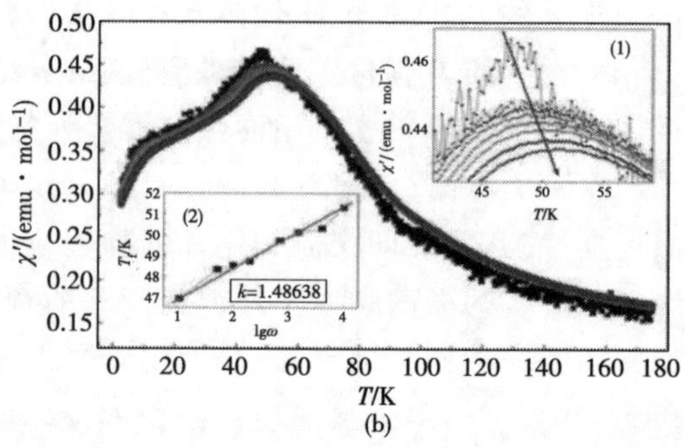

(b)

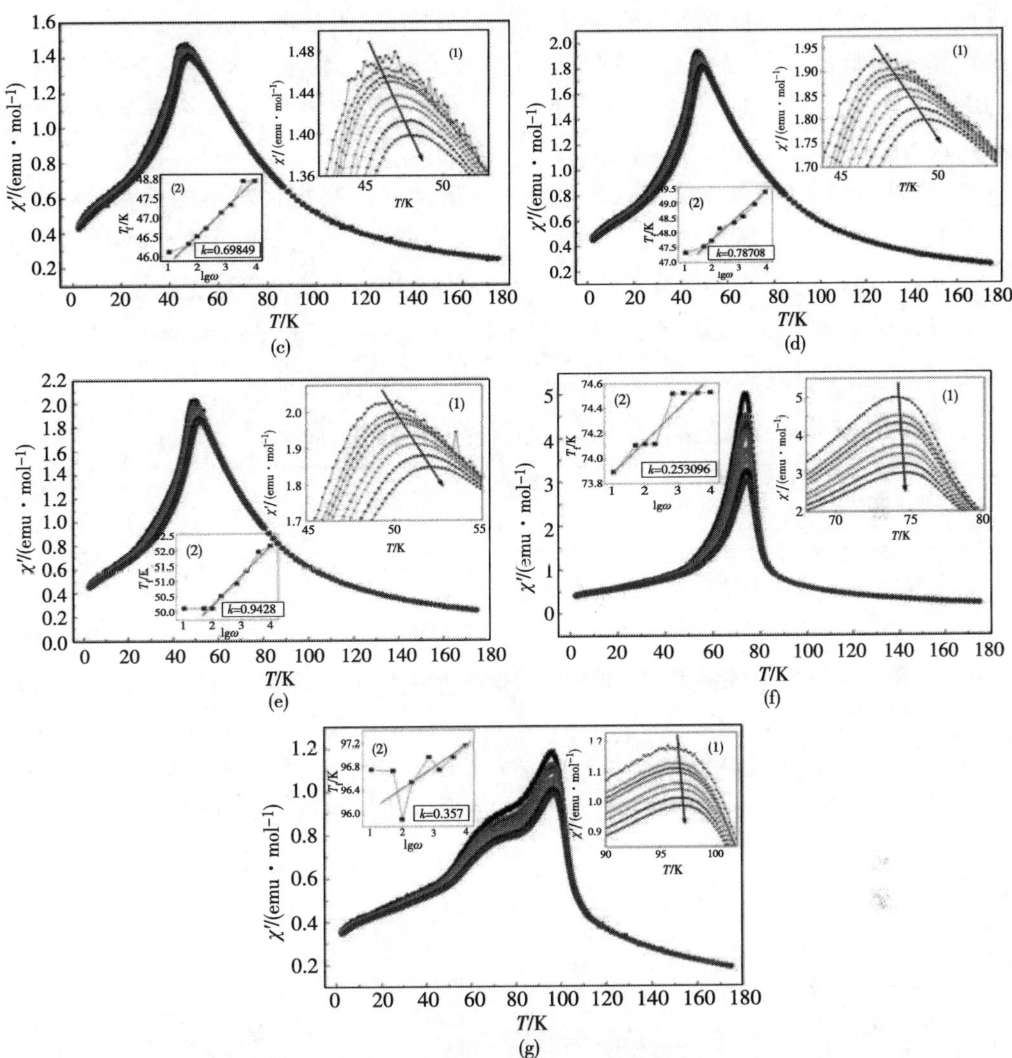

图 9-9　$Sm_{0.5}Ca_{0.5}Mn_{1-x}Co_xO_3$在 0.0005T 静磁场中不同频率下测得的交流磁化率实部与温度关系的升温曲线

(a)～(g)分别表示 x=0,0.025,0.05,0.075,0.10,0.15,0.20 的样品;内置图(1)为曲线峰位的放大图;内置图(2)显示 T_f与交流磁场频率对数的关系,k 代表拟合直线的斜率;(b)～(g)中频率与符号的对应关系和(a)中的对应关系一致

率的变化发生明显的温度偏移。但它们在不同频率下的峰值却相差很大,这有助于解释它们在静磁场测量中 T_f以下 FC 曲线的磁化强度随温度降低继续增大的异常行为。标准化斜率 $P(P=\Delta T_f/(T_f\Delta\lg\omega))$提供了一个从类玻璃系统中区分出标准 SG 的标准。

图 9-9 的内置图(2)展示了 T_f与频率 ω 的常用对数 $\lg\omega$ 之间的关系。其中 x=0.15,0.20 两个样品的 T_f与 $\lg\omega$ 之间并不存在线性关系,我们仍然把它们拟合到一

条直线上并计算了这两个样品的 P 值，结果仅作为对比参考。对于系列样品，P 值的计算结果如表 9-2 所示。对于标准的金属 SG，P 值大小为 0.005～0.01，对于标准的绝缘体 SG，P 值大小为 0.06～0.08[26]。从表 9-2 中可以看出，系列样品的 P 值均不在这两个范围内，这说明合成的样品都不是典型的自旋玻璃。静磁场测量中 ZFC 与 FC 曲线的分叉，交流磁化率在冻结温度点的频移这些特征均不能确切地说明系列样品是自旋玻璃，判断一个系统是否属于 SG 的决定性证据是非线性磁化率(non-linear susceptibilities)的分歧[27−29]。对于目前的情况，我们尝试着确定在 $\chi'(T)$ 曲线中观察峰的频移能否适用于临界弛豫模型(critical slowing down model)以及样品的 $\chi''(T)$ 曲线是否服从动态尺度方程(dynamic scaling equation)。

表 9-2 $Sm_{0.5}Ca_{0.5}Mn_{1-x}Co_xO_3$ ($0.025 \leqslant x \leqslant 0.20$)的标准化斜率值

x	0.025	0.05	0.075	0.10	0.15	0.20
P	0.03	0.015	0.016	0.018	0.0034	0.0037

经典的临界弛豫模型可用以下方程来描述。

$$\omega=\omega_0[(T_p-T_g)/T_g]^{zv} \tag{9-3}$$

其中，T_g 是 SG 相变的临界温度(把 T_p-ω 曲线外延至 $\omega=0$Hz 得到 T_g)；T_p 是 $\chi'(T)$ 曲线不同频率的峰值所对应的温度；z、v 分别代表动态和静态的临界指数；自旋弛豫时间 $\tau_0=2\pi/\omega_0$。通过区间拟合法(range-of-fit)[27]选取合适的参数值，将不同频率的点尽可能的拟合在一条直线上，获得的上述参数的值如图 9-10 所示。尽管我们做

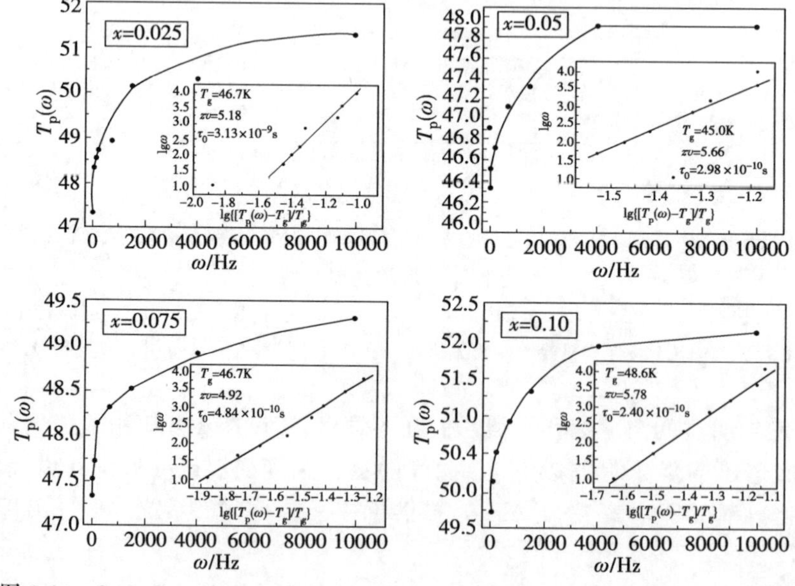

图 9-10 $Sm_{0.5}Ca_{0.5}Mn_{1-x}Co_xO_3$ ($x=0.025, 0.05, 0.075, 0.10$) T_p 与 ω 的关系

内置图为 ω 与$[(T_p-T_g)/T_g]$的对数图，证明了与方程(9-1)的一致性

了多次尝试，但仍有一些点无法被完美地拟合在一条直线上，可能是由于仪器的测量误差造成的。将获得的 T_g 值与在静磁场测量中获得的 T_f 值做对比，我们发现，两者非常接近，这说明通过临界弛豫模型对交流数据拟合获得的 T_g 值是可信的。典型 SG 系统的临界弛豫指数和自旋弛豫时间的范围分别为 $z\nu$ 为 6～12，τ_0 为 10^{-12}～10^{-15} s[30]。对于 x=0.15，0.20 的样品，由于 T_p-ω 曲线的波动过大，连一个可信的 T_g 值都无法获得。由于材料内部具有很多复杂的相互作用，例如团簇间的交换作用、表面无序、磁各向异性等，因此想要彻底理解这些材料的磁性质很困难。通过对 $\chi'(T)$ 数据的分析，我们仅能得出 x=0.025，0.05，0.075，0.10 这些样品是非典型的 SG，以及 x=0，0.15，0.20 这些样品完全不是 SG 的结论。

9.3.3　$Sm_{0.5}Ca_{0.5}Mn_{1-x}Co_xO_3$ 的交流磁化率虚部分析

交流磁化率虚部随温度的变化关系 $\chi''(T)$ 提供了样品在交流磁场的一个单循环过程中能量耗散的信息。如图 9-11 所示，在 x=0 的样品的 $\chi''(T)$ 曲线上没有观察到峰的出现，这说明样品内部不同位置对能量的耗散情况是相同的，即样品是不含有团簇的均匀系统，这个现象有力的证明了在静磁场测量中母相样品中 FM 行为是由于 CAFM 相的倾斜磁矩引起的，同时说明样品中可能含有微小 FM 团簇的猜想是错误的。x=0.05，0.075，0.10 这些样品在冻结温度处的峰值随频率的增大而增大，SG 和 CG 均具有这种特征。

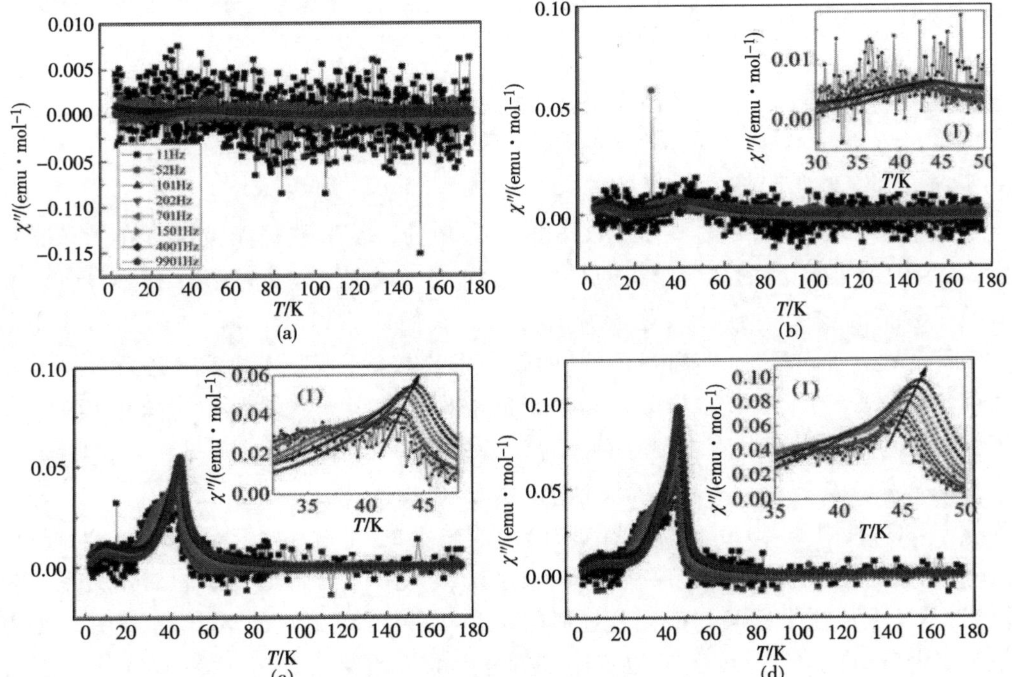

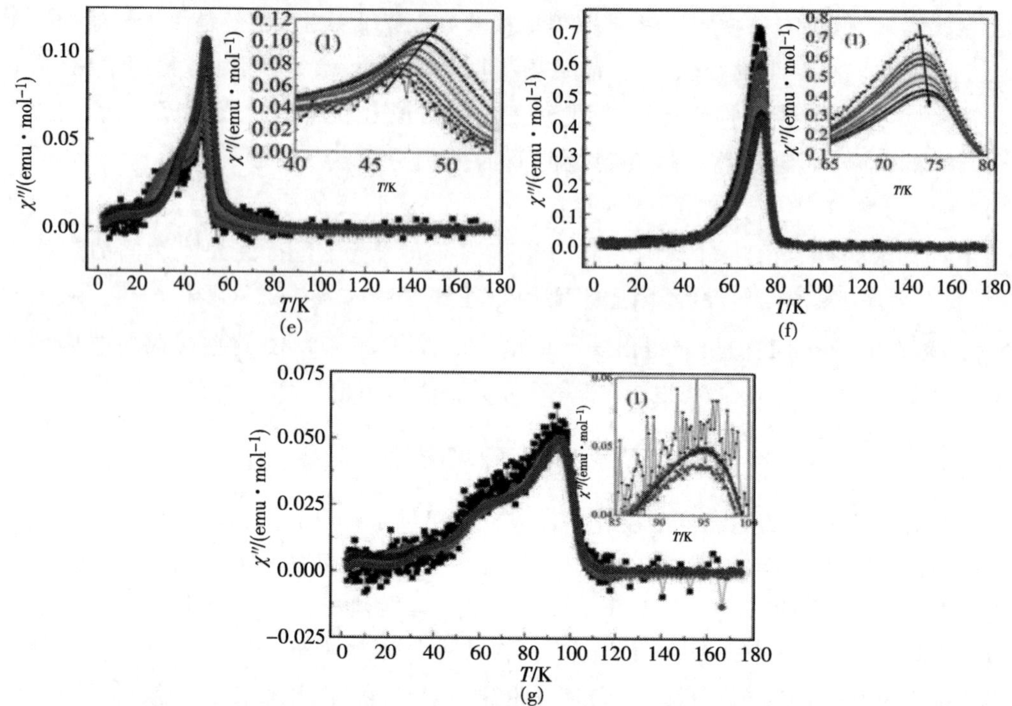

图 9-11　$Sm_{0.5}Ca_{0.5}Mn_{1-x}Co_xO_3$ 在 0.0005T 静磁场中的不同频率下测得的交流磁化率虚部与温度关系的升温曲线

(a)～(g)分别表示 $x=0,0.025,0.05,0.075,0.10,0.15,0.20$ 样品；内置图(1)为曲线峰位的放大图；(b)～(g)中频率与符号的对应关系和(a)中的对应关系一致

$\chi''(T)$数据可以通过以下的动态尺度方程[29]来描述。

$$T\chi''(\omega,T)/\omega^{\beta/z\nu}=f(\varepsilon/\omega^{1/z\nu})\tag{9-4}$$

其中，β 是 SG 相变的临界指数；ε 是约化温度(reduced temperature)，$\varepsilon=(T-T_g)/T_g$。只有 $x=0.05,0.075,0.10,0.15$ 四个样品的 $\chi''(T)$数据能被拟合在一条直线上。$x=0.05$ 的样品的拟合结果有些特殊，如图 9-12 所示，当频率大于 4kHz 时，随着测量频率的增大拟合结果逐渐偏离直线。我们认为，样品中存在的体积较小的 FM 团簇对短时间尺度(即高频条件)的磁激发比较敏感，整体的玻璃态背景则在长时间尺度($t\to\infty$)下主宰着样品对外磁场的响应。玻璃态背景和小体积的 FM 团簇不同磁响应时间尺度的存在是这种拟合偏差的来源，详细的讨论参见参考文献[29]。

综合考虑交流磁化率的实部和虚部数据，可以得出 $x=0.05,0.075,0.10$ 样品均属于 CG，其中 $x=0.05$ 的样品的铁磁团簇较小的结论。对于 $x=0.025$ 的样品，虽然 $\chi''(T)$曲线的峰值随着频率的增大有增大趋势，但是它随频率的变化关系比较模糊，不像上述三个样品的变化趋势那样明显，另外考虑到它的 ZFC 曲线在 T_f 处宽阔平缓的峰以及 FC 曲线在 T_f 以下温区对温度的依赖关系，我们认为 $x=0.025$ 的样

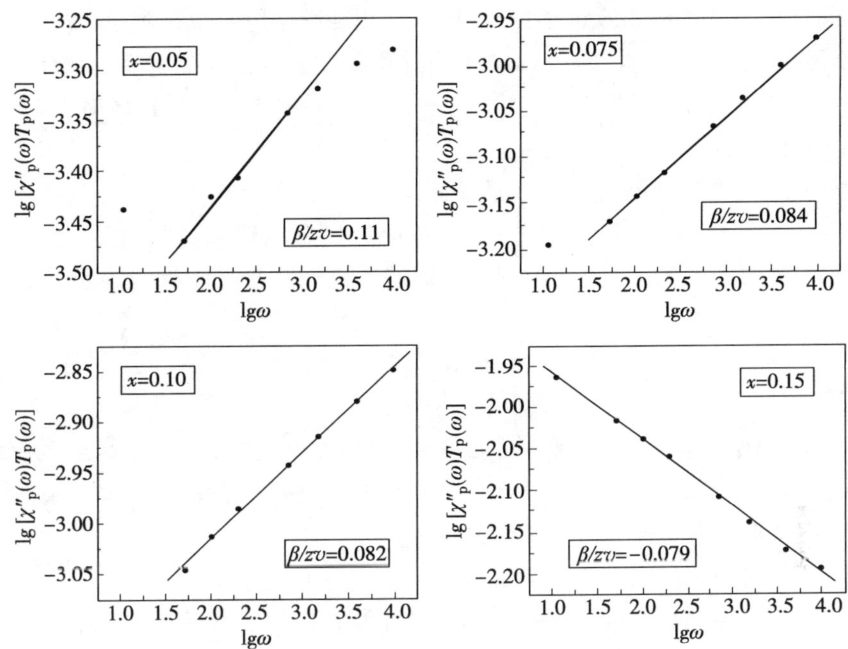

图 9-12 $\lg[\chi''_p(\omega)T_p(\omega)]$与 $\lg\omega$ 的线性图证明了动态尺度关系适用于样品的正确性

$\beta/z\nu$ 是直线的斜率；$x=0.05$ 的样品从 $\omega=4001$Hz 开始与方程(9-4)的偏差越来越大

品处于从 AFM 到 SG 的过渡态。

对于 $x=0.15$ 的样品，$\chi''(T)$曲线的峰值随频率的增大而减小，这种与众不同的行为在 AFM 背景上镶嵌有 FM 团簇的相分离材料中曾被观察到[31]。$x=0.20$ 的样品展现出的行为更加复杂，如交流磁化率虚部的测量结果所示，当频率小于 101Hz 时，$\chi''(T)$曲线的峰值随频率的增大而减小，随着频率的进一步增大，峰值又随之增大。对这些现象的一个可能的解释是 $x=0.20$ 的样品背景中的 FM 团簇的尺度分布较广。在这种情况下，SG 背景中大尺度的 FM 团簇引发了相分离态，$\chi''(T)$曲线峰值随频率增大而减小的现象与此有关；同时，SG 背景中尺度较小的 FM 团簇表现出 CG 态，并且与虚部曲线峰值随频率增大而增大的现象有关。$\chi''(T)$曲线峰值的复杂变化趋势是这两种效应竞争的结果，两种效应可能分别在某一特定的频段占主导地位。

我们在 $\chi''(T)$曲线中的大约 8K 处观察到一个随频率变化没有明显温度移动的小峰，$x=0$，0.15 两个样品未观察到此峰。对于具有该处小峰的系列样品，峰值均在小于 4001Hz 频段内随频率增大而增大，随着频率的继续增大峰值逐渐减小。$x=0$，0.15 两个样品未观察到此峰也可以用前面关于这两个样品中缺少小尺度的 FM 团簇的猜想来解释。

在另一种类似结构的锰氧化物 $Nd_{2/3}Ca_{1/3}MnO_3$ 中也观察到了该处的小峰[32]，

Beznosov 等认为这些峰出现的原因与锰离子的倾斜磁矩有关。根据 Beznosov 的理论，对于我们的 $Sm_{0.5}Ca_{0.5}Mn_{1-x}Co_xO_3$ 系列样品，Sm-Mn 的交换作用产生了一个内部的交换场，在铁磁区域将 Sm^{3+} 二重简并的晶体场劈裂开；与此同时，该交换场在反铁磁区域内使锰离子的反铁磁亚晶格倾斜并导致产生了铁磁磁矩。在反铁磁锰离子亚点阵中的铁磁响应提供了一个通过锰离子为中介的 Sm-Sm 交换作用，这种间接的交换作用引起了钐离子亚点阵在大约 8K 处的铁磁有序态，并且比通过 Sm-Sm 直接交换作用所引起的铁磁有序强很多，详细的理论计算参见文献[32]的附录部分。

9.4 本章小结

本书系统地研究了不同浓度($0 \leqslant x \leqslant 0.20$)的 Co^{3+} 掺杂对钙钛矿结构锰氧化物 $Sm_{0.5}Ca_{0.5}MnO_3$ 的结构和磁性质的影响，通过对 X 射线衍射、直流磁场测量和交流磁场测量等实验结果的分析，得出以下结论。

采用高温固相法制备出 $Sm_{0.5}Ca_{0.5}Mn_{1-x}Co_xO_3$($x=0,0.025,0.05,0.075,0.10,0.15,0.20$)系列样品。XRD 结果显示样品均为单相的正交钙钛矿结构，说明 Co^{3+} 成功的掺入了 $Sm_{0.5}Ca_{0.5}MnO_3$ 的晶格中，置换了部分 Mn^{3+} 而没有引发杂质相的产生和晶格结构的质变。经过最小二乘法精修后的晶胞参数显示晶胞体积值和晶胞的正交形变量均随着 Co^{3+} 掺杂量的增加而减小。样品晶胞体积的减小与 Co^{3+} 比 Mn^{3+} 半径小的事实相符，正交形变量的减小则说明低掺杂样品比高掺杂样品的结构更加对称。

直流磁场测量的结果表明，Co^{3+} 掺杂对母相样品的磁有序和电荷有序影响巨大，$Sm_{0.5}Ca_{0.5}MnO_3$ 中的电荷有序峰对 Mn^{3+} 和 Mn^{4+} 离子数的比例异常敏感，Co^{3+} 掺杂比例为 2.5%时就使得电荷有序态几乎完全消失。另外，Co^{3+} 掺杂还使系列样品中出现了冻结温度 T_f 和不可逆温度 T_{irr}，显示出玻璃态和相分离的共同特征。通过不同温度下的 M-H 测量，我们发现母相样品磁滞回线的行为不符合超顺磁的实验判据，否定了母相样品低温下可能属于超顺磁的猜想，但直流磁场测量无法确定样品中只存在 CAFM 相还是 AFM 背景中含有少量的 FM 团簇。在高掺杂的两个样品($x=0.15,0.20$)的 ZFC 曲线上观察到了负的磁化强度，通过对测量方法的设计排除了实验手段不完善可能造成的人为假象，确定了这两个样品的亚铁磁基态，在高场下磁化强度的异常则说明它们内部可能存在相分离现象。$x=0.025,0.05,0.075,0.10$ 四个样品的 M-T 曲线都或多或少与典型自旋玻璃的特征有些差别。$Sm_{0.5}Ca_{0.5}Mn_{1-x}Co_xO_3$ 系列样品在 2K 下的磁滞回线都表现出一定的铁磁行为。

交流磁化率的结果分析显示，母相样品的 $\chi''(T)$ 曲线没有观察到峰，说明其内部是均匀的，从而确定了低温下母相样品的磁基态为倾斜反铁磁态。标准化斜率的计算结果初步表明，这些样品都不属于典型的自旋玻璃。更可信的临界弛豫模型的拟

合结果表明 $x=0.025$,0.05,0.075,0.10 四个样品属于非典型的自旋玻璃,结合虚部数据的分析结果,$x=0.05$,0.075,0.10 三个样品属于含有铁磁团簇的自旋玻璃,考虑到 $x=0.025$ 的样品 ZFC 曲线在冻结温度处宽阔的峰以及 FC 曲线在冻结温度以下与温度的依赖关系,我们认为 $x=0.025$ 的样品处于从反铁磁到自旋玻璃的过渡态。$x=0.05$ 的样品虚部数据在动态尺度拟合过程中出现的偏差证明样品中的铁磁团簇较小。$x=0.15$,0.20 两个样品的实部无法通过临界弛豫模型拟合说明它们完全不属于自旋玻璃。$x=0.15$ 的样品虚部数据的动态尺度拟合斜率是负数,说明了其相分离的本质。对于 $x=0.20$ 的样品,$\chi''(T)$曲线的峰值随频率的增大呈现出的复杂变化表明其含有尺度分布广泛的铁磁团簇。另外,我们在 $\chi''(T)$曲线中的大约 8K 处观察到一个随频率变化没有明显温度移动的小峰,对 $x=0$,0.15 两个样品未观察到此峰,这与两个样品中缺少小尺度的 FM 团簇有关。

最终我们可以刻画出系列样品的演化过程,向内部均匀的倾斜反铁磁态的母相样品中掺入 2.5%的 Co^{3+},样品开始出现自旋团簇,呈现出反铁磁到自旋玻璃的过渡态;继续掺入 Co^{3+},团簇逐渐长大,形成团簇自旋玻璃;当这些团簇长大到一定的尺度后,一些较大的团簇接触后融合形成更大的团簇,过大的团簇则形成了相分离的背景;继续掺入 Co^{3+} 导致团簇的持续生长,当团簇的尺度大到结构无法平衡内部离子的热运动时,塌缩无可避免的产生了,大尺度的团簇分裂为一系列尺度分布广泛的小团簇。这些看似简单的结构变化最终导致了系列样品在不同条件下丰富多彩的性质。

参 考 文 献

[1] Fiebig M, Lottermoser Th, Fröhlich D, et al. Observation of coupled magnetic and electric domains. Nature,2002,419(6909):818-820

[2] Goltsev A V,Pisarev R V,Lottermoser Th,et al. Structure and interaction of antiferromagnetic domain walls in hexagonal $YMnO_3$. Phys. Rev. Lett. ,2003,90(17):177204

[3] Lorenz B,Wang Y Q,Chu C W. Ferroelectricity in perovskite $HoMnO_3$ and $YMnO_3$. Phys. Rev. B,2007,76(10):104405

[4] Hassen A, Mandal P. Correlation between structural, transport, and magnetic properties in $Sm_{1-x}A_xMnO_3$ (A=Sr,Ca). J. Appl. Phys. ,2007,101(11):113917

[5] Tokura Y. Critical features of colossal magnetoresistive manganites. Rep. Prog. Phys. ,2006,69(3):797-851

[6] Dagotto E. Complexity in strongly correlated electronic systems. Science, 2005, 309(5732): 257-262

[7] Giri S K,Dasgupta P,Poddar A,et al. Field induced ferromagnetic phase transition and large magnetocaloric effect in $Sm_{0.55}Sr_{0.45}MnO_3$ phase separated manganites. J. Alloys Compd. ,

2014,582:609—616

[8] Abdel-Khalek E K, Salem A F, Mohamed E A. Study on the influence of magnetic phase transitions on the magnetocaloric effect in $Sm_{0.7}Sr_{0.3}Mn_{0.95}Fe_{0.05}O_3$ manganite. J. Alloys Compd. 2014, 608:180—184

[9] Nisha P, Pillai S S, Varma M R, et al. Influence of cobalt on the structural, magnetic and magnetocaloric properties of $La_{0.67}Ca_{0.33}MnO_3$. J. Magn. Magn. Mater., 2013, 327:189—195

[10] Sun Y, Tong W, Xu X J, et al. Possible double-exchange interaction between manganese and chromium in $LaMn_{1-x}Cr_xO_3$. Phys. Rev. B, 2001, 63(17):174438

[11] Sahu J R, Serrao C R, Rao C N R. Modification of the multiferroic properties of $YCrO_3$ and $LuCrO_3$ by Mn substitution. Solid State Commun, 2008, 145(1—2):52—55

[12] Yang L, Duanmu Q Y, Hao L, et al. Structural, magnetic and electrical properties of double-doped manganites $Y_{0.5+y}Sr_{0.5-y}Mn_{1-y}Cr_yO_3$ ($0\leqslant y\leqslant 0.5$). J. Magn. Magn. Mater., 2013, 341:30—35

[13] Kumar N, Sundaresan A. On the observation of negative magnetization under zero-field-cooled process. Solid State Commun., 2010, 150(25—26):1162—1164

[14] Wollan E O, Koehler W C. Neutron diffraction study of the magnetic properties of the series of perovskite-type compounds [$(1-x)$La, xCa]MnO_3. Phys. Rev., 1955, 100(2):545—563

[15] Goodenough J B. Theory of the role of covalence in the perovskite-type manganites [La, M(II)]MnO_3. Phys. Rev., 1955, 100(2):564—573

[16] Jirák Z, Krupička S, Šimša Z. Neutron diffraction study of $Pr_{1-x}Ca_xMnO_3$ perovskites. J. Magn. Magn. Mater., 1985, 53(1—2):153—166

[17] Yoshizawa H, Kawano H, Tomioka Y, et al. Neutron-diffraction study of the magnetic-field-induced metal-insulator transition in $Pr_{0.7}Ca_{0.3}MnO_3$. Phys. Rev. B, 1995, 52(18): R13145(R)—R13148(R)

[18] Imada M, Fujimori A, Tokura Y. Metal-insulator transitions. Rev. Mod. Phys., 1998, 70(4): 1039—1264

[19] Yaicle C, Raveau B, Maignan A, et al. Effect of trivalent cation substitution for manganese upon ferromagnetism in $Ln_{0.57}Ca_{0.43}MnO_3$ (Ln=Pr, Nd). Solid State Commun., 2004, 132(7): 487—492

[20] López J, de Lima O F. Specific heat at high temperature and magnetic measurements in $Nd_{0.5}Sr_{0.5}MnO_3$ and $R_{0.5}Ca_{0.5}MnO_3$ (R=Nd, Sm, Dy, Ho) samples. J. Alloys Compd., 2004, 369(1—2):227—230

[21] Mamiya H, Nakatani I, Furubayashi T. Blocking and freezing of magnetic moments for iron nitride fine particle systems. Phys. Rev. Lett., 1998, 80(1):177—180

[22] Nair S, Banerjee A. Formation of finite antiferromagnetic clusters and the effect of electronic phase separation in $Pr_{0.5}Ca_{0.5}Mn_{0.975}Al_{0.025}O_3$. Phys. Rev. Lett. 2004, 93(11):117204

[23] Bean C P, Livingston J D. Superparamagnetism. J. Appl. Phys., 1959, 30(4):S120—S129

[24] Kış-Çam E, Aydiner E. Compensation temperature of 3d mixed ferro-ferrimagnetic ternary alloy. J. Magn. Magn. Mater. 2010, 322(13):1706—1709

[25] Mahendiran R, Maignan A, Hébert S, et al. Ultrasharp magnetization steps in perovskite manganites. Phys. Rev. Lett. ,2002,89(28):286602

[26] Mydosh J A. Spin Glasses:An Experimental Introduction. London:Taylor & Francis,1993

[27] Bitla Y,Kaul S N,Barquín L F,et al. Observation of isotropic-dipolar to isotropic-Heisenberg crossover in Co-and Ni-substituted manganites. New J. Phys. ,2010,12:093039

[28] Bitla Y,Kaul S N. Mean-field treatment of nonlinear susceptibilities for a ferromagnet of arbitrary spin. Eur. Phys. Lett. ,2011,96(3):37012

[29] Bitla Y,Kaul S N,Barquín L F. Nonlinear susceptibilities as a probe to unambiguously distinguish between canonical and cluster spin glasses. Phys. Rev. B,2012,86(9):094405

[30] Fertman E,Dolya S,Desnenko V,et al. Cluster glass magnetism in the phase-separated $Nd_{2/3}Ca_{1/3}MnO_3$ perovskite. J. Magn. Magn. Mater. ,2012,324(19):3213－3217

[31] Deac I G,Mitchell J F,Schiffer P. Phase separation and low-field bulk magnetic properties of $Pr_{0.7}Ca_{0.3}MnO_3$. Phys. Rev. B,2001,63(17):172408

[32] Beznosov A,Fertman E,Desnenko V,et al. The Nd-Mn exchange interaction,low temperature specific heat and magnetism of $Nd_{2/3}Ca_{1/3}MnO_3$. J. Magn. Magn. Mater. ,2011,323(18－19):2380－2385

第10章　$Sm_{0.5}Ca_{0.5}Mn_{1-x}Fe_xO_3$的制备、结构表征及磁性研究

10.1　系列样品$Sm_{0.5}Ca_{0.5}Mn_{1-x}Fe_xO_3$的制备及结构表征

10.1.1　引言

对ABO_3钙钛矿型锰氧化物的制备有多种方法，例如，固态化学反应法、共沉淀烧结合成法、溶胶-凝胶合成法、水解合成法、熔融合成法、高压高温烧结合成法、金属合金氧化法等等，由于固态化学反应法，即高温固相法，使用广泛，优点为操作简单，易于合成，故本实验选择高温固相法合成系列样品$Sm_{0.5}Ca_{0.5}Mn_{1-x}Fe_xO_3$（$x=0$，0.025，0.05，0.075，0.10，0.15，0.20，0.30），并对制备出的系列样品进行XRD结构表征以及红外吸收光谱分析，进而确定系列样品的晶体结构。

10.1.2　$Sm_{0.5}Ca_{0.5}Mn_{1-x}Fe_xO_3$的制备

1.高温固相法原理

实验前首先需要对所测量的实验样品进行制备。样品合成有多种物理和化学方法，例如，固态化学反应法、共沉淀烧结合成法、溶胶-凝胶合成法、水解合成法、熔融合成法、高压高温烧结合成法、金属合金氧化法等，本实验因为起始原料及最终产物均为固体，并且起始原料与最终产物结构相差较大，因而选择固态化学反应法。

高温固相法(high temperature solid state reaction)[1]，即固体化学反应法，属于传统的陶瓷烧结工艺方法，是将两种或两种以上的固体反应物在某一特定的温度进行反应的合成方法，通过各反应物之间不断地相互扩散，在反应物之间的接触面形成所需产物，反应物和生成物均为固体，具有操作简单，过程易控制，产物易得，成本低等特点，同时也具有制作周期长，所需反应温度高等缺点。

固相反应法主要分为两个过程，即成核和生长。原料与最终产物结构越接近，成核就越容易，即所需的反应温度就越低。相反，原料与最终产物结构相差越大，成核就越困难，即所需反应温度就越高，才能使原子重新排列或者化学键断裂重新组合。本实验所用原料与最终产物化学结构相差较大，故所需反应温度较高，为1000～1300℃。成核过程一般发生在反应原料之间的接触面，接触面与体积比越大，反应越容易进行，当反应发生到一定阶段后，接触面生成了一定厚度的产物，影响了反应的继续进行，这就需要进行反复研磨与压片，以增加反应原料之间的接触面积，使反应

继续进行。反应进行到一定的阶段后，各原料及产物又会各自烧结和重结晶，即产物的生长过程也会降低反应进行的速率，故而需要重复研磨，这就是为什么本实验需要进行多次研磨和压片烧结的原因。

2. 样品制备方法

系列样品所需的反应原料均为纯度较高的氧化物(99.9%的 Sm_2O_3、99.0%的 $CaCO_3$、99.9%的 MnO_2、99.0%的 Fe_2O_3)，在制备系列样品前需要对原料进行预烧，以除去原料中的水分及易挥发的杂质，通过各原料的熔点及特性见表 10-1，确定出各原料预烧的温度。将 Fe_2O_3 放在高温炉中预烧到 800℃保温 3h，将 $CaCO_3$ 放在高温炉中预烧到 400℃保温 3h，将 Sm_2O_3 放在高温炉中预烧到 400℃保温 3h，将 MnO_2 放在高温炉中预烧到 200℃保温 3h，将预烧好的样品取出后立即放在真空干燥箱中保存待用。

表 10-1　各原料的熔点及特性

原料	Sm_2O_3	$CaCO_3$	MnO_2	Fe_2O_3
熔点/℃	2269	1339	535	1565
特性	在空气中吸收二氧化碳和水分	轻质碳酸钙稍有吸湿性，在干燥的空气中稳定	在空气于 530℃以上放出氧气	常温常压稳定

本实验采用高温固相法制备单相多晶系列样品 $Sm_{0.5}Ca_{0.5}Mn_{1-x}Fe_xO_3$ ($x=0$，0.025，0.05，0.075，0.10，0.15，0.20，0.30)。以 1/30mol 为标准进行化学计量，计算得各原料质量见表 10-2。

表 10-2　各原料质量(结果保留小数点后五位)(单位:克)

原料	Sm_2O_3	$CaCO_3$	MnO_2	Fe_2O_3
$x=0$	2.90598	1.66812	2.89789	0
$x=0.025$	2.90598	1.66812	2.82545	0.06654
$x=0.05$	2.90598	1.66812	2.57300	0.13307
$x=0.075$	2.90598	1.66812	2.68055	0.19961
$x=0.10$	2.90598	1.66812	2.60811	0.26615
$x=0.15$	2.90598	1.66812	2.46321	0.39922
$x=0.20$	2.90598	1.66812	2.31832	0.53229
$x=0.30$	2.90598	1.66812	2.02853	0.79844
合计	23.24784	13.34496	20.39506	2.39532

利用电子天平将各原料称量并进行充分混合研磨，使用压片机将混合研磨后的粉末进行压片(直径 25mm、压力 22MPa、保压时间 2min)，并放进高温炉中进行第一次烧结(1100℃、保温 24h)，待样品退火后取出，进行第二次充分研磨及压片(直径 25mm、压力 22MPa、保压时间 2min)，再放入高温炉中进行第二次烧结(1300℃、保

温 24h)，待样品退火后再取出，进行第三次研磨及压片(直径 13mm、压力 7MPa、保压时间 2min)，压片完成后放入高温炉进行第三次烧结(1300℃、保温 24h)，降温后取出样品进行第四次研磨及压片(直径 13mm、压力 7MPa、保压时间 2min)，压片后将样品放在高温炉中进行第四次烧结(1300℃、保温 24h)，共烧结四次(1100℃一次、1300℃三次)，即得到最终系列样品 $Sm_{0.5}Ca_{0.5}Mn_{1-x}Fe_xO_3$ ($x=0$，0.025，0.05，0.075，0.10，0.15，0.20，0.30)。样品制备流程图如图 10-1 所示[2]。

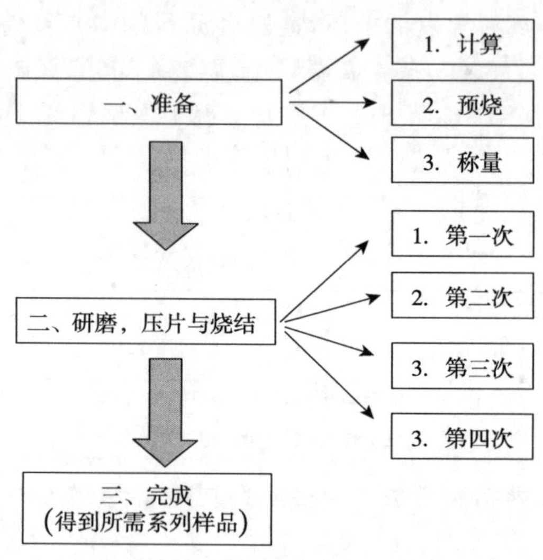

图 10-1　样品制备流程图

3. 系列样品 $Sm_{0.5}Ca_{0.5}Mn_{1-x}Fe_xO_3$ 的结构表征

1) X 射线衍射原理

X 射线衍射是通过对 X 射线经过晶格衍射后的衍射图谱进行分析，探索材料内部结构的一种常用方法[3]。最早是由德国物理学家劳厄在 1912 年提出的一个预见，即可把晶体看做光栅，当一束 X 射线通过晶体时发生衍射，衍射光线在某些地方加强，在某些地方减弱，通过对衍射光线的衍射图谱进行分析，就可以得到晶体的结构。在之后的一年，英国物理学家布拉格父子就提出了著名的晶体衍射公式(布拉格公式)，即 $2d\sin\theta=n\lambda$。其中 d 为晶面间距，θ 为衍射角，n 为衍射级数(即任意正整数)，λ 为 X 射线的波长。通过布拉格公式对样品进行分析有两种方法：一种是用已知的 X 射线对样品进行衍射，测量出 θ 角后，通过布拉格公式计算出晶面间距 d，就可以分析出样品的晶体结构；另一种是用未知的 X 射线对已知结构的样品(即晶面间距 d 已知)进行衍射，测量出 θ 角后，通过布拉格公式进行计算得出入射 X 射线的波长，进而查阅资料可知试样中所含的元素。本实验所采取的的方法为第一种。用 X 射线衍射的方法对晶体进行分析是十分有效的，对于非晶体或液体也可提供许多基本的数据。本实验中系列样品为多晶样品，所以采用此法简单而有效。

通过 XRD 对样品进行测试后就需要使用软件对样品进行分析，常用的分析软件有 High score、Jade、Pcpdgwin 和 Search match。本实验使用的软件是 Jade，因为 Jade 出图简单，可以在图上任意修改，更为方便，并且可以进行晶格参数的计算，根据标样可以对晶胞参数进行校正，以及对样品的衍射峰进行指标化处理。

将前期通过高温固相法所制得的系列样品 $Sm_{0.5}Ca_{0.5}Mn_{1-x}Fe_xO_3$（$x=0$，0.025，0.05，0.075，0.10，0.15，0.20，0.30）取部分研磨成粉末进行 XRD 测试。X 射线所使用的光源为 Cu 靶 K_α 射线，扫描范围为 10°～90°，步长为 0.02°。得出的数据使用 Jade 软件进行分析，得到的 XRD 谱图如图 10-2 所示。

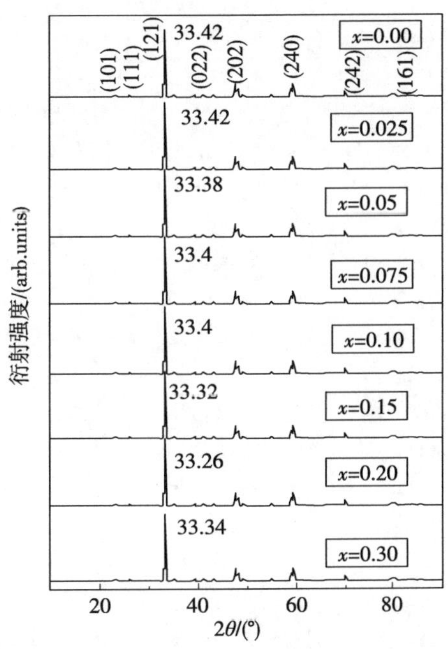

图 10-2　系列样品 $Sm_{0.5}Ca_{0.5}Mn_{1-x}Fe_xO_3$（$x=0$，0.025，0.05，0.075，0.10，0.15，0.20，0.30）的 XRD 谱图

通过对系列样品 $Sm_{0.5}Ca_{0.5}Mn_{1-x}Fe_xO_3$（$x=0$，0.025，0.05，0.075，0.10，0.15，0.20，0.30）的粉末 XRD 分析，所有的衍射峰都能通过 Pnma 空间群进行指标化，通过与标准 PDF（powder diffraction file）卡片库对比，母相样品的图谱与标准样品图谱高度吻合，其余 Fe 掺杂样品也均未检索出杂相，说明样品单相性良好，合成质量较高[4]。采用 Jade 软件计算出系列样品各自的晶胞参数并通过最小二乘法进行精修后的数据见表 10-3，计算后发现 $c/\sqrt{2}<a<b$，属于典型的 O′类正交结构，与典型的 ABO_3 型钙钛矿氧化物的立方结构相比较，说明系列样品的晶体结构发生了变化。随着 Fe 掺杂量 x 的增加，衍射峰位并无明显的变化，在 XRD 图谱中清楚可见，均与母相样品 $Sm_{0.5}Ca_{0.5}MnO_3$ 一致，说明 Fe 的掺入并没有改变样品的结构，因为 Fe 在元素周期表中的位置与 Mn 相邻，Fe^{3+} 与 Mn^{3+} 的半径很相近（Fe^{3+} 的半径为 0.64Å，

Mn^{3+}的半径为 0.58Å)[5,6]，Fe^{3+}的掺入占据了原本Mn^{3+}在晶格中的位置，并没有引起晶格结构较大的变化[7,8]。由表中也可以看出，随着 Fe 掺杂量的增加，晶胞体积(V)呈现逐渐递增的趋势，但增大量并不明显，这与Fe^{3+}的半径略大于Mn^{3+}的半径、但二者的差值很小是一致的。高掺杂的 $x=0.3$ 的样品晶胞体积比较低掺杂的几个样品的晶胞体积小，可能是由于制备过程中的误差造成合成出的样品晶体结构有较大的缺陷。

表 10-3　系列样品 $Sm_{0.5}Ca_{0.5}Mn_{1-x}Fe_xO_3$ (x=0,0.025,0.05,0.075,0.10,0.15,0.20,0.30)的晶胞参数(精修后)

	a/Å	b/Å	c/Å	V/Å³
x=0	5.41976 ±0.000939	7.54376 ±0.001253	5.35914 ±0.000498	219.11
x=0.025	5.41807 ±0.000693	7.54671 ±0.00097	5.35933 ±0.000315	219.14
x=0.05	5.4227 ±0.001503	7.55229 ±0.001316	5.36076 ±0.0014	219.54
x=0.075	5.41626 ±0.001634	7.56309 ±0.001752	5.36104 ±0.001443	219.61
x=0.1	5.42038 ±0.001463	7.56576 ±0.001672	5.35658 ±0.001329	219.67
x=0.15	5.42596 ±0.002228	7.57846 ±0.002022	5.35705 ±0.001792	220.28
x=0.2	5.42307 ±0.003932	7.55961 ±0.004933	5.38362 ±0.002127	220.71
x=0.3	5.40668 ±0.002004	7.5705 ±0.002826	5.35679 ±0.001183	219.26

相关的研究表明，钙钛矿型锰氧化物在空气的气氛中烧结，实际的氧含量会比物质名义化学式中的氧含量偏多，但偏高量并不足以影响材料的晶体结构类型，在反应充分的情况下也不会影响合成物的单相性，但是与经过还原性气体退火之后的具有标准氧含量的样品相比，氧过量样品的磁电性质会有一定差别[9]。

2) 红外吸收光谱原理

所谓红外吸收光谱(infrared spectroscope)，是由一束红外光照射到某种物质上，当物质的分子振动频率与照射的红外光频率相同时，物质的分子吸收光子的能量而产生能级跃迁，跃迁到较高的能级，从而产生红外吸收光谱。但并不是所有的振动都能产生红外吸收光谱，只要那些偶极矩变化的振动才能产生红外吸收光谱。因而红外吸收光谱也是物质的本证性质之一，本书对系列样品 $Sm_{0.5}Ca_{0.5}Mn_{1-x}Fe_xO_3$ (x=0,0.025,0.05,0.075,0.10,0.15,0.20,0.30)进行红外吸收光谱测试，能更好

地分析 MnO_6 八面体结构以及键角关系。

红外吸收光谱因在其“指纹区”，即 1300cm^{-1} 以下，每种物质都有其特殊的光谱，所以以波数为横轴，红外线强度为纵轴作图可研究物质的键角关系。对于理想的 ABO_3 钙钛矿结构，有四个谱带，即 υ_1、υ_2、υ_3、υ_4，其中 υ_1、υ_2、υ_3 都为红外活性的，υ_1 为 B-O 键伸缩振动谱带，通常出现在高频区域，氧的振动方向沿 B-O-B 方向，υ_2 为 B-O 键弯曲振动谱带，通常出现在低频区域，氧的振动方向垂直于 B-O-B 方向，υ_3 为 A-O 键振动谱带，为 A 位离子相对于 BO_6 的振动位移。

将制作好的系列样品的样品片取出一小块(约 1.6mg 左右)，研成粉末，与纯度较高的 KBr(约 0.16g 左右)充分混合，混合时样品与 KBr 的质量比为 1∶100，为便于将系列样品进行比对，将母相样品与 KBr 按质量比 1∶100 称量，其余掺杂样品先按照母相样品与 KBr 的质量比 1∶100 换算成摩尔比，再转换成质量比进行称量，理论计算出的样品与 KBr 质量如表 10-4 所示。压片时压力为 6MPa、保压 2min、压成直径 13mm、厚度 0.6mm 的透明小圆片，放在干燥箱中 100℃烘干 5h，之后测其红外透射光谱。

表 10-4　系列样品理论计算质量值

原料	样品质量/mg	KBr 质量/g
$x=0$	1.56722	0.16
$x=0.025$	1.56758	0.16
$x=0.05$	1.5674	0.16
$x=0.075$	1.56776	0.16
$x=0.10$	1.56749	0.16
$x=0.15$	1.56829	0.16
$x=0.20$	1.56865	0.16
$x=0.30$	1.56937	0.16

系列样品 $Sm_{0.5}Ca_{0.5}Mn_{1-x}Fe_xO_3$($x=0$，0.025，0.05，0.075，0.10，0.15，0.20，0.30)的红外吸收光谱如图 10-3 所示，由图中的谱线可以看出，系列样品均约在 580cm^{-1} 左右产生一个明显的吸收峰，此处对应于 B-O 键的伸缩振动谱带(550～700cm^{-1})，MnO_6 八面体中 Mn-O-Mn 键的键长变化对其敏感，其中氧的运动方向平行于 Mn-O-Mn 键的方向。在波数为 420cm^{-1} 时，系列样品也都出现了一个明显的吸收峰，此峰对应于 B-O 键的弯曲振动谱带(400～450cm^{-1})，MnO_6 八面体中 Mn-O-Mn 键的键角变化对其敏感，其中氧的运动方向垂直于 Mn-O-Mn 键的方向，在波数为 420cm^{-1} 时，可以看到母相样品没有出现明显的吸收峰，当掺入 Fe 之后，出现了明显的吸收峰，说明随着杂质 Fe 的掺入，MnO_6 八面体中 Mn-O-Mn 键的键角发生了变化，归结为一点就是 MnO_6 八面体畸变的原因有一部分是由 Fe 的掺杂导致的。

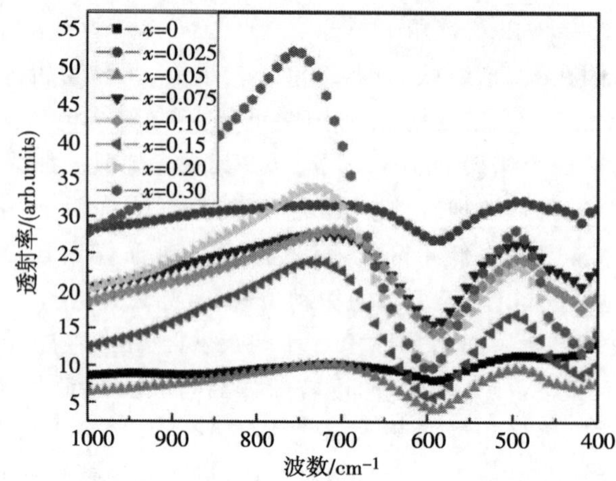

图 10-3 系列样品 $Sm_{0.5}Ca_{0.5}Mn_{1-x}Fe_xO_3$（$x$=0，0.025，0.05，0.075，0.10，0.15，0.20，0.30）的红外吸收谱图

10.2 系列样品 $Sm_{0.5}Ca_{0.5}Mn_{1-x}Fe_xO_3$ 的磁性质

10.2.1 引言

磁性是物质的一种基本属性，就像物质具有质量一样，物质在重力场中会受到重力的作用，同样，物质在磁场中也会受到磁力的作用。起初，磁性的起源有两种说法：一种是环形分子电流假说，认为宏观物质中的原子或分子可看成是一个个的小环形电流；另一种是磁偶极矩假说，认为物质内部是一个个磁偶极子有规则排列的，宏观表现为物质的磁性。现代磁学研究认为磁性是来源于组成物质的原子的磁性。众所周知，物质都是由原子或分子组成的，原子核与其核外的电子组成了原子，原子核又是由质子和中子组成的。电子、质子和中子都具有一定的磁矩，这些磁矩共同构成了宏观物质的磁性。原子的磁性包括原子核的核磁矩与核外电子的磁矩，核外电子的磁矩又包括核外电子的轨道磁矩以及核外电子的自旋磁矩。由于电子的质量比原子核的质量小 3 个数量级，因此电子的磁矩比原子核的磁矩大 3 个数量级，所以宏观物质的磁性主要是由电子的磁矩决定的。通常，物质可以按照磁化率的大小分为强磁性物质和弱磁性物质。强磁性物质的 $\chi_m>1$，如铁磁性物质和亚铁磁性物质，弱磁性物质包括抗磁性物质和顺磁性物质以及反铁磁性物质，抗磁性物质的 $\chi_m<0$，$|\chi_m|\ll 1$，顺磁性物质的 $0<\chi_m\ll 1$。

10.2.2 磁性测量原理与方法

1. PPMS 仪器简介

系列样品的磁性质测量所采用的仪器是由美国 Quantum Design 公司进口的综

合物性测量系统如图 10-4 所示。近年来，该仪器受到世界范围内广泛的材料学家和物理学家的青睐，因为该仪器测量方便，实验者只需准备好样品，设置好实验参数，系统就可以自动的进行数据的采集、处理和分析，可以在较短的时间内提供可靠性强的数据。性质测量范围也十分广泛，只需更换不同的选件就可达到多种性质测量的目的，大大节约了硬件设计所需的时间。

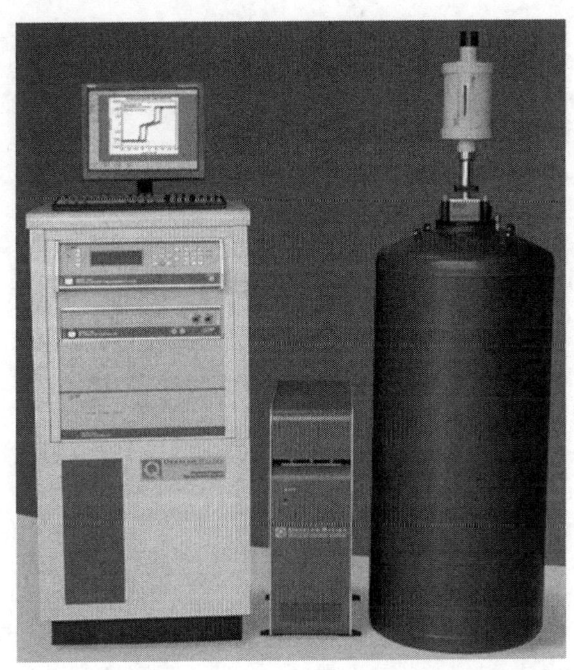

图 10-4 PPMS

PPMS 主要由主机和选件两大部分组成。主机主要提供了强磁场和极低温的实验环境，主要包括：超导磁体系统（提供强磁场）、温控系统、实验杜瓦（提供低温环境）、硬件控制中心和系统控制软件。选件分为各种测量选件和拓展选件，可以根据不同的测量需求选择不同的选件，如电输运测量选件（主要可以测量直流电阻率、交流电输运和高级电输运等）、磁学测量选件（主要有交直流磁强计、振动样品磁强计和扭矩磁强计等）和热学测量选件等，还可以通过拓展选件（主要有原子力/磁力显微镜选件、扫描霍尔探针显微镜选件、He3 制冷机、稀释制冷机等）将实验者自己的实验装置与 PPMS 相连而进行其他性质的测量。

温控系统主要参数如下。

(1) 温控范围：1.9～400K。

(2) 温度扫描速率：0.01～8000/min。

(3) 温度稳定性：±0.2%（$T<10K$），±0.02%（$T>10K$）。

磁场控制系统主要参数如下。

(1) 磁场范围：±9T。

(2) 磁场分辨率：0.02mT～1T，0.2mT～9T。

(3) 磁场稳定性：1ppm/h。

(4) 变场速率：10～200Oe/s。

(5) 剩磁：<5Oe(9T 以振荡模式降场)。

(6) 磁场逼近模式：振荡、非过冲、线性扫描。

本实验中磁性的测量所采用交/直流磁学性质测量选件，如图 10-5 所示。选件中的探测线圈和驱动马达可以直接测量本实验所要测量的直流磁化强度(M)，以及也可以直接测量交流磁化率(χ)，且实部与虚部是分开的，其中五点测量模式能够有效地消除温度漂移对测量的影响。

图 10-5　ACMS 探测线圈和驱动马达

ACMS 有其独特的测量线圈设计，图 10-6 为 ACMS 测量线圈组的结构图，校准线圈能够逐点测量并且能消除背景相漂移，集成在线圈内部的温度计能够准确实时地测量样品温度。

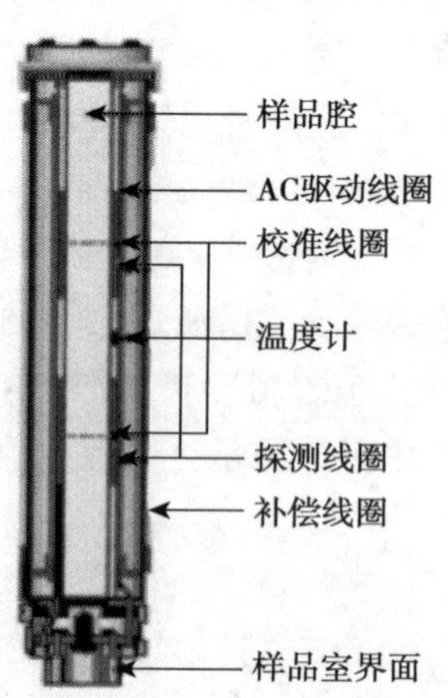

图 10-6　ACMS 测量线圈组结构

ACMS 选件主要参数如下。

(1) 温度范围:1.9～350K。

(2) 提拉速度:100cm/s。

(3) 谐波分析:最高 10 次谐波。

(4) 测量灵敏度:dc,2×10^{-5}emu。

2. *磁性测量方法*

测量系列样品的磁性质时,需将样品首先磨成长 3mm、宽 2mm、高 1mm 的小长方体,之后用生料带、低温胶带将磨好的小块样品依次进行包裹,包裹成规则的小长方体,粘贴在无磁管中,之后放入仪器中进行磁性质测量,在测量磁化强度与温度的关系 M-T,以及磁化强度与磁场强度的关系 M-H 时需要输入样品的质量[10],所以在对样品进行包裹和测量前需要先称量样品的质量,见表 10-5。通过测量磁化强度与温度的关系 M-T,以及磁化强度与磁场强度的关系 M-H,来对样品的磁性质进行分析。

表 10-5　系列样品进行磁性测量时的样品质量

样品	质量/mg
$x=0$	40.72
$x=0.025$	34.16
$x=0.05$	33.25
$x=0.075$	34.77
$x=0.10$	34.66
$x=0.15$	43.33
$x=0.20$	35.74
$x=0.30$	51.32

测量磁化强度与温度的关系时,首先要对样品进行定心,打开 ACMS 测量软件,输入数据记录文件名和样品质量,设定温度到 300K,升场到 100Oe,开始定心,定心距离必须要小于 4mm,越小越好,若定心结果过大,可升场至 200Oe 后再次定心,定心结果见表 10-6。定心后在磁场 $H=0$T 的环境下进行降温,降至 $T=2$K 时加上一个强度为 $H=0.01$T 的磁场再升温到 $T=340$K,即经历一个零场冷却的过程,升温时测量出磁化强度与温度的关系;之后在 $H=0.01$T 的磁场环境下进行降温,降至 $T=2$K 时再升温到 $T=340$K,即经历一个有场冷却的过程,升温时测量出磁化强度与温度的关系。

表 10-6　系列样品的 *M-T* 曲线定心

样品	磁场强度/Oe	定心距离/cm
$x=0$	100	−0.023
$x=0.025$	100	−0.023
$x=0.05$	200	0.120
$x=0.075$	200	0.132
$x=0.10$	200	0.059
$x=0.15$	200	0.076
$x=0.20$	100	0.065
$x=0.30$	200	−0.019

测量磁化强度与磁场强度的关系 M-H 曲线时，在 2K 的温度条件下、−8～8T 的磁场环境下进行，将磁场从 0T 升到 8T，然后从 8T 降至−8T，再从−8T 升至 8T，结束记录数据，将磁场降为 0T，以便对样品做进一步磁性分析，正式开始测试程序前也需要对样品进行定心，见表 10-7。

表 10-7　系列样品的 *M-H* 曲线定心

样品	磁场强度/Oe	定心距离/cm
$x=0$	100	−0.111
$x=0.025$	100	0.029
$x=0.05$	200	0.120
$x=0.075$	100	0.154
$x=0.10$	200	0.078
$x=0.15$	100	0.113
$x-0.20$	100	0.046
$x=0.30$	200	−0.035

3. 样品的磁性分析

1）样品的 M-T 曲线分析

在未掺杂的母相样品 $SmMnO_3$ 中，锰离子均为正三价，电子组态为 $3d^4(t_{2g}{}^3e_g{}^1)$ 随着正二价碱金属钙离子的掺入，部分正三价的锰离子变为正四价的锰离子，电子组态为 $3d^3(t_{2g}{}^3e_g)$，Mn^{3+} 中 t_{2g} 轨道上的三个电子为局域态，自旋 $S=3/2$，e_g 轨道上的一个电子为非局域的巡游态，自旋 $S=1/2$，而在 Mn^{4+} 中 t_{2g} 轨道上的三个电子为局域态，自旋 $S=3/2$，e_g 轨道上出现了空穴，查阅相关资料可知，当 e_g 轨道上的电子数与空穴的数量相等时，即 Mn^{3+} 与 Mn^{4+} 的个数相等时，电荷有序性最强，这也是本实验中为什么 A 位 Ca 的掺杂量 $x=0.5$ 的原因，当电荷有序性最强时，即 e_g 轨道上的电子数与空穴的数量相等时，载流子在 Mn^{3+} 与 Mn^{4+} 之间的跳跃最为活跃，使得 e_g 轨道上电子的自旋方向保持一定，从而使得 Mn 位离子的自旋排列同向，样品掺杂是随机分布在样品的晶格中的，因而 Mn^{4+} 也是随机掺杂在 Mn^{3+} 中的，这也是为什么样品掺杂后会产生铁磁性及产生铁磁团簇的原因[11]。

得到系列样品 $Sm_{0.5}Ca_{0.5}Mn_{1-x}Fe_xO_3$（$x$=0，0.025，0.05，0.075，0.10，0.15，0.20，0.30）的磁化强度与温度的关系 M-T 曲线如图 10-7 所示。分析可知，在 ZFC 过程中，总体上，随着温度的降低，系列样品的磁化强度呈上升趋势，增大到最大值（M_{max}）后又呈现下降趋势，在 FC 过程中，总体上，随着温度的降低，磁化强度呈上升趋势，增大的过程中逐渐趋于稳定，与 ZFC 过程相比，在温度降到不可逆温度之前，两条曲线几乎重合，在温度降到不可逆温度之后两条曲线出现了分叉，这是因为在 ZFC 过程中，掺入的磁性离子的自旋方向随机分布，不存在磁有序态，在 FC 过程中，由于外加磁场，系列样品中的磁性离子出现了磁有序，方向与外加磁场趋于一致，随着温度的降低，这种磁有序逐渐被冻结，该温度点称为冻结温度[12]，所以随着温度的降低，磁化强度呈现逐渐上升的趋势，与 ZFC 曲线出现了分叉，在 ZFC 过程中，在冻结温度以下，样品的磁化强度逐渐减弱，这是铁磁团簇与反铁磁团簇相互竞争的结果，是相分离的典型特征[13]。除了 x=0.15 和 x=0.20 两个样品外，其他的样品在温度低于 T_{irr} 区域的 FC 曲线均出现了最大值或极大值，随着温度的升高，磁化强度曲线出现波动，与 ZFC 过程变化趋势类似，但磁化强度比 ZFC 过程中的磁化强度大，这一现象表明，在有场冷却的过程中，样品中依然存在铁磁团簇与反铁磁团簇的相互竞争，然而这些样品的 FC 曲线的变化趋势不尽相同，不同相的竞争机制仍不清楚，是否存在除了铁磁相和反铁磁相之外的其他相也属未知，这些问题值得再深入研究。在 T=2K 时，ZFC 过程的磁化强度随着 Fe 的掺入逐渐增大，x=0.10 的样品的磁化强度达到最大，之后又逐渐减小，这表明 Fe 的引入抑制了反铁磁有序，使铁磁有序得以增强，在 x=0.10 时效果最为明显，之后抑制逐渐减弱。

当温度在 250～300K 的区间中出现了一个磁化强度极大值，该点的温度对应的是电荷有序温度[14]，此时晶胞中的离子从高温时的相对无序状态变得更加有序，离子磁矩也因此排列地更加有序，反应在宏观上就使得样品的整体磁化强度变得更大，然而样品仍然处于顺磁态，并没有因此转变为铁磁态或其他磁性状态。随着 Fe 的掺入，T_{CO} 逐渐升高，x=0 时，T_{CO}=276K，说明母相样品中存在 CE 型反铁磁有序相，当 x=0.025 时，T_{CO}=292K，在 x=0.05 之后的系列样品中已经观察不到电荷有序温度，可能是因为具有磁性的 Fe^{3+} 的掺入，占据了原有部分 Mn^{3+} 的位置，削弱了 Mn^{3+} 所产生的 Jahn-Teller 畸变，使得 MnO_6 八面体结构呈现出了更好的对称性，同时 Fe^{3+} 的掺杂破坏了 Mn^{3+}∶Mn^{4+}=1∶1 这个电荷有序态的最佳比例，最终导致了电荷有序温度逐渐被抑制直至消失。

随着 Fe^{3+} 掺杂量的增加，逐渐改变了 Mn^{3+} 与 Mn^{4+} 之间的比例，使得铁磁性逐

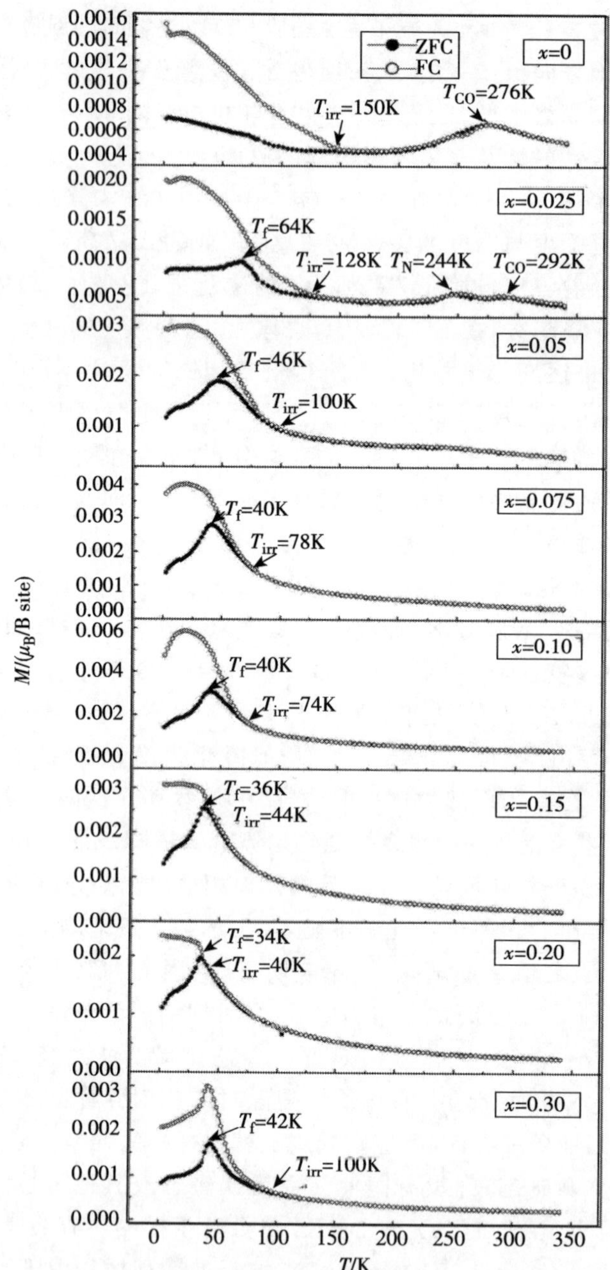

图 10-7 在 H=0.01T 下系列样品 $Sm_{0.5}Ca_{0.5}Mn_{1-x}Fe_xO_3$($x$=0,0.025,0.05,0.075,0.10,0.15,0.20,0.30)的 ZFC 与 FC 的磁化强度与温度的关系曲线

其中,T_{CO}为电荷有序温度;T_N为奈尔温度;T_{irr}为不可逆温度;T_f为冻结温度

渐表现出来,由于 Fe^{3+} 在样品中替代 Mn^{3+} 的位置是随机的,因而 Mn^{4+} 在样品中的分布也是随机的,因此载流子的双交换作用引起的铁磁性也是随机的,故铁磁团簇的

位置就会随机产生，随着温度的降低，磁性表现越明显，宏观上表现出铁磁相与反铁磁相两相共存并相互竞争，ZFC 曲线冻结温度的出现与之密切相关。在 $x=0.025$ 的样品中，$T=244K$ 时又出现了一个小峰值，这是奈尔温度[15]，此时样品由顺磁相转变为反铁磁相，宏观上也会表现出反铁磁性。在奈尔温度以下曲线有一段较为平缓，这是铁磁相与反铁磁相相互作用的表现，证明铁磁相与反铁磁相共存并相互竞争，具有相分离的特征。根据相关研究[16]，母相在 T_{irr} 与 T_{CO} 之间也存在着一个与 T_N 对应的小峰，在我们合成的母相样品中未观察到这一现象可能是因为合成样品的晶粒较小，形成了超顺磁相，在后续的 M-H 分析部分我们会对此做进一步的研究。

前文提到 $x=0.15$ 和 $x=0.20$ 两个样品的 FC 曲线异于其他样品，它们的 FC 曲线在温度低于 T_f 的部分几乎不随温度变化，这个特征与典型自旋玻璃(spin glass)的 M-T 曲线表现相同。典型的自旋玻璃主要有以下三个特征[16]：①ZFC 与 FC 曲线有一个分叉点，该点称为不可逆温度，随着温度进一步降低，ZFC 曲线出现一个最大值，该点称为冻结温度；②不可逆温度与冻结温度之间温度差距很小(通常小于 10K)；③FC 曲线在不可逆温度以下磁化强度几乎不随温度变化。由图 10-7 可知，只有 $x=0.15$ 和 $x=0.20$ 两个样品满足条件，在低温下为典型的自旋玻璃态，而 T_f 又是自旋玻璃的特征温度，因此其余掺杂的样品可能为其他类型的自旋玻璃。

随着 Fe 的掺入，冻结温度也逐渐降低，说明随着 Fe^{3+} 浓度的增加，需要更低的温度才可以保持磁有序态，但是对于 $x=0.30$ 的样品，$T_f=42K$，比 $x=0.2$ 时的 $T_f=34K$ 明显增大，这一现象的产生机制尚不清楚，需要更深入的研究。

随着温度的进一步降低，除母相样品 $Sm_{0.5}Ca_{0.5}MnO_3$ 外，其他掺杂的系列样品在 ZFC 过程中均出现了一个磁化强度的拐点，该点对应的温度称为自旋阻塞温度[17]，相关的现象在 $Pr_{0.5}Ca_{0.5}Mn_{0.075}Al_{0.025}O_3$ 的报道中就出现过，与之类似的还有，在系列样品 $Sm_{0.5}Ca_{0.5}MnO_3$ 系统中，Fe 掺入于系列样品中，其作用相当于随机引入了杂质离子，破坏了长程的电荷有序，导致了短程的电荷有序团簇的形成，随着温度的降低，反铁磁有序在这些团簇中稳定下来。随着掺杂量的增加，该温度逐渐升高，但磁化强度先增大后减小。在磁化强度逐渐增加的过程中，在 $x=0.10$ 时达到最大，之后随着掺杂量 x 的增加，磁化强度峰值又逐渐降低，说明不同浓度 Fe^{3+} 的掺杂导致了不同大小反铁磁团簇的形成。

2) 样品的 M-H 曲线分析

当对磁性物质外加一定的磁场 H 时，磁性物质本身会随外加磁场产生一定大小的磁化强度 M，当撤去外加磁场时，铁磁性物质的磁化强度并不会随外加磁场的消失而消失，而是有一个滞后的现象，这种现象叫做磁滞现象。铁磁性物质的磁化强度随外加磁场的变化形成的一个闭合的曲线，就叫做磁滞回线。通过对系列样品的磁滞回线的测量，可以得出系列样品的饱和磁化强度，矫顽力等信息，更深入地分析系列样品的磁性质。

如图 10-8 所示，为系列样品 $Sm_{0.5}Ca_{0.5}Mn_{1-x}Fe_xO_3$（$x$=0，0.025，0.05，0.075，0.10，0.15，0.20，0.30）的磁化强度 M 与外磁场 H 的关系曲线，即磁滞回线。扫场顺序：在 2K 的温度下，先将磁场从 0T 升到 8T，测量样品在升场过程中样品的磁化强度，即为曲线 1；之后再将磁场从 8T 降到 0T，测量样品在降场过程中样品的磁化

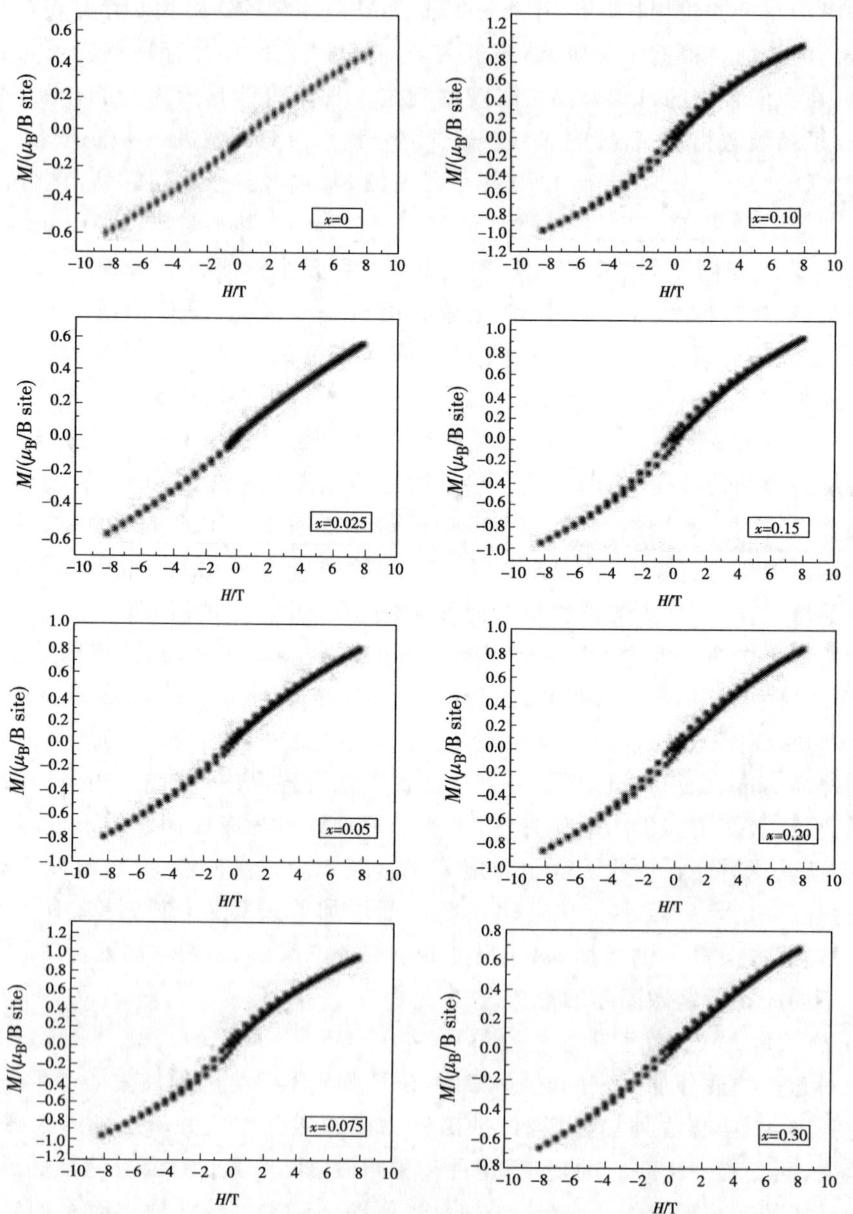

图 10-8 系列样品 $Sm_{0.5}Ca_{0.5}Mn_{1-x}Fe_xO_3$（$x$=0，0.025，0.05，0.075，0.10，0.15，0.20，0.30）的磁滞回线

强度，即为曲线 2；接着再将磁场从 0T 进行反向升场，升到 8T，升场过程中继续测量样品的磁化强度，即为曲线 3；达到 8T 后再将磁场进行降场，降场过程中继续测量样品的磁化强度，即为曲线 4；直到磁场降到 0T，接着再反向进行升场，升到 8T，测量的磁化强度为曲线 5；最终得到的五条曲线，即为磁滞回线。我们注意到，当外场降到 0T 时，样品的磁化强度没有完全降到零，还具有少许的磁化强度，即为磁滞现象，说明样品中含有铁磁的成分，并且外加磁场导致的系列样品中的铁磁成分同向排列具有不可逆的特性，尽管在本实验中合成 $Sm_{0.5}Ca_{0.5}Mn_{1-x}Fe_xO_3$的反应物 Fe_2O_3也具有铁磁性，不过样品中存在 Fe_2O_3的可能性是可以排除的，这是因为在之前的 XRD 测试中证明样品具有良好的单相性，说明 Fe^{3+} 已经全部进入到 $Sm_{0.5}Ca_{0.5}Mn_{1-x}Fe_xO_3$的晶格中，所以样品中排除了存在 Fe_2O_3的可能性，进一步证实了样品中有铁磁成分的存在。我们发现系列样品中的磁滞现象均不明显，说明样品中含有的铁磁性成分很少，反铁磁成分占主要因素。

以上是通过物理性质测量系统 PPMS 直接测量出的系列样品的磁滞回线，系列样品的磁滞回线中并未出现类似于 $Nd_{0.5}Ca_{0.5}Mn_{1-x}Fe_xO_3$低掺杂系列样品中的台阶状变磁相变，8 个样品均表现出 $Nd_{0.5}Ca_{0.5}Mn_{1-x}Fe_xO_3$高掺杂系列样品中的渐变型变磁相变[10]。我们发现，样品的磁化强度与外磁场强度关系的曲线的第一分支可以近似的看做一条直线，随着 Fe 掺杂量 x 的增加，这条“直线”的斜率也在增加，当外界磁场达到 8T 时，“直线”也未出现明显的弯曲迹象，说明样品的磁化强度远远还未达到饱和，说明系列样品中含有大量的反铁磁成分。在 $x=0$ 的样品中，磁化强度与外加磁场几乎呈线性关系，说明母相样品中几乎没有铁磁成分的存在，随着掺杂量 x 的增加，在低场下出现了磁化强度的快速增长，说明掺杂后的样品出现了铁磁成分，样品内部的反铁磁相与铁磁相之间发生了转变，铁磁成分的磁矩在外磁场的作用下逐渐同向排列，从而导致了磁化强度的快速增大。随着掺杂量 x 的增加，系列样品的磁滞现象越来越明显，但高场下的磁化强度却有一个先增大后减小的变化趋势。我们认为，在 2K 下系列样品处于反铁磁团簇与铁磁团簇共存的玻璃态，Fe^{3+} 的掺入破坏了母相中的长程反铁磁有序，形成了大小不等铁磁和反铁磁团簇，两者相互竞争，低掺杂浓度有利于铁磁团簇的形成，高掺杂浓度则抑制了铁磁团簇的进一步发展[18]，这种竞争关系最终导致了图 10-8 所示的系列样品的磁化行为。

对于母相样品的 M-H 曲线，尽管看起来几个分支重合为一条直线，类似于顺磁行为，但其实际上还是有一定的铁磁特征，只是其矫顽力太小，图上无法清晰的显示出来，图 10-9 为系列样品磁滞回线在低场下的放大图，从图中可以看出，在八个样品的磁滞回线中，随着 Fe 掺杂量 x 的增加，样品的矫顽力与剩余磁化强度也在逐渐增大，母相样品的矫顽力为 0.085T，剩余磁化强度为 0.007Gs，在掺杂量 $x=0.10$ 时，矫顽力达到最大值，为 0.25T，剩余磁化强度也达到最大值，为 0.07Gs，之后，随着掺杂量 x 的进一步增加，系列样品的矫顽力与剩余磁化强度逐渐减小。结果表明，系列样品的矫顽力与剩余磁化强度并不是在掺杂量最大时达到最大值，这个变化趋势与样品分别在高场和低温下的磁化强度变化相一致，也进一步证实样品内存在着铁磁相和反铁磁相的竞争。

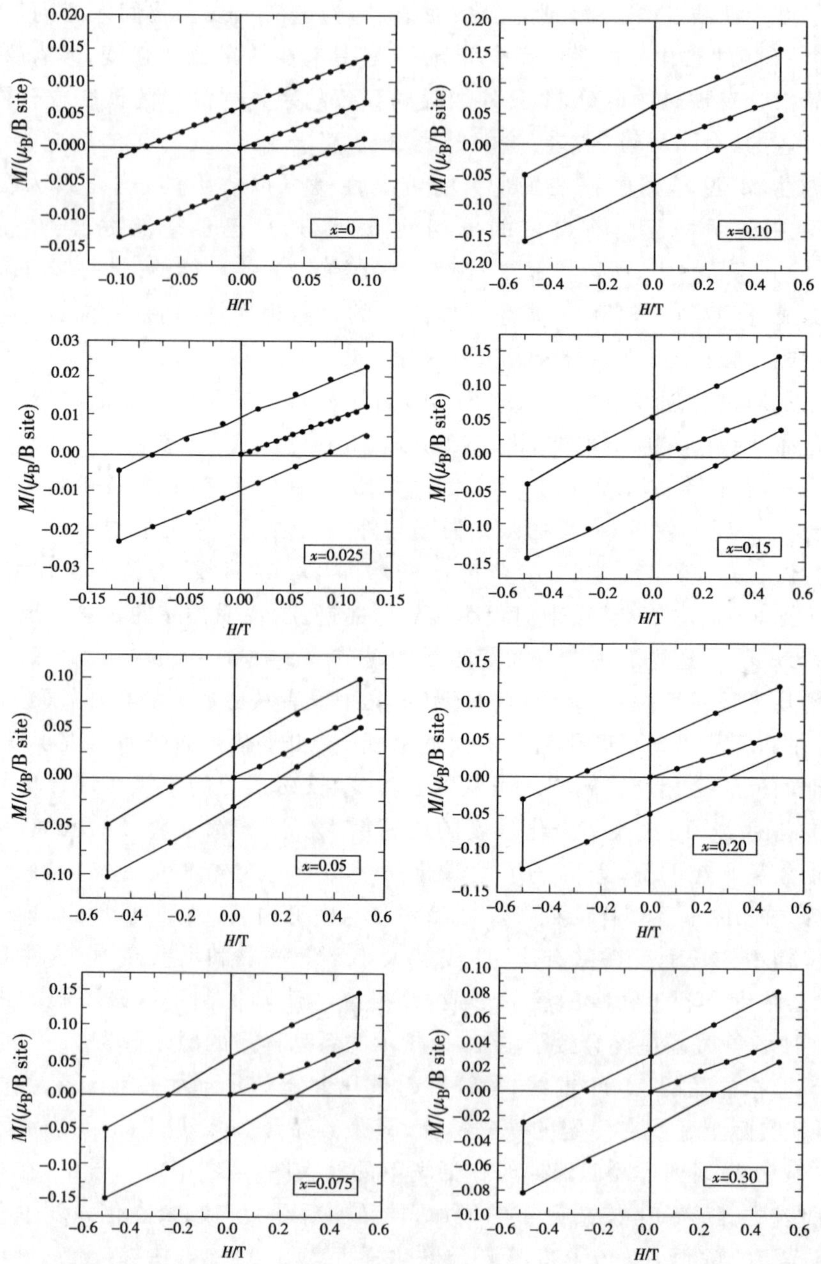

图 10-9 系列样品 $Sm_{0.5}Ca_{0.5}Mn_{1-x}Fe_xO_3$（$x$=0，0.025，0.05，0.075，0.10，0.15，0.20，0.30）低场下磁滞回线放大图

在 M-T 曲线的测量中，$x=0$ 的样品在 $T=175K$ 左右时未出现明显的与顺磁到反铁磁转变对应的峰，然而相关研究[16]表明，母相在 T_{irr} 与 T_{CO} 之间的确存在着一个与 T_N 对应的小峰，在我们合成的母相样品中未观察到这一现象有可能是因为合成的样品晶粒较小，形成了超顺磁相。实验上判定超顺磁的两个判定条件为：①测量所得的样品在不同温度下的磁滞回线均为直线，无任何磁滞现象；②不同温度下的磁滞回线均重合。同时满足以上两个条件，该样品即可判定为超顺磁。我们测量了母相样品 $Sm_{0.5}Ca_{0.5}MnO_3$ 在不同温度下的磁滞回线，如图 10-10 所示，发现 $T>156K$ 时样品磁滞回线呈直线且重合在一起，随着温度的降低，磁滞回线不再重合，在 $T=2K$ 时，样品出现了较明显的磁滞现象，显然，低温下样品并不是超顺磁态，可能是由于样品的反铁磁峰太弱了而观察不到，相关研究表明，母相样品的这种行为与倾斜反铁磁态有关。

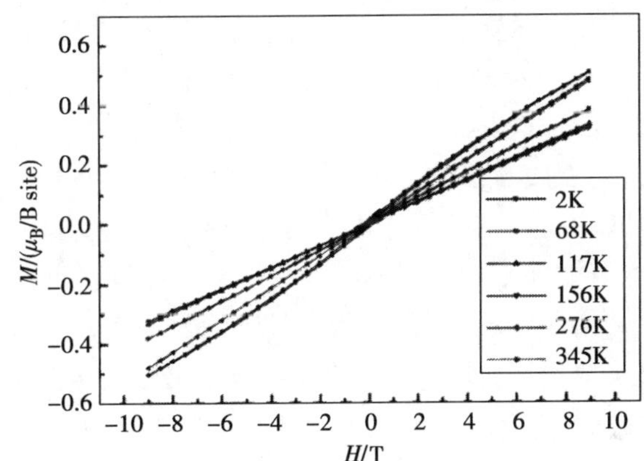

图 10-10　母相样品 $Sm_{0.5}Ca_{0.5}MnO_3$ 在不同温度下磁化强度与外加磁场的关系

10.3　本章小结

本书以单相的多晶系列样品 $Sm_{0.5}Ca_{0.5}Mn_{1-x}Fe_xO_3$（$x=0$，0.025，0.05，0.075，0.10，0.15，0.20，0.30）为研究对象，对其晶体结构、磁性质等进行了测量，研究其丰富的性质。

首先，通过高温固相法对系列样品进行合成，将原料充分混合后在 1300℃ 的环境下进行烧结及反复研磨，得到最终的样品。之后采用粉末 X 射线衍射的方法，对系列样品的结构进行表征，分析表明系列样品具有良好的单相性，为典型的正交结构，随着 Fe 的掺杂量 x 的增加，衍射峰位并无明显的变化，说明 Fe 的掺入并没有改变样品的结构，通过计算晶胞参数发现系列样品的晶胞参数相差很小，因为 Fe 在元素周期表中的位置与 Mn 相邻，Fe^{3+} 与 Mn^{3+} 的半径很相近（Fe^{3+} 的半径为 0.64Å，Mn^{3+} 的半径为 0.58Å），Fe^{3+} 的掺入占据了原本 Mn^{3+} 在晶格中的位置，晶胞体积随着 Fe^{3+} 掺杂量的增加略微增大，但并没有引起晶格类型的改变，并且也对系列样品进行了红外吸收光谱分析，结果表明样品的结构的确发生了畸变。

XRD 结果表明我们合成的样品满足进一步测试的需求，通过 PPMS 对样品的磁性质进行测量，得到每个样品的磁化强度与温度的关系（*M-T* 曲线），每个样品的磁化强度与外加磁场的关系（*M-H* 曲线）。在未掺杂的母相样品 $Sm_{0.5}Ca_{0.5}MnO_3$ 中，$Mn^{3+}:Mn^{4+}=1:1$，此时电荷有序性最强，容易产生铁磁团簇，在 $T=276K$ 处出现一个明显的鼓包，此时样品从电荷无序态转变为电荷有序态。在电荷有序温度以下时呈现玻璃态与相分离的共同特征。因为 Fe 的掺入在样品中的位置是随机的，因此载流子的双交换作用引起的铁磁性也是随机的，故铁磁团簇的位置就会随机产生。Fe^{3+} 作为杂质离子掺入母相样品强烈破坏了其电荷有序态，当 $x=0.025$ 时，样品仍然具有电荷有序态，但是与母相相比，电荷有序温度向高温移动，且峰削弱得非常严重，说明一点点的杂质离子的引入就会对样品的电荷有序态产生强烈的破坏作用，当 $x=0.05$ 时，电荷有序态已不复存在。

在 *M-T* 曲线中，ZFC 过程和 FC 过程在 T_{irr} 处出现了分叉，由于掺杂产生的磁性离子的自旋方向随机分布，破坏了长程的电荷有序，导致了短程的电荷有序团簇的形成，随着温度的降低，反铁磁有序在这些团簇中稳定下来。在 FC 过程中，由于外加磁场，系列样品中的磁性离子在外场作用下磁矩方向与外场方向趋于一致，这种磁有序随着温度的降低逐渐被冻结，在 ZFC 过程中，在冻结温度以下，样品的磁化强度达到最大值后，样品的磁化强度就逐渐减弱，这是因为铁磁团簇与反铁磁团簇相互竞争的结果，是相分离的典型特征。随着 x 的增加，冻结温度逐渐降低，但 T_f 处的磁化强度却先增大后减小，说明随着 Fe^{3+} 浓度的增加，需要更低的温度才可以保持磁有序态，但是对于 $x=0.30$ 样品，$T_f=42K$，比 $x=0.2$ 时的 $T_f=34K$ 明显增大，这一现象的产生机制尚不清楚，需要更深入的研究。系列样品中自旋阻塞温度的出现则说明不同浓度 Fe^{3+} 的掺杂导致了不同大小反铁磁团簇的形成。

在 *M-H* 曲线中，通过分析发现，系列样品中存在少许的铁磁成分，随着掺杂量 x 的增加，系列样品的磁滞现象越来越明显，但高场下的磁化强度却有一个先增大后减小的变化趋势。我们认为，在 2K 下系列样品处于反铁磁团簇与铁磁团簇共存的玻璃态，Fe^{3+} 的掺入破坏了母相中的长程反铁磁有序，形成了大小不等的铁磁和反铁磁团簇，两者相互竞争，低掺杂浓度有利于铁磁团簇的形成，高掺杂浓度则抑制了铁磁团簇的进一步发展，这种竞争关系最终导致了系列样品的磁化行为。系列样品磁滞回线在低场下的放大图也进一步证实样品内存在着铁磁相和反铁磁相的竞争。

参考文献

[1] Jonker G H, Van Santen J H. Ferromagnetic compounds of manganese with perovskite structure. Physica, 1950, 16(3): 337－349

[2] 张晶. 钙钛矿锰氧化物 $Sm_{0.5}Ca_{0.5}Mn_{1-x}Cr_xO_3$的结构和磁电性质研究. 东北林业大学硕士学位论文,2013:22—23

[3] 王华馥,吴日勤. 固体物理实验方法. 北京:高等教育出版社,1980:123—128

[4] Li Y,Cheng Q,Su R Z. Effect of Fe doping on magnetic and transport properties in $Pr_{0.75}Na_{0.25}MnO_3$. Status Solidi A,2010,207(1):194—198

[5] Ahn K H,Wu X W,Liu K,et al. Magnetic properties and colossal magnetoresistance of La(Ca)MnO_3 materials doped with Fe. Phys. Rev. B,1996,54:15299—15 302

[6] Cai J W, Wang O, Shen B G, et al. Colossal magnetoresistance of spin-glass perovskite $La_{0.67}Ca_{0.33}Mn_{0.9}Fe_{0.1}O_3$. Appl. Phys. Lett. ,1997,71:1727

[7] Ahn K H,Wu X W,Liu K,et al. Magnetic properties and colossal magnetoresistance of La(Ca)MnO_3 materials doped with Fe. Phys. Rev. B,1996,54(21):15299—15302

[8] Cai J W, Wang O, Shen B G, et al. Colossal magnetoresistance of spin-glass perovskite $La_{0.67}Ca_{0.33}Mn_{0.9}Fe_{0.1}O_3$. Appl. Phys. Lett. ,1997,71:1729

[9] 陈佰树. 氧含量对 $LaMn_{0.7}Fe_{0.3}O_{3+\delta}$的结构、磁性和输运性质的影响. 哈尔滨工业大学硕士学位论文,2006:16—21

[10] 王爽. 钙钛矿锰氧化物 $Nd_{0.5}Ca_{0.5}Mn_{1-x}Fe_xO_3$的结构和磁电性质研究. 东北林业大学硕士学位论文,2013:15—19

[11] 王继亮. 强关联锰氧化物体系中有序相竞争与量子相变研究. 东北林业大学硕士学位论文,2012:14—15

[12] Wang Q. Charge order and phase separation in $Bi_{0.5}Ca_{0.5}Mn_{1-x}Co_xO_3$ system. Acta Phys. Sin. ,2010,59(9):6569—6574

[13] Deac I G,Mitchell J F,Schiffer P. Phase separation and low-field bulk magnetic properties of $Pr_{0.7}Ca_{0.3}MnO_3$. Phys. Rev. B,2001,63(17):172408—172412

[14] Barnabe A,Hervieu M,Martin C,et al. Role of the A-site size and oxygen stoichiometry in charge ordering commensurability of $Ln_{0.50}Ca_{0.50}MnO_3$ manganites. J. Appl. Phys. ,1998,84(10):5506—5514

[15] Goodenough J B. Theory of the role of covalence in the perovskite-type manganites [La, M(II)] MnO_3. Phys. Rev. ,1955,100(2):564—573

[16] Xu X L,Li Y,Hou F F,et al. Effect of Co substitution on magnetic ground state in $Sm_{0.5}Ca_{0.5}MnO_3$. J. Alloys Compd. ,2015,628:89—96

[17] Nair S,Banerjee A. Formation of finite antiferromagnetic clusters and the effect of electronic phase separation in $Pr_{0.5}Ca_{0.5}Mn_{0.975}Al_{0.025}O_3$. Phys. Rev. Lett. ,2004,93(117204):1—4

[18] 杨致. 密度泛函理论研究 FeB-N(N=1～10)团簇. 河南大学硕士学位论文,2007:53—57